U0170144

超高层建筑高性能混凝土
应用技术与典型案例分析

王 军 著

中国建材工业出版社

图书在版编目（CIP）数据

超高层建筑高性能混凝土应用技术与典型案例分析 /
王军著. -- 北京：中国建材工业出版社，2021.10
ISBN 978-7-5160-3325-8

Ⅰ．①超… Ⅱ．①王… Ⅲ．①超高层建筑－高强混凝
土－混凝土结构 Ⅳ．①TU973.1

中国版本图书馆 CIP 数据核字（2021）第 204803 号

内 容 提 要

本书共 8 章内容，既有技术方法的分析，也有工程案例的分享，从理论到实践，
形象生动。第 1 章介绍了超高层建筑的发展与现状；第 2 章至第 5 章，从超高层建筑
中的不同结构部位出发，分别对大体积底板、超高泵送、巨型钢管柱和钢板剪力墙等
高性能混凝土的应用技术进行详细阐述；第 6 章针对目前天然砂资源匮乏的现状，探
讨了机制砂制备超高泵送混凝土的方法；第 7 章和第 8 章从技术探索层面，对应用前
景巨大的超高强混凝土和轻集料混凝土的制备和泵送性能进行了试验分析。

本书可作为超高层建筑施工及设计人员的参考用书，也可供土木工程相关专业科
研院校师生参考。

超高层建筑高性能混凝土应用技术与典型案例分析
Chaogaoceng Jianzhu Gaoxingneng Hunningtu Yingyong Jishu yu Dianxing Anli Fenxi
王 军 著

出版发行：中国建材工业出版社
地 址：北京市海淀区三里河路 1 号
邮 编：100044
经 销：全国各地新华书店
印 刷：北京印刷集团有限责任公司
开 本：787mm×1092mm 1/16
印 张：17
字 数：400 千字
版 次：2021 年 10 月第 1 版
印 次：2021 年 10 月第 1 次
定 价：98.00 元

序　言

"建筑高度的背后，是一个城市的梦想。"现代超高层建筑的奠基人路易斯·沙利文早在一百年前就精准定义过建筑高度与城市之间的关系。高层建筑的发展为人类拓展了生存空间，而建筑材料的发展为高层乃至超高层建筑的建造提供了可能和无限的想象空间。

现在我国超高层建筑在总体建设的规模、超高层建筑的高度及工程建造技术的总体水平方面都取得了举世公认的伟大成就。其中占有我国建筑材料半壁江山的混凝土技术的高速发展对我国现代建筑和超高层建筑的建造功不可没，对促进建筑业的快速发展具有重大贡献，是推动我国超高层建筑持续发展的关键性材料。我由衷地为混凝土材料对我国超高层建筑所做出的重要贡献感到高兴。

其实，人类对建筑材料的探索从来都没有停止，公元前 3 世纪古罗马采用火山灰作为胶凝材料配制混凝土，我国 5000 年前大地湾采用料姜石和砂石混凝而成早期的"混凝土"，直至 1824 年水泥的诞生，才启动了现代混凝土工程技术的研究与应用历程，并且不断地突显优势。

近 50 年来，我国经济的全面发展，推动了混凝土的配料、制备、运输和成型等综合技术的全面进步。但是由于现代混凝土由水泥、石子、砂子、外加剂和多种辅料等复杂组分构成，制作过程技术要求高，运输与浇筑位置远、近、高、低各不相同，特别是超高层建筑涉及的相关作业劳动强度很高，混凝土泵送技术的发明和发展不仅极大地减轻了劳动强度，改善了作业条件，还实现了混凝土水平和垂直运输的机械化，释放了大量劳动力，改变了建筑业的作业方式，为超高层建筑混凝土的广泛应用孕育了无限生机。

中建西部建设集团几十年来一直从事商品混凝土经营。研究团队在促进我国商品混凝土技术持续进步方面成效显著，在混凝土泵送技术方面不辍深耕。近 10 年来他们针对超高层建筑混凝土材料的开发、制备、生产与施工等技术难题，以绿色化发展为目标，以商品混凝土生产的自动化和智能化为基本追求，开展了持续的、卓有成效的研究和实践。现在我国大多地区的建筑建造都镌刻着这个优秀团队的印记，遍及全国各地的超高层地标性建筑由这个团队建造，为我国超高层建筑的蓬勃发展做出了巨大贡献。

使我尤为欣喜的是，现在中建西部建设团队已将多年来在超高层建筑混凝土材料领域的丰富研究成果与应用成功实践，撰写凝练成书，毫无保留地与同行分享，充分显示了一个行业领先团队的强大自信和责任担当。

本书从超高层建筑的发展现状出发，系统全面地总结了超高层建筑不同结构部位的混凝土材料制备和运输技术，深刻透彻地分析了超高层建筑技术方法的历史沿革与演变历程，生动形象地介绍了大量的典型工程案例，大胆而谨慎地展望了超高层建筑混凝土材料的发展前景。本书内容丰富，技术实用，观点鲜明，案例生动，语言易懂，分析不失严谨和透彻，是一部集科学性、可读性、实用性、专业性于一体的典型书籍。

　　我相信本书的出版一定能在促进混凝土技术进步方面起到推动作用，为广大的工程建设技术人员和专业技术工作者在超高层混凝土技术方面提供借鉴与参考，为中国向世界展示"中国建造"魅力发挥积极作用。

中国工程院院士

中国建筑集团首席专家

同济大学教授

2021 年 7 月

前　言

超高层建筑是城市的一张靓丽名片，是国家建筑水平及经济实力的综合体现。随着我国经济的不断发展，超高层建筑的总体数量和高度已慢慢跃居世界前列。而超高层建筑中应用的混凝土技术是超高层建筑设计和施工的关键和核心，开展超高层建筑中高性能混凝土技术研究对系统掌握超高层建筑的设计和建造技术，提高超高层建筑的质量，促进超高层建筑发展具有重要意义。

中建西部建设是中国建筑旗下专业从事混凝土生产、销售和技术服务的专业化公司，近年来参与了全国各地多项超高层建筑的建设工作，例如597m的天津高银117大厦，设计高度636m的武汉绿地中心，568m的沈阳宝能环球金融中心，468m的成都绿地蜀峰，401m的贵阳国际金融中心等。因此在超高层高性能混凝土的制备、生产、泵送和施工等应用技术方面积累了大量的实践经验，同时也取得了一些创新的科技成果，并在实际工程中进行了应用。

中建西部建设在总结前期的工作基础上撰写本书，旨在为超高层建筑施工中所涉及的系列高性能混凝土提供一定的借鉴。本书共分为8章，既有技术方法的分析，也有工程案例的分享，从理论到实践，更加形象生动。第1章介绍超高层建筑的发展与现状；第2章至第5章分别对超高层建筑中的超大体积底板混凝土、超高层泵送高性能混凝土、钢管混凝土和钢板剪力墙混凝土的应用技术进行详细的阐述；第6章针对目前天然砂资源匮乏的问题，探讨了制备超高层泵送机制砂混凝土的方法；第7章和第8章从技术探索层面，分别对应用前景巨大的超高强混凝土和轻骨料混凝土的制备和泵送性能进行了试验分析。

本书在撰写过程中得到了中国建筑第三工程局有限公司的支持，在工程资料、试验研究、经验成果等方面给出了很多便利条件和意见，在此表示感谢！也要感谢在试验阶段和撰写过程中，给予我们指导性意见的各位高校老师和专家；还要感谢团队中的高育欣、杨文、齐广华、李曦、赵日煦、罗作球、林喜华等同事，是他们在实际工程中扎实的积累和不断的尝试，为本书的撰写打下了坚实的基础。由于时间仓促，笔者能力和水平有限，在撰写过程中难免出现不当之处，恳请广大读者批评指正！

作者

2021 年 5 月

目　　录

1 超高层建筑的发展与现状

超高层建筑体现了当地的经济发展水平和当代最前沿建筑技术，一方面以强烈的标志性作用，极大地提升了城市和国家的形象；另一方面，面对现代城市空间资源日益短缺与城市人口快速增长之间的矛盾日渐突出，在"寸土寸金"的城市，现代建筑开始向节约土地资源的垂直空间方向发展，超高层建筑的出现在一定程度上缓解了当今城市人口密集和用地紧张的矛盾，是城市应对建筑面积需求的一种解决方案，同时也带动了经济发展，极大地提升了城市化发展水平。

1.1 超高层建筑的定义和发展

近年来，随着社会的发展、城市化进程的加快，超高层建筑得到了飞速发展。越来越多的超高层建筑如雨后春笋般在世界各地拔地而起，数量、规模不断增加，建设高度也在不断刷新，一栋栋超高层建筑竞相抢占城市天际线的制高点。据世界高层建筑与都市人居学会（CTBUH）最新统计，截至 2020 年 6 月 27 日，全球已完工的 300m 以上的超高层建筑有 176 座，200m 以上的高层建筑有 1628 座，150m 以上的高层建筑有 5103 座。

1.1.1 超高层建筑的定义

目前，国内外对超高层建筑的定义和标准尚没有真正意义上的统一规定。不同国家对超高层建筑的定义有不同的标准。

1972 年 8 月，在美国宾夕法尼亚州的伯利恒市召开的国际高层建筑会议上，提出了超高层建筑的分类和定义：超高层建筑指 40 层以上或高度在 100m 以上的建筑物。日本建筑大辞典将 15 层以上的建筑定义为超高层建筑。

被授予"世界最高建筑"等头衔的公认仲裁机构 CTBUH 制定了测量和定义高层建筑的国际标准，并提出了高层、超高层和巨高层建筑的标准和定义。CTBUH 提出："高层建筑"并无绝对的定义，建筑物所在城市的背景、建筑物的高宽比、采用的高层建筑相关的技术不同，高层建筑的定义可能有所不同。但通常认为"高层建筑"是指 14 层及以上或 50m 以上的建筑物；"超高层建筑"是指超过 300m 或更高的建筑，"巨高层建筑"则是指超过 600m 或更高的建筑。

我国国家标准《民用建筑设计统一标准》（GB 50352—2019）规定，建筑高度大于100m 时，无论是住宅还是公共建筑，都为超高层建筑。

中国建筑第三工程局张希黔分别从建筑的房屋高度、不规则程度两方面对超高层建筑进行了详细界定。从房屋高度方面看，一般建筑物的高度等级根据房屋类型、结构体系、抗震烈度不同而不同，见表 1-1。当房屋高度超过一般建筑的最高高度时，属于超高层建筑。如非抗震设计的钢筋混凝土筒中筒结构的建筑物，高度超过 300m 即为超高层建筑。从不规则程度方面看，当一般高层建筑的不规则程度越大时，属于超高层建筑的概率越大。

表 1-1　一般建筑房屋高度　　　　　　　　　　　　　　　　m

结构体系		非抗震设计	抗震设防烈度			
			6 度	7 度	8 度	9 度
钢筋混凝土结构	框架	70	60	55	45	25
	框架-剪力墙	170	160	140	120	50
	全部落地剪力墙	180	170	150	130	60
	部分框支剪力墙	150	140	120	100	—
	框架-核心筒	220	210	180	140	70
	筒中筒	300	280	230	170	80
	板柱-剪力墙	70	70	35	30	—
钢结构	框架	110	110	110	90	70
	钢框架-支撑（剪力墙板）	260	260	220	200	140
	各类钢筒体	360	300	300	260	180
	钢框架-混凝土剪力墙	220	180	180	100	70
	钢框架-混凝土核心筒	220	180	180	100	70
	钢框筒-混凝土核心筒	220	180	180	150	70
混合结构	钢框架-钢筋混凝土筒体	210	200	160	120	70
	型钢混凝土框架	240	220	190	150	70
	钢筋混凝土筒体					

1.1.2　超高层建筑的发展历程

超高层建筑隶属于高层建筑领域，是在高层建筑的基础上发展而来的。尽管超高层建筑主要是在 100 多年间出现并发展的，是科技进步、社会需求、经济发展等诸多因素共同作用的结果。但高层建筑的历史源远流长，最远可追溯至公元前。

1. 古代高层建筑的发展历程

古代高层建筑主要为宗教建筑，源自人类自古以来对天空的向往、对宗教的信仰，希望通过高大的庙宇、教堂、高塔等架起通往神与上帝的桥梁。

早在 6 世纪，中国就开始修建多层塔，如河南嵩岳寺塔，建于 523 年，有 15 层，高达 40m；陕西西安大雁塔，建于 652 年，有 10 层，高 60m；中国现存最高佛塔是河北定州市开元寺塔（图 1-1），建于 1011 年，从塔底到塔刹尖部高度为 85.6m；世界上现存的最高大的古代木结构建筑则是山西省境内的应县佛宫寺塔（图 1-2），建于 1056 年，高 67.31m。该木塔横

图 1-1　开元寺塔

梁与柱之间完全采用斗拱连接，还采用了桁架为基本单元所组成的简体结构体系，为高层建筑抗震结构设计提供了重要参考。

在国外，有迹可循的最古老的超高层建筑是古埃及金字塔——世界七大奇迹之一，其中最大的一座是胡夫金字塔，高 146.59m，底长超过 230m，由巨大石块相互叠压和咬合垒成；9 世纪，欧洲的一些教堂高度已接近 100m，如意大利威尼斯圣马可广场上的钟塔，高 98.6m；12 世纪，法国建成高 107m 的沙特尔教堂塔楼，英国建成高 123m 的索尔兹伯里教堂塔（图 1-3）；1863 年，意大利建造的高 167.5m 的安托内利尖塔（图 1-4）成为迄今为止最高的砖石结构建筑。

图 1-2 佛宫寺塔

纵观中外古代高层建筑，可以发现古代高层建筑主要满足人类精神上的需求，但在实用性上发挥的作用较少。由于科学技术的限制，古代高层建筑的发展出现了短暂的沉寂。

图 1-3 索尔兹伯里教堂塔

图 1-4 安托内利尖塔

2. 现代超高层建筑的发展历程

现代超高层建筑起源自 19 世纪末，迄今已发展 100 多年。纵观世界范围的超高层建筑发展史可发现，现代超高层建筑最早诞生于美国，并在美国芝加哥、纽约等重点城市得到了蓬勃发展，超高层建筑的数量、高度也一度占据世界超高层建筑排行榜前列，直至近 30 年中国超高层建筑以高速发展的势头后来居上，在数量、高度上超越美国成为超高层建筑大国。

世界现代超高层建筑的发展可划分为 3 个阶段：

1）第 1 阶段（1894—1945 年）：超高层建筑诞生及初步发展阶段

18 世纪末至 19 世纪，欧洲和美国的工业革命带来了生产力的发展、经济的繁荣和科学技术的进步，推动了城市化发展，但同时也出现了人口密度高、可用土地减少、生活成本上涨等问题。这些矛盾成为推动超高层建筑发展的一个动力。眼光独到的美国地产开发商意识到应在有限的土地上建起更高的建筑，于是，美国率先走上了开拓超高层建筑之路。

1894年，美国纽约曼哈顿人寿保险大楼（图1-5）建成，高106.1m，是世界上第一座高度超过100m的高楼，标志着高层建筑进入超高层建筑发展阶段。1913年，美国纽约伍尔沃斯大厦建成，有57层，高241.4m，成为当时世界第一高楼。1931年，美国帝国大厦（图1-6）建成，有102层，高381m，刷新了世界高楼新纪录，并将这一世界纪录保持了40余年之久。

图1-5　曼哈顿人寿保险大楼　　　　　图1-6　美国帝国大厦

帝国大厦的成功建成标志着美国已兴起超高层建筑兴建高潮，纽约成为美国的超高层建筑建设的重点城市。世界超高层建筑发展迎来了第一个黄金时代，得到了较大的发展。但这一时期超高层建筑多采用框架架构，由于受设计理论和建筑材料的限制，结构材料用量较多、自重较大，使得超高层建筑的发展也存在一定的局限性。

随着经济大萧条的到来和1939年第二次世界大战的爆发，超高层建筑发展陷入停滞，世界进入灾难性的6年。1945年9月，第二次世界大战结束，新的世界秩序开始确立，工业技术获得巨大发展。超高层建筑开始进入蓬勃发展阶段。

2）第2阶段（1946—1979年）：超高层建筑蓬勃发展阶段

第二次世界大战结束后，随着经济的复苏和全球市场的发展，建筑材料、建筑结构、施工技术、建筑设备等领域取得飞速进步，以简洁、不受传统建筑形式束缚为主要特征的现代主义超高层建筑成为发展主流。

1952年，为维护世界秩序而在美国纽约建设的联合国总部大楼落成，有39层，高154.3m，这是早期板式高层建筑之一，是现代主义超高层建筑的早期代表作。20世纪60年代到70年代中期，美国超高层建筑进入最辉煌时期，超高层建筑的数量、高度取得了惊人的增长，使美国成为世界超高层建筑的中心。1972年，在美国纽约曼哈顿建成世界贸易中心双子塔（图1-7），高417m，以其独特的双塔设计成为当时纽约最为瞩目的地标，刷新了超高层建筑的制高点，但这两座塔在 2001 年震惊世界的"9·11"事件中轰然倒塌。

1974 年，美国芝加哥西尔斯大楼（图 1-8，后改名：威利斯大厦）建成，有 110 层，442.3m 高，击败纽约的世界贸易中心双子塔，成为当时世界第一高楼，并占据这一世界称号达 24 年之久。在这个阶段，美国的超高层建筑仍多以钢结构为主，但随着建造技术不断进步，建筑结构理论日趋成熟，尤其是钢筋混凝土结构技术的应用取得突破性进展。

图 1-7　世界贸易中心双子塔　　　　图 1-8　芝加哥西尔斯大楼

1976 年，美国芝加哥水塔广场大厦建成，有 74 层，高 262m，是当时世界最高的钢筋混凝土建筑。同年，美国波士顿汉考克大厦建成，有 60 层，高 240.7m，建筑体形为简洁的长方体，是现代主义超高层建筑的晚期代表。总体来看，20 世纪 80 年代以前，世界范围具有影响力的超高层建筑基本都在美国。此后，超高层建筑的设计思潮开始转变，超高层建筑的发展重心也开始转移。

值得一提的是，在 20 世纪 70 年代，中国的超高层建筑开始起步。1973 年，香港怡和大厦（图 1-9）在中环建成，有 52 层，178.5m 高，成为香港历史上第一栋超高层建筑，也是当时东南亚最高的建筑，拉开了中国香港超高层建筑发展的帷幕。1975 年，广州白云宾馆建成，高 120m，成为中国内地首座高度超过 100m 的高层建筑。

3）第 3 阶段（1980 年至今）：超高层建筑飞速发展阶段

20 世纪 80 年代以来，特别是 90 年代以后，随着亚洲经济的快速发展，超高层建筑在世界范围内逐渐开始普及，发展重心也由美国逐步转移到亚洲，以往

图 1-9　香港怡和大厦

由美国垄断的超高层建筑领域无论是数量还是高度纪录均被亚洲超越。此时，超高层建筑发展呈现出新特点，运用新技术、新材料、新形态、具有民族和地方特色的超高层建筑成为发展主流。

1980年，中国香港合和中心建成，有66层，高216m，是钢筋混凝土结构。1985年，深圳国贸中心建成，高160m，采用钢筋混凝土筒体结构，是当时国内第一高楼。1988年，美国西雅图双联广场大厦建成，高220m，是钢-混凝土组合结构的建筑，4根大钢管柱混凝土抗压强度达130MPa。1990年，香港中国银行大厦建成，高367.4m，是香港最为知名的摩天大楼，建成即为亚洲第一高楼，至今仍是香港的名片。1992年，广东国际大厦、北京京广中心建成，分别高200.18m、208m，后者更成为当时国内第一高楼。1993年，中国香港中环广场大厦建成，高374m，击败中银大厦，成为香港第一高楼。1996年，深圳地王大厦（图1-10）建成，有81层，高383.95m，成为深圳的地标性建筑。1998年，马来西亚的吉隆坡双子塔（图1-11）建成，有88层，高452m，第一次打破美国垄断的超高层建筑的制高点，成为世界第一高楼，并以其新颖的双塔楼形式和世界第一高楼的纪录成为吉隆坡的知名地标及象征。1999年，上海金茂大厦（图1-12）建成，高420.5m，采用钢筋混凝土结构，成为中国首个突破400m的国内第一高楼。

图1-10 深圳地王大厦　　　　　　　　　图1-11 吉隆坡双子塔

2003年，中国香港国际金融中心二期建成，有88层，高415.8m，成为香港首个突破400m的港内第一高楼。2004年，中国台湾台北101大厦（图1-13）建成，有101层，高508m，超越吉隆坡石油双塔，成为世界首个突破500m的高楼，刷新世界第一高楼纪录。2008年，上海环球金融中心（图1-14）建成，有101层，高492m，采用钢筋混凝土结构，成为当时国内第一高楼。2009年，广州国际金融中心（也称广州西塔，如图1-15所示）建成，有103层，高409m，采用钢筋混凝土结构。

图 1-12　上海金茂大厦

图 1-13　中国台湾台北 101 大厦

图 1-14　上海环球金融中心

图 1-15　广州西塔

2010 年，阿拉伯联合酋长国在迪拜建成 162 层、高 828m 的哈利法塔（图 1-16）。其原名为迪拜塔，成为迄今世界第一高楼，同时其混凝土结构高度为 601m，也创世界最高混凝土结构建筑的纪录。该世界纪录至今尚未被超越。迪拜哈利法塔创新性地采用了下部为钢框架-混凝土剪力墙结构、上部为钢结构的结构体系，提高了建筑的稳定性和刚性，也大大提升了超高层建筑所能实现的高度上限。

2010 年，南京紫峰大厦建成，有 92 层，高 450m。2011 年，中国香港环球贸易广场建成，有 118 层，高 484m，超越中国香港国际金融中心二期，成为香港地区最高建筑，

图 1-16 迪拜哈利法塔

也是香港地区至今唯一一栋超过 100 层的超高层建筑。同年，深圳京基 100 大厦建成，有 98 层，高 441.8m。2012 年，沙特阿拉伯麦加皇家钟塔饭店建成，由众多大楼组成，其中最高的一栋大楼有 95 层，高 601m，成为当时世界第二高楼。2013 年，英国伦敦碎片大厦建成，有 95 层，高 309.6m。因欧洲人口密度小，注重历史与文化，超高层建筑很少，所以伦敦碎片大厦成为英国第一高楼，也是现今欧洲第二高楼。2014 年，美国在纽约原世界贸易中心旧址重建世界贸易中心 1 号楼，有 82 层，高 541.3m，成为美国首个突破 500m 的第一高楼，刷新美国第一高楼的纪录。

2015 年，上海中心大厦（图 1-17）建成，有 127 层，高 632m，结构高 580m，实现了中国超高层建筑高度的新突破，成为中国第一、世界第二高楼，也是上海的新地标、天际线的巅峰之作。同年，武汉中心建成，有 88 层，高 438m。2016 年，广州周大福金融中心（也称广州东塔）建成，有 116 层，高 530m。2017 年，深圳平安金融中心建成（图 1-18），有 118 层，高 599m，成为深圳第一高楼、中国第二高楼，并在世界摩天高楼前 5 排行榜上占据一席之地。同年，韩国首尔乐天世界塔建成，有 123 层，高 555m，成为世界第五高楼。2018 年，北京中信大厦（又名中国尊）建成，高 528m，成为北京第一高楼，北京天际线的制高点。同年，长沙 IFS 大厦建成，高 452m。目前我国还拥有许多已在建的 400m 以上的超高层建筑，在此不一一详细介绍。

图 1-17 上海中心大厦（最右）

图 1-18 深圳平安金融中心

此外，值得一提的是，2015 年，结构高度达 596.5m 的天津高银 117 大厦封顶，成为世界结构第二高楼、中国在建结构第一高楼,仅次于结构高度为 601m 的阿联酋迪拜哈利法塔,并创造了混凝土实际泵送高度 621m 的吉尼斯世界纪录,但因该大厦至今尚未竣工,故未列入已建成的超高层建筑排名中。

综上可知,世界超高层建筑发展的第 3 阶段——飞速发展阶段的实质是亚洲,尤其是中国超高层建筑的飞速发展阶段。在前两个阶段,美国超高层建筑数量最多,发展最快,超高层建筑的最高纪录也长期由其垄断。进入第三阶段后,超高层建筑的坐落地点逐渐从美国东海岸城市转移到亚洲,发展中国家开始加入摩天大楼的竞赛,并从美国手中成功接过"世界第一高楼"的头衔,如马来西亚石油双塔、中国台湾台北 101 大厦、迪拜哈利法塔等。

从 CTBUH 公布的世界最高前 100 座建筑按区域分布(图 1-19)中可以看出,自第 3 阶段开始,亚洲在世界最高的 100 座建筑中所占的比重越来越大,至 2018 年,亚洲在世界最高前 100 座建筑中拥有 47 座,超过北美洲的 38 座,说明亚洲超高层建筑无论是数量、高度还是技术方面,均已逐步取代并超越美洲。

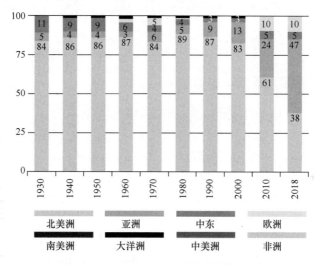

图 1-19 世界最高前 100 座建筑按区域分布

与美国相比,中国超高层建筑发展起步较晚,但发展非常迅速。自 20 世纪 80 年代开始,在中国香港、珠三角、长三角地区经济发达的城市,先后建成了一批具有影响力的超高层建筑,受到世界关注。进入 90 年代以后,中国超高层建筑的建造出现高潮,超高层建筑数量增长迅猛。2004 年,中国香港超高层建筑数量超越美国纽约,跃居全球超高层建筑数量最多的城市。1999—2015 年间,上海陆家嘴先后建造了上海金茂大厦、上海环球金融中心、上海中心大厦,屡屡刷新中国第一高楼的纪录,并在世界摩天高楼排行榜上位居第二名。同时,以北京、深圳、广州为代表的城市也纷纷加入超高层建筑建造大军,广州东塔、深圳平安中心、中国尊等超高层建筑创造了一项项世界纪录。2020 年,CTBUH 高层建筑年度会议和高层数据统计报告显示,目前世界排名前十的摩天高楼(图 1-20)中,中国(含台湾地区)有 6 座,占据大半壁江山。在 2018 年完工的 200m 及以上的建筑数量上,中国连续第 23 年保持着最高产的地位,2018 年完成 88 座,占世界总数 143 座的 61.5%。在超高层建筑的高度、数量或技术等方面,中国超高层建筑发展均呈现日新月异的变化。

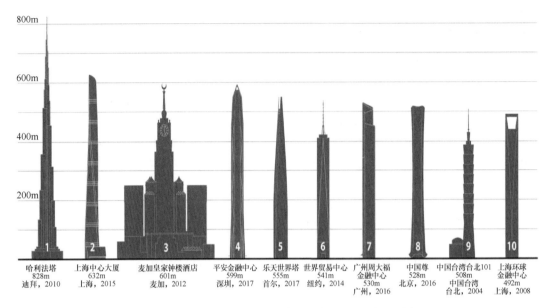

图 1-20　世界排名前十的摩天高楼（截至 2020 年 6 月底）

1.1.3　超高层建筑的发展现状与趋势

据 2018 年 CTBUH 高层建筑年度会议和高层数据统计报告显示，2018 年高层建筑的建设保持着过去 10 年的极速增长态势，其中 2018 年完工的高度超过 300m 的建筑有 18 座，是历年来的最高数字，完工的高度超过 200m 的建筑为 143 座，略低于 2017 年的 147 座。历年来完工的 200m 以上的建筑数量详见图 1-21。

在未来，超高层建筑的发展不仅体现在高度不断增加，还将呈现出综合化、异型化、生态化和智能化等趋势。

1. 综合化

相对于占地面积大、工作与生活区域分离的普通建筑，超高层建筑在垂直空间上可使用面积大，集更多的城市功能于一体，实现办公、酒店、住宿、会馆、博物馆、电影院、购物中心等各种工作、生活、娱乐设施集中化，让超高层建筑"城市化"，将人们不同的活动有机连续起来，让人们足不出户即可完成绝大多数活动，显著提高人们的工作效率和生活条件。同时，超高层建筑可将城市道路、市政管线等公共设施集中，减少了市政公共设施的建设量和占地面积，大大提高了资源的集约化利用水平。同时，超高层建筑将大大降低城市道路拥堵情况，有利于提升城市形象。

目前，国内外已完工的超高层建筑多以办公为主，以酒店、观光娱乐为辅的综合性建筑。以迪拜哈利法塔为例，该建筑集高级酒店、高级公寓、游泳池、写字楼、观光层、清真寺、气象台、广播电信设备层等设施于一体，提供了工作、生活、娱乐、休闲等多功能，提高了人们的工作生活便利度和舒适度。该建筑可容纳居住和工作人数为 12000 人。我国的上海中心大厦也是以办公为主，集会展、酒店、观光娱乐、商业等于一体的综合性建筑，包括大众商业娱乐区域，低、中、高、办公区域，企业会馆区域，精品酒店区域和顶部功能体验空间。超高层建筑功能综合化已成为发展趋势。

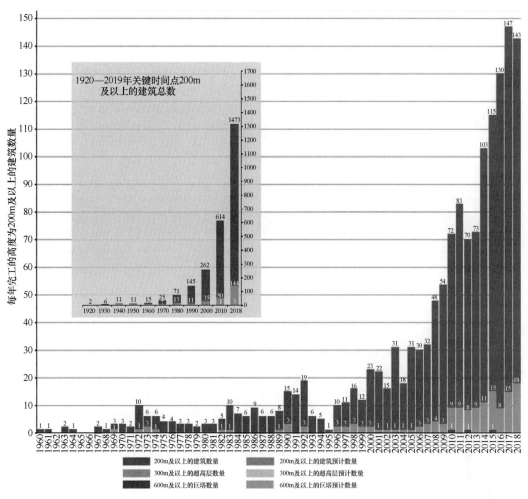

图 1-21 历年来完工的 200m 及以上的建筑数量

注：2001 年之后的总数考虑了世贸中心 1 号和 2 号塔楼的破坏。

2. 异型化

超高层建筑因考虑结构受力的影响，多以平面对称、外形简单、体型方正、造型单一为主要特征。随着超高层建筑结构、理论、技术的发展，超高层建筑的设计思路已不再局限于单一、简单的造型，在高度不断增长的同时，其结构的体形适应性大大增强，建筑造型更加多样化和异型化，一些脑洞大开、造型独特的超高层建筑也相继问世，如参数化表皮、外骨骼化、多孔化的超高层建筑等。其中，上海中心大厦、中国尊、广州西塔就是典型的具有参数化特征的超高层建筑，曲线的造型让超高层建筑呈现出一种更趋柔软的渐变。苏州吴江绿地中心的空中大中庭的多孔化造型将建筑的外表皮向核心筒延伸，不仅增加了进深，还将外部环境在可控的条件下引入建筑内部，成为内部呼吸器官，同时也能创造更多的公共空间。

具有参数化特征的超高层建筑如图 1-22 所示，多孔化超高层建筑如图 1-23 所示。

图 1-22　具有参数化特征的超高层建筑　　　　图 1-23　多孔化超高层建筑

3. 生态化

随着社会的不断发展，环境问题日益严重，人们开始重视生态文明建设，践行绿色发展理念，走可持续发展道路。在改善人居环境方面，随着"垂直森林"、节能降耗等理念的提出，人们对高层建筑的生态越来越重视，越来越向往与大自然和谐相处。建设生态化的超高层建筑，不仅能节省用地，更合理地利用土地资源，形成"森林"/生态系统，重建生物多样性，还能将超高层建筑的太阳辐射热、自然光、风、烟雾和有机化合物气体的污染等对超高层建筑产生负面影响的能量转化为超高层建筑环境所需能量的一部分，改善当地居民的生存、生活环境，构造一个良性循环系统。目前，超高层建筑的生态化已经开始，生态建筑、仿生建筑、节能建筑等新思路也在研究发展之中。超高层建筑的生态化必将成为时代发展的新要求与发展趋势。

4. 智能化

建筑智能化在中国被定义为以建筑物为平台，基于对各类智能化信息的综合应用，集架构、系统、应用、管理及优化组合为一体，具有感知、传输、记忆、推理、判断和决策的综合智慧能力，形成以人、建筑、环境互为协调的整合体，为人们提供安全、高效、便利及可持续发展功能环境的建筑。由于超高层建筑的功能复杂，系统繁多，确保各系统高效、安全、协调运行是超高层建筑智能化最基本的任务。以往超高层建筑智能化技术侧重于信息处理和设施管理，但随着绿色建筑要求的提高及发展，超高层建筑开始更重视环境生态和舒适程度。通过智能化提高超高层建筑的舒适性、降低超高层建筑能耗，是绿色超高层建筑智能化发展的方向和目的，也是绿色建筑发展的必由之路。

1.2　超高层建筑结构的发展

1.2.1　超高层建筑结构分类

超高层建筑的结构是超高层建筑设计和建造的核心，不仅关系着超高层建筑的安全性和经济性，而且对开拓建筑空间形式和使用功能具有重要作用。超高层建筑结构的创新是促进超高层建筑发展的重要途径。

1. 按结构材料分类

超高层建筑按结构材料可分为钢结构、钢筋混凝土结构、钢-混凝土混合结构。

1）钢结构

钢结构是主要由钢制材料组成的结构，是主要的建筑结构类型之一。钢结构主要由型钢和钢板等制成的钢梁、钢柱、钢桁架等构件组成，各构件或部件之间通常采用焊缝、螺栓或铆钉连接。钢结构具有自重较轻、强度高、抗震性能好、施工速度快等优点，广泛应用于大型厂房、场馆、超高层等领域。但由于钢材造价较高、防火性能差、抗侧力刚度小、对施工技术和装备要求较高、潮湿环境易锈蚀等问题，限制了钢结构在高层建筑中的广泛应用。

世界上第一座高度超过 100m 的高楼——美国纽约曼哈顿人寿保险大楼（高 106.1m）就是钢结构建筑。我国 20 世纪 90 年代初建成的当时国内第一高楼——北京京广中心（高 208m）也是钢结构建筑。

2）钢筋混凝土结构

钢筋混凝土结构是指用配有钢筋增强的混凝土制成的结构，是主要的建筑结构类型之一。钢筋混凝土结构中，钢筋主要承受拉力，混凝土主要承受压力。与钢结构相比，钢筋混凝土结构具有取材方便、可塑性强、坚固耐久、抗侧向荷载能力大、防火性能好、节约钢材和成本低等优点。同时，随着钢筋和混凝土的强度等级不断提高，钢筋混凝土结构在土木工程中的应用范围越来越广，在超高层建筑建造中也得到了广泛应用。然而，钢筋混凝土结构的突出缺点是自重大、抵抗塑性变形能力差、现场作业多、施工工期长。

钢筋混凝土结构在我国超高层建筑中应用较早。1980 年建成的中国香港合和中心（高 216m）和 1985 年建成的深圳国贸中心（高 160m）均是钢筋混凝土结构建筑。

3）钢-混凝土混合结构

钢-混凝土混合结构是由钢与混凝土组合而成，能充分发挥钢结构与混凝土结构各自优点的结构，是一种适用于建造超高层建筑的结构体系。该结构体系发挥了钢结构自重轻、强度高、使用空间大、施工速度快与钢筋混凝土结构刚度大、造价低等优点，且适合目前我国经济发展水平，在超高层建筑结构设计中得到了越来越广泛的应用。

钢-混凝土混合结构通常表现为在超高层建筑不同部位采用不同的结构材料。世界第一高楼迪拜哈利法塔就是典型的钢-混凝土混合结构，156 层及以下为混凝土结构，157 层及以上为钢结构，既提高了建筑的稳定性和刚性，也减小了自重，大大提升了超高层建筑所能实现的高度上限，同时还减少了钢材用量，节约了成本。

2. 按结构体系分类

超高层建筑结构承受的主要荷载包括垂直荷载与水平风荷载及地震的共同作用，其高度越高，水平作用的影响越大。因此，在结构设计时，选择一种具有适当刚度的结构体系是设计的关键。

普通高层建筑结构体系按承重体系分为框架结构、剪力墙结构、框架-剪力墙结构、筒体结构和巨型结构体系。

1）框架结构体系

框架结构体系是一种由梁、柱、构件通过节点连接而构成的结构体系。具有建筑平面布置灵活、室内空间开阔、结构自重较轻等优点，但存在侧向刚度较小、水平荷载作用下侧移较大等缺点，其高度一般不超过 70m。

2）剪力墙结构体系

剪力墙结构体系是利用建筑物墙体作为竖向承重和抗侧力结构的结构体系，具有水平承载力和侧向刚度大，侧向变形较小等优点，但存在自重较大、建筑平面布置局限性大、较难获得大的建筑空间等缺点。其高度通常不超过 150m。

3）框架-剪力墙结构体系

框架-剪力墙结构体系是由框架、剪力墙共同承受竖向和水平荷载的结构体系，其中，框架主要承受竖向荷载，剪力墙主要承受水平荷载。该结构体系综合了框架结构体系和剪力墙结构体系的优点，建筑平面布置灵活，水平承载力和侧向刚度大，在高层建筑中应用广泛。其高度一般不超过 170m。

4）筒体结构体系

筒体结构体系是由一个或几个筒体作承重结构的结构体系，是将剪力墙或密柱框架集中到房屋的内部和外围而形成的空间封闭式的筒体。筒体结构分框架-核心筒、框筒、筒中筒、束筒 4 种结构。该结构体系具有整体性好、承载力高、侧向刚度大、室内空间大等优点，适用于层数较高的超高层建筑且应用非常广泛。

5）巨型结构体系

巨型结构体系是由大型构件（巨型梁、巨型柱和巨型支撑）组成的主结构与常规结构构件组成的次结构共同工作的一种结构体系，其主结构为主要抗侧力体系，次结构只承担竖向荷载并将力传给主结构。巨型结构分巨型框架、巨型桁架结构、巨型悬挂结构、巨型分离式筒体结构 4 种基本类型。该结构体系具有良好的建筑适应性、优异的整体刚度和高承载力，适用于高度超过 300m 及以上的超高层建筑，且已成为超高层建筑结构体系的主要形式。

对超高层建筑，由于高度不断增长，框架、剪力墙或框架-剪力墙体系已不能满足超高层建筑结构的需要，筒体结构体系、巨型结构体系已越来越多地应用于实际工程中，成为目前超高层建筑中应用最广泛的结构形式。其中，框架-核心筒、框筒-核心筒适用于高度为 250～400m 的超高层建筑；巨型框架-核心筒、巨型框架-核心筒-巨型支撑适用于高度为 300m 以上的超高层建筑。

1.2.2 超高层建筑结构体系的发展历程

现代超高层建筑结构体系的发展往往伴随着材料、技术的进步。超高层建筑结构体系经历了由单一的钢结构、钢筋混凝土结构向钢-混凝土组合结构的多元化方向发展，从最初的框架结构向框架、剪力墙、框架-剪力墙、筒体、巨型结构等结构形式演变，并且不断向高度更高、规模更大、地下室更深、结构更复杂、功能更齐全的方向发展。

在 19 世纪末，钢铁工业的发展和电梯的发明促使超高层建筑诞生并快速发展。直至 20 世纪中期，钢框架结构成为这一时期超高层建筑的主流。以美国芝加哥、纽约为核心涌现出一大批典型的超高层钢结构建筑，如 1931 年在美国纽约建成的 102 层、高 381m 的帝国大厦，成为当时最高的建筑，保持该纪录 40 余年。

20 世纪中期至 20 世纪 70 年代，超高层建筑进入蓬勃发展阶段，钢筋混凝土开始广泛应用于建筑领域，框架-剪力墙、框架-核心筒、筒中筒、束筒、悬挂结构等钢筋混凝土结构体系开始应用于超高层建筑，如 1971 年在美国休斯敦市建成的 50 层、218m 高的贝壳广场大厦，采用的钢筋混凝土筒中筒结构。但当时超高层建筑的主流结构仍是钢结构。

自 20 世纪 80 年代以来，超高层建筑进入飞速发展阶段，纯钢材已无法满足高度进一步增长的需求，钢筋混凝土筒体结构得到了广泛应用，推动了我国一批超高层建筑的快速兴建。如我国 1985 年建成的深圳国贸中心（高 160m）、1997 年建成的广州中信广场（主楼高 391m）等均是钢筋混凝土结构建筑。

为了充分发挥钢结构和钢筋混凝土结构各自的优点，钢-混凝土混合结构应运而生，并在超高层建筑中得到了越来越广泛的应用，各地超高层建筑的高度不断被刷新，300m 以上的超高层建筑快速兴建。其中，钢管混凝土、钢板剪力墙作为钢-混凝土混合结构的重要形式，越来越受到工程界青睐，近年来得到了快速的发展。

随着超高层建筑向更高、异型化发展，钢-混凝土混合结构推动了巨型框架核心筒为代表的巨型结构体系快速发展，并成为当今众多超高层建筑的主流，被广泛应用于 400m 以上的超高层建筑中。目前世界摩天高楼排行榜前十名中，采用巨型结构体系的超高层建筑占据了半壁江山。如中国第一高楼、世界第二高楼——上海中心大厦（2015 年，高 632m），世界第四高楼——深圳平安金融中心（2017 年，高 599m），世界第八高楼——中国尊（2018 年，高 528m），世界第九高楼——中国台湾台北 101 大厦（2004 年，高 508m），世界第十高楼——上海金融中心（2008 年，高 492m）均采用巨型结构体系。超高层建筑结构体系进入巨型结构体系发展阶段。

1.2.3 超高层建筑结构的发展现状与趋势

2018 年 CTBUH 高层建筑年度会议和高层数据统计报告显示，在 2018 年全球完工的高度超过 200m 的 143 座建筑中，有 90 座建筑采用混凝土结构，占比为 62.9%，较 2017 年的 73 座有所增长；有 50 座采用复合材料（在横跨和支撑构件中使用一种以上的材料，即钢-混凝土混合结构），有 2 座采用混合结构（竖向采用不同的系统，通常在建筑节点上进行变换，即组合结构），分别占 2018 年完工建筑的 35%，1.4%，较 2017 年在数量和占比上均有所降低；仅有 1 座全钢结构建筑完工，占比为 0.7%。以混凝土为主要结构材料和使用混凝土复合材料的建筑占比达 97.9%，混凝土材料的地位在 2018 年进一步强化。2018 年完工建筑结构材料分类详如图 1-24 所示。

对历年来世界上最高的 100 座建筑结构材料进行分析（图 1-25），可发现在 2018 年世界上最高的 100 座建筑中，有 57 座建筑采用钢-混凝土混合结构；30 座采用混凝土结构；9 座采用钢结构；4 座采用组合结构。超高层建筑结构已由过去的纯钢结构占绝对优势（98%）转变为钢-混凝土混合结构（占 57%）、混凝土结构（占 30%）、钢结构（占 9%）共存的多元化结构体系，且钢-混凝土混合结构已成为超高层建筑的主要发展方向和趋势。

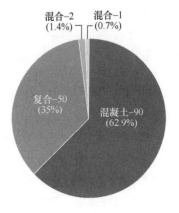

图 1-24　2018 年完工的 200m
及以上的建筑结构材料分类

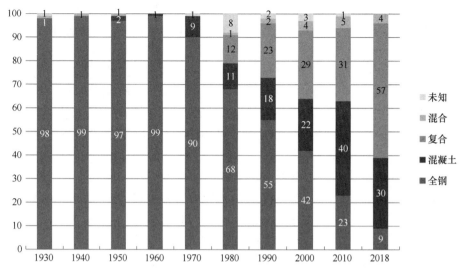

图 1-25　历年世界上最高的 100 座建筑结构材料分类（截至 2018 年年底）

注：此处的复合指复合材料，即钢-混凝土混合结构，混合指组合结构体系。

综上可知，混凝土材料是超高层建筑中重要的结构材料，且随着超高层建筑技术的发展，混凝土作为主要结构材料的地位在不断强化，应用范围不断扩大，在超高层建筑中将扮演越来越重要的角色。

1.3　超高层建筑混凝土技术的发展

超高层建筑的发展离不开材料的发展。作为超高层建筑的主要结构材料，混凝土技术的发展在超高层建筑发展历程中发挥着重要作用，推动了超高层建筑不断进步。当前超高层建筑混凝土工程呈现出高度不断突破、强度不断增长、结构日益复杂等特点，对超高层建筑中混凝土技术提出了更高的要求和挑战。

1. 随着超高层建筑的高度不断刷新，混凝土的应用高度不断突破

自 1971 年在美国休斯敦市贝壳广场大厦（高 218m）应用以来，混凝土在超高层建筑中的应用高度不断突破。至 1999 年上海金茂大厦（高 420.5m，混凝土结构高 382.5m），超高层建筑中混凝土应用高度接近 400m。到 21 世纪，超高层建筑进入飞速发展阶段，钢筋混凝土结构和钢-混凝土混合结构的超高层建筑数量和高度呈爆发式增长，混凝土应用高度一路攀升。2008 年，上海环球金融中心建成，混凝土应用高度达到 492m，接近 500m 大关。2010 年，迪拜哈利法塔建成，高 828m，混凝土结构高 601m，创世界最高混凝土结构建筑纪录，混凝土应用高度实现新跨越。2015 年，天津高银 117 大厦创造了混凝土实际泵送高度 621m 的吉尼斯世界纪录，混凝土应用高度再次获得新突破。

混凝土应用高度的不断突破，对混凝土的性能和泵送技术提出了更高的要求。对垂直高度大于 300m 的超高层建筑，混凝土必须具有良好的力学性能和体积稳定性，以满足承载力和耐久性要求。同时，还需具有良好的工作性能和工作性能保持能力，以保证超高层泵送的顺利施工。因此，超高层建筑中通常采用高强混凝土，但高强混凝土黏度较大，泵送较困难，且随着泵送高度的增加，混凝土的泵送阻力不断提高，容易导致混凝土离析、堵管等诸多问题，给泵送施工带来一系列的技术难题，对超高层泵送混凝土配制和泵送技术提出了更高的挑战。此外，为减轻结构自重，超高层建筑对轻质高强混凝土的需求也一直在增加，如何解决高强混凝土的轻质化和超高层泵送也成为混凝土超高层泵送工程的一项技术难题。超高层泵送混凝土技术成为超高层建筑顺利施工的关键技术。

2. 随着超高层建筑高度增加、荷载变大，混凝土的强度不断提高

随着超高层建筑高度不断增加，结构承受的荷载越来越大，对混凝土的强度要求也越来越高。在超高层建筑早期发展阶段，美国就已对高强、超高强混凝土进行了研究与工程应用，并领先于其他各国。早在 1988 年，美国西雅图双联广场大厦（高 220m）中应用的钢管柱混凝土抗压强度就已达 130MPa，成为超高强混凝土应用于超高层建筑的全球典范。我国在高强和超高强混凝土的研究和工程化应用方面起步较美国晚，但近年来发展迅速。1999 年，上海金茂大厦（高 420.5m，混凝土结构高 382.5m）中应用的混凝土最高强度等级为 C60；2011 年我国香港环球贸易广场中应用的混凝土最高强度等级为 C90；2009 年广州西塔（高 432m）中应用的混凝土最高强度等级为 C100；2014 年，广州东塔（高 530m）中应用的混凝土最高强度等级为 C120；2016 年，九龙仓长沙国际金融中心（高 452m）中 140～160MPa 超高强混凝土成功应用。

高强和超高强混凝土因其能增加建筑有效使用面积、减轻自重，节约材料、降低造价，耐久性强等特点，更有利于工程结构形式多样化、轻型化，成为超高层建筑混凝土材料的重点发展方向。

3. 随着超高层建筑结构日益复杂，混凝土性能需求多样化

随着超高层建筑向更高、异型化发展，钢筋混凝土结构、钢-混凝土混合结构已成为超高层建筑结构的主流，并带动了框架-剪力墙、筒体、巨型结构等复杂结构形式的发展，对混凝土材料和施工性能也提出了更多的综合性要求。

其中，作为钢-混凝土混合结构的重要形式的钢管混凝土因主要用于承重结构，截面尺寸大、形状不规则、组合形式复杂，要求钢管混凝土具有良好的自密实性、高强度、低收缩、微膨胀、低水化温升，防止出现裂缝和钢管与混凝土脱空。作为近年来发展较快的一种钢-混凝土混合结构——钢板剪力墙，因属于强约束结构，容易因应力分布不均或集中导致开裂，人们对钢板剪力墙混凝土的裂缝控制技术提出了很高的要求。作为当今400m 及以上的超高层建筑结构的主流——巨型结构，因体量巨大，人们对大体积混凝土的裂缝控制技术、施工技术等提出了更高的要求。

综上，超高层建筑中应用的混凝土技术实质上是高性能混凝土技术，是超高层建筑设计和施工的关键和核心。它是一项综合技术，不仅包含多种混凝土，如超高层泵送混凝土、高强和超高强混凝土、钢管混凝土、钢板-剪力墙混凝土、大体积混凝土等，还兼顾混凝土材料性能和施工性能等。开展超高层建筑中高性能混凝土技术研究对系统掌握超高层建筑的设计和建造技术、提高超高层建筑的质量、促进超高层建筑发展具有重要意义。

2 超高层建筑中的超大体积底板混凝土应用技术

"千里之行，始于足下"，超高层建筑的耐久性和安全性需要大体积、高强度的底板作为基础，以保证其整体稳定性。超高层底板混凝土的"高强、大型化"兼有大体积混凝土和高强混凝土的双重特性，与一般大体积混凝土相比，性能要求更高。同时，超高层一般都处于城市的繁华地段，其大体积混凝土的施工条件更为复杂，受各种因素的影响与制约较多，该领域所面临的不仅仅是单纯的结构理论问题，而是涉及材料组成、结构计算、配合比设计、施工工艺及环境影响等综合性的问题。为保障超大体积底板混凝土的工程质量，本章主要从混凝土的配合比方法、温度控制手段和施工关键技术等方面进行相关总结分析，并分享研究成果在实际超高层中的应用案例。

2.1 超高层建筑中的超大体积混凝土结构

超高层建筑结构体系与普通民用建筑有着较大的差别，随着建筑物高度的不断增高，其总体竖向荷载及水平荷载都相应增大，因此结构体系由最初普通的框架、剪力墙结构逐步发展成为框架-筒体体系，对应的构件在结构特点上表现为尺寸、厚度和体量的急剧加大，很多构件型式已经超出了传统房建的概念，被赋予了新的性能和功能的要求，对混凝土材料提出了巨大的挑战。

2.1.1 大体积混凝土的定义

大体积混凝土的最基本特点就是"大"，但到底多大才能称之为大体积混凝土，不同标准规范对大体积混凝土进行了不同定义。

我国现行《大体积混凝土施工标准》（GB 50496）中，将大体积混凝土定义为"混凝土结构物实体最小尺寸不小于 1m 的大体量混凝土，或预计会因混凝土中胶凝材料水化引起的温度变化和收缩而导致有害裂缝产生的混凝土"。

日本《高强度コンクリート施工指针（案）》（JASS5）中将"结构断面最小尺寸在 800mm 以上，水化热引起混凝土内的最高温度与外界气温之差超过 25℃"的混凝土称为大体积混凝土。

美国 ACI 116R-00 中将大体积混凝土定义为"任何尺寸足够大，要求采取措施应对水泥水化热的产生以及伴随的体积变化，使裂缝最小化"的混凝土。

不同标准规范中对大体积混凝土的定义并不一致，但都对大体积混凝土的特点进行了比较一致的强调：

（1）大体积混凝土已经"大"到混凝土水化热会导致温度变化和明显的里表温差；

（2）温度变化及其实体体积变化会带来混凝土结构不利应力的产生，并进一步导致结构实体形成有害裂缝、贯穿裂缝的风险激增；

（3）上述里表温差及其导致的体积变化必须采取手段去应对。

为了应对大体积混凝土裂缝问题，现行《大体积混凝土施工标准》（GB 50496）中推荐采用设计强度等级为 C25～C50 的混凝土，同时可采用 60d 或 90d 的强度作为强度评定和工程验收依据。此外，标准中还对混凝土结构里表温差（≤25℃）、浇筑体温升值（≤50℃）、降温速率（≤2.0℃/d）等指标均做出了明确规定。

2.1.2 超高层建筑中常见的大体积混凝土

超高层建筑的自重同其建筑高度成正比，自重大带来的最大问题就是竖向荷载过大，导致承重部位的尺寸和体量急剧增大，许多结构部位的尺寸都达到了国标中对大体积混凝土尺寸定义的大小，因此混凝土在满足该构件本身的性能要求基础上，同时还需要考虑大体积混凝土的相关性能要求。在超高层建筑结构体系中，这类构件比普通建筑多得多，这也是我们混凝土材料工作者需要重点考虑的地方。在超高层建筑结构体系中较为常见的大体积混凝土结构有：

1. 底板

板式筏形基础是超高层建筑中最为常见的基础类型，由于能够有效承载建筑物荷载、抵抗建筑物不均匀沉降、解决地基承载力不足等特点而在超高层建筑领域得到了广泛应用。底板是筏形基础的重要组成部分，整体性要求极高，同时其长期处于地下富水环境，耐久性要求也较高，对混凝土质量控制要求十分严格，如图 2-1 所示。

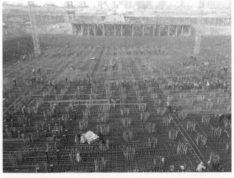

图 2-1 超高层的底板

2. 巨型钢管柱

框筒结构是超高层建筑的一种较为高效、经济的结构体系，具有较高的抗侧移刚度，其中外框一般由巨型钢管柱组成。由于巨型钢管柱是超高层建筑的重要竖向受力结构，因此其一般体量较大，混凝土设计强度等级相对较高，也是典型的高强大体积混凝土。如天津高银 117 大厦巨型钢管柱横截面尺寸达到 24m×22.8m，混凝土设计强度为 C50～C70，一次浇筑方量超过 3000m³，成都绿地蜀峰 468 巨型钢管柱直径为 1.2～2.8m，混凝土设计强度为 C50～C70。

与大体积底板混凝土相比，巨型钢管柱混凝土虽然体量相对小得多，但是其设计强度等级更高，单位水化放热量更大，且其强度评定为 28d 强度，早期水化放热导致的温度变化更为明显，因此，温度控制也是巨型钢管柱施工中必须重视的一个重要方面。框筒结构示意图如图 2-2 所示。

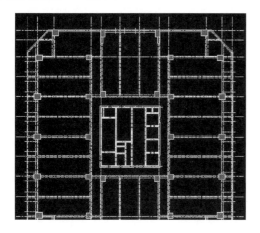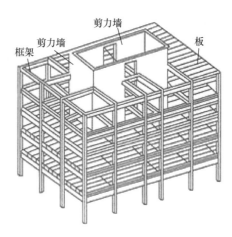

图 2-2　框筒结构示意图

3. 钢板混凝土剪力墙

钢板混凝土剪力墙是一种抗震性能好、结构自重轻、施工速度快的钢混组合抗侧力结构，广泛应用于超高层建筑中的核心筒结构。钢板混凝土剪力墙是超高层建筑重要的受力结构，因此也存在厚度较大的特点，属于大体积混凝土。如天津高银 117 大厦钢板混凝土剪力墙厚度最大处达到 1.6m，天津周大福金融中心核心筒体厚度最大处达到 2.4m，武汉绿地中心厚度最大处达到 1m。钢板混凝土剪力墙中混凝土设计强度等级一般介于巨型钢管柱混凝土和大体积底板混凝土之间，三维尺寸相对较小。钢板混凝土剪力墙如图 2-3 所示。

图 2-3　钢板混凝土剪力墙

上述超高层建筑中几种典型的大体积混凝土结构中，从体量、尺寸、强度等级方面来看，底板混凝土都是最具有代表性的大体积混凝土结构。本章将结合底板大体积混凝土展开温度控制和施工关键技术的探讨，巨型钢管柱、剪力墙等相关混凝土将在后续章节中展开介绍。

2.1.3　超高层大体积底板的特点

与普通民用建筑底板相比，超高层受结构特点、施工方式、地理位置和所处环境的影响，对大体积混凝土提出了更多的技术要求，无论是从混凝土性能要求方面，还是从混凝土的生产、组织、施工方面都带来了较高的难度，其具有以下显著特点：

1. 体量巨大

天津高银 117 大厦底板混凝土达到了 6.5 万 m³，为世界民用建筑底板体积之最；近年来建设的武汉绿地中心、深圳平安中心、南宁华润等超高层的底板混凝土也均超过了 2 万 m³，大体量导致底板混凝土水化放热总量极高，加之混凝土是热的不良导体，因此极易导致混凝土结构温升失控；同时体量的增大，在有限的施工时间内要完成浇筑任务，通常都是多家混凝土生产厂家同时生产供应，给混凝土的质量控制带来了一定的难度。国内超高层大体积底板体量见表 2-1。

表 2-1　国内超高层大体积底板体量

项目	超高层建筑名称	建筑高度（m）	底板混凝土体量（万 m³）
1	天津高银 117 大厦	597	6.5
2	武汉绿地中心	636	3.0
3	上海中心大厦	632	6.1
4	平安国际金融中心	600	3.0
5	天津津塔	337	2.0

2. 厚度大

武汉永清商务综合区底板厚度最大处达到 11.7m，天津津塔底板局部深坑区域厚度达到 12m，为现行《大体积混凝土施工标准》（GB 50496）中大体积混凝土厚度定义值的 10 余倍，天津高银 117 大厦、上海中心大厦等近年来建成的超高层建筑底板平均厚度也远超过标准中大体积混凝土的厚度，分别达到 6.5m 和 6m，厚度的增大导致底板混凝土结构内部水化热无法有效散失，而表层散热速率又相对较快，从而导致里表温差，形成温度应力并导致裂缝产生，国内超高层大体积底板厚度见表 2-2。

表 2-2　国内超高层大体积底板厚度

项目	超高层建筑名称	建筑高度（m）	底板混凝土厚度（m）
1	天津高银 117 大厦	597	6.5
2	武汉永清商务区	436	11.7
3	上海中心大厦	632	6.0
4	平安国际金融中心	600	4.5
5	武汉绿地中心	636	4.6
6	上海环球金融中心	492	6.0
7	天津津塔	337	12.0

3. 设计强度高

GB 50496 中建议大体积混凝土设计强度范围为 C25～C50，但超高层建筑底板混凝土设计强度等级一般都较高，如天津高银 117 大厦、迪拜哈利法塔、上海中心大厦底板混凝土设计强度等级为 C50，武汉永清商务综合区底板混凝土设计强度为 C60，均达到或者超过标准建议强度等级上限（若按照建设时的标准规范，均超出建议强度等级范围），高强度等级的混凝土水化放热量相对更大。国内超高层大体积底板设计强度见表 2-3。

表 2-3　国内超高层大体积底板设计强度

项目	超高层建筑名称	建筑高度(m)	设计强度(MPa)
1	天津高银 117 大厦	597	C50
2	武汉永清商务中心	436	C60
3	上海中心大厦	632	C50
4	上海环球金融中心	492	C50
5	武汉绿地中心	636	C50
6	天津津塔	337	C50

4. 温控难度高

由于绝大部分超高层底板混凝土兼有大体积混凝土和高强混凝土的双重特性，在进行配合比设计时较难同时兼顾水化热与强度，因此对入模温度的控制、混凝土的施工浇筑和养护都提出了新的研究方向。

5. 施工场地狭小

超高层大体积底板混凝土基本上都是上万立方米，其浇筑方法整体性要求高，没有设置施工缝，都是一次性无缝连续浇筑，因此需要布置很多台泵送设备。而超高层建筑通常都处于城市的中心区域繁华地段，这些地标性工程的施工场地大多很狭小，交通状况复杂，如何在有限的空间内选择合理的浇筑方式，组织好混凝土的浇筑，保证整个施工过程的连续性，对超大体积底板混凝土的质量至关重要。某超高层建筑施工场地如图 2-4 所示。

图 2-4　某超高层建筑施工场地

2.2　超大体积底板混凝土配合比设计方法

2.2.1　总体思路

根据本章 2.1 节超高层大体积底板混凝土的特点分析可知，混凝土具有大体积和高强度的双重特性，因此，降低胶凝材料用量、减小混凝土的水化温升、控制温度裂缝和收缩裂缝是非常有必要的。然而，高强混凝土一般具有较高胶凝材料用量，保证足够的强度，同时其水胶比接近理论水胶比，水化反应造成混凝土内部失水严重，混凝土的收缩明显。如何使高强大体积混凝土同时满足高强、低水化热的要求是配合比设计的关键内容，同时也要兼顾超高层大体积混凝土工作性能、耐久性能等其他要求，因此在配合比设计前需对混凝土的相关性能指标进行详细分析，在配合比设计时，提出对应的设计指标。

通过分析诸多超高层底板的配合比设计过程，从原材料的选择、混凝土强度评价、混凝土工作性能评价、掺和料掺量、水化热指标、混凝土耐久性指标等方面考虑，混凝土的配合比应遵循表2-4规定的设计指标。

表2-4 混凝土配合比设计指标

	项目		设计指标要求
大体积混凝土关键评价指标	原材料要求	水泥	宜采用低热、低碱普通硅酸盐水泥；当采用硅酸盐水泥时，应采用大掺量矿物掺和料
		粉煤灰	细度≤12%，烧失量≤5%，需水量≤95%，Cl^-≤0.02%的低钙粉煤灰
		矿粉	350kg/m²≤比表面积≤400kg/m²；Cl^-≤0.02%；28d活性大于95%
		减水剂	与水泥适应性好，保坍性能好，具有缓凝组分，减水率大于20%，且收缩率比≤120%的高效减水剂，不含 Cl^- 和 NH_4^+，对钢筋无锈蚀作用
		细骨料	中砂，细度模数为2.5～2.8，含泥量<1.0%，泥块含量<0.50%，为非碱活性或低碱活性骨料
		粗骨料	5～31.5mm连续粒级，含泥量<1.0%，泥块含量<0.50%，针、片状颗粒含量≤10%，压碎指标值≤10%，为非碱活性或低碱活性骨料
	配合比设计	胶凝材料总量	<500kg/m³
		矿物掺和料掺量	40%～50%
		水胶比	0.30～0.34
		水化热(kJ/kg)	7d<300
		砂率	38%～42%
	耐久性指标	抗渗性能	≥P8
		收缩性能	混凝土干燥收缩≤$3.0×10^{-4}$；28d自收缩<$2×10^{-4}$
		抗氯离子渗透性	按 ASTM C1202，56d电通量<1000C
		抗硫酸盐侵蚀	抗压强度耐侵蚀系数>75%，干湿循环试验达到150次
		抗钢筋锈蚀	混凝土体系中氯离子总含量<0.06%
		抗碱-骨料反应	混凝土体系中碱总含量<3kg/m³
		平板开裂等级	高于Ⅱ级

注：具体指标和要求根据实际工程设计要求进行调整，但需满足相应规范要求。

整个配合比设计流程可采用图 2-5 所示技术路线进行试验研究，以配制出性能与经济性俱佳的混凝土，保证工程施工要求。

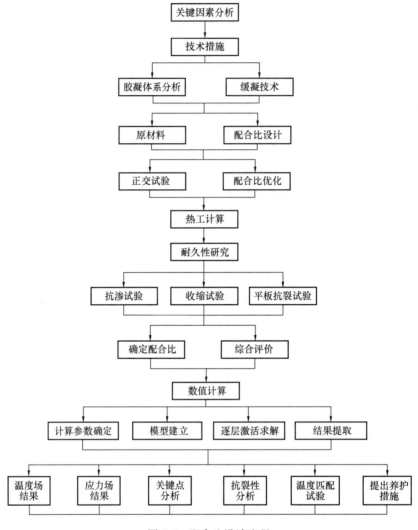

图 2-5　配合比设计流程

2.2.2　配合比设计理论依据与原则

2.2.2.1　胶凝材料体系

减少胶凝材料体系中水泥的用量，使用大掺量矿物掺和料技术是降低混凝土水化放热的理想办法，也在众多的大体积混凝土工程中采用，其基本原理示意图如图 2-6 所示。

以下为不同胶凝体系设计后的水化温升试验，减水剂掺量一致（均为 3.0%），采用水化温升仪进行胶凝材料水化温升测试，测试方法同直接法测水泥水化热，由于水化温升仪测试精度和保温性能同水化热直接法测试中的设备有所差异，未将水化温升换算为水化热，但是可根据水化温升测试结果，定性对比不同比例胶凝材料的水化放热量及水化放热速率。7 种不同比例胶凝材料组合见表 2-5，水化温升测试曲线如图 2-7 所示。

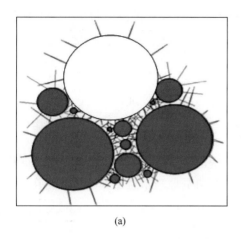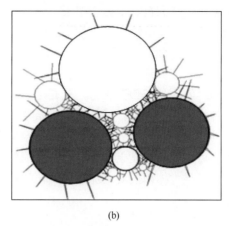

(a)   (b)

图 2-6 水化放热粉体颗粒结构分布模型

（a）未掺矿物掺和料放热模型；（b）掺有矿物掺和料放热模型

表 2-5 7 种不同比例胶凝材料组合

序号	胶凝材料比例（%）			T_{max} （℃）	t （h）
	水泥	粉煤灰	矿粉		
1	60	40	0	41.6	45.9
2		30	10	49.8	46.0
3		25	15	50.2	43.0
4		20	20	51.4	41.7
5	70	30	0	53.5	39.5
6		20	10	56.1	38.9
7		15	15	61.4	38.5

注：表中 T_{max} 为各配比的最高水化温度，t 为对应最高温度 T_{max} 的时间。

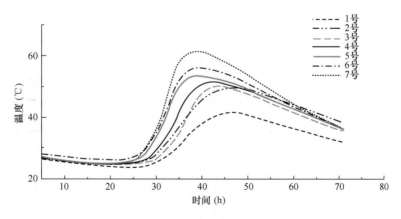

图 2-7 水化温升测试曲线

从表 2-5 和图 2-7 中可知：（1）在缓凝减水剂掺量一致时，矿物掺和料总掺量 40% 比总掺量 30% 的延峰效果明显，1 号与 7 号配比的温峰差异约 20℃，达到温峰的时差约 7.4h；（2）粉煤灰和矿粉总掺量保持恒定时，随着粉煤灰掺量增加，温峰降低效果明显；

（3）无论矿物掺和料总量为40％或30％均表现为单掺粉煤灰的降温效果优于双掺粉煤灰与矿粉。

2.2.2.2 缓凝时间

缓凝剂是能够延长混凝土拌和物凝结时间的外加剂。掺入缓凝剂后，大体积混凝土会在较长的时间内处于塑性状态，有充足的时间进行振捣密实处理，以便进行多层浇筑，并可防止冷结合面的产生，对炎热气候条件下的浇筑施工尤其重要；缓凝剂的使用可延长水泥水化的时间，降低最大温峰值，推迟温峰出现时间，减小大体积混凝土内外温差；使用缓凝剂还可以降低混凝土拌和物坍落度损失，使混凝土的泵送施工性能在较长时间内得以保障，以满足大体积混凝土浇筑时间长的特点。缓凝剂原理示意图如图2-8所示。

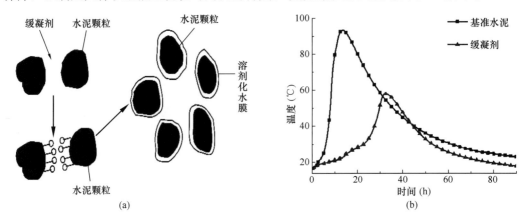

图 2-8　缓凝剂原理示意图
（a）缓凝剂缓凝原理图；（b）缓凝剂水化热削峰效果图

2.2.2.3 力学性能

混凝土力学方面，既往实践表明随掺和料掺量的增加，复合体系的3d和7d抗压强度呈现降低趋势，但随着养护龄期的延长，28d抗压强度均接近或超过纯水泥体系。这是因为粉煤灰一方面能有效填充于水泥等大尺寸颗粒间，改善水泥浆体的颗粒级配，明显减少大孔径孔数量并细化大孔径，改善孔结构，大幅降低硬化水泥石的孔隙率，提高了水泥基胶凝材料的致密性；另一方面因为填充作用及滚珠作用，降低了混凝土单位用水量。采用90d龄期评定强度，有利于矿物掺和料活性的发挥。

由于超高层大体积混凝土的内部温度较高，在这种温度环境下，混凝土的水化程度甚至水化产物与标准养护条件下存在差异，存在高温养护激发混凝土自身力学性能提高的可能性，因此可进行温度-力学性能匹配试验，用以混凝土力学性能的评估与预测，以指导混凝土的配合比设计。温度匹配试验方案见表2-6。

表 2-6　温度匹配试验方案

龄期（d）	养护温度（℃）		
	35	50	65
1	1	1	1
2	1	1	1

续表

龄期（d）	养护温度（℃）		
	35	50	65
3	1	1	1
4	1	1	1
5	1	1	—
6	1	1	—
7	1	1	—

1. 轴心抗压强度、弹模

从图 2-9 和图 2-10 中可见，标准养护轴心抗压强度前期增长较快，后期增长减缓，14d 龄期前曲线切线斜率大，轴压强度增长较快，14～28d 曲线切线斜率变小，轴压强度增长缓慢，趋于稳定；不同养护温度下轴心抗压强度增长规律与标准养护增长规律差异明显，在 1～7d 龄期内，35℃、50℃ 温度养护下，轴心抗压强度表现出一定的线性增长规律；65℃ 温度养护下，轴心抗压强度虽然也表现出一定的线性增长规律，但是斜率较小；65℃ 温度养护下 1d 龄期的轴心抗压强度达到 30MPa 以上，为标准养护 28d 轴心抗压强度的 90％ 以上，2～4d 龄期轴心抗压强度相对于 1d 仅增长了 5MPa 左右，增长幅度极小。

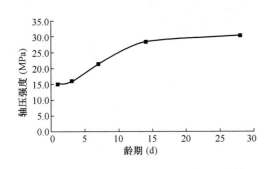

图 2-9　标准养护下轴心抗压强度增长规律　　图 2-10　不同养护温度轴心抗压强度增长规律

从图 2-11 和图 2-12 中可见，无论标准养护或不同温度养护，混凝土弹性模量增长规律与轴心抗压强度增长规律基本一致。

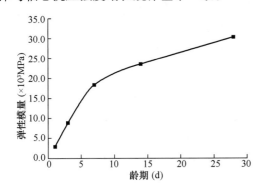
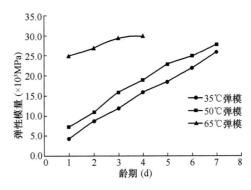

图 2-11　标准养护弹性模量增长规律　　图 2-12　不同养护温度弹性模量增长规律

2. 劈裂抗拉强度

图 2-13 为标准养护下劈裂抗拉强度增长规律，图 2-14 为不同养护温度下劈裂抗拉强度增长规律。

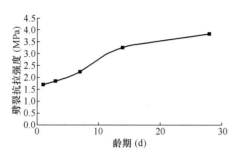
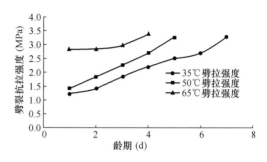

图 2-13　标准养护下劈裂抗拉强度增长规律　　图 2-14　不同养护温度下劈裂抗拉强度增长规律

从图 2-13 中可以看出，标准养护 14d 之前，劈裂抗拉强度发展较快。1d 时的劈裂抗拉强度为 1.7MPa，14d 时的劈裂抗拉强度达到 3.3MPa，增长明显；14d 之后，劈裂抗拉强度增长趋势放缓，趋于稳定，28d 时的劈裂抗拉强度为 3.8MPa，较 14d 龄期仅增长 0.5MPa。

由图 2-14 可见，35℃、50℃ 温度作用下劈裂抗拉强度发展规律与轴心抗压强度同中有异。5d 龄期内劈裂抗拉强度增长趋势与轴压强度相似呈近似线性发展，35℃ 温度作用的劈裂抗拉强度在 5d 龄期后出现增长拐点，曲线切线斜率增大，劈裂抗拉强度仍有一定增长空间；35℃、50℃ 和 65℃ 养护 1d 时，劈裂抗拉强度分别为 1.2MPa，1.4MPa 和 2.8MPa，65℃ 温度作用下 1d 龄期劈裂抗拉强度即达到标准养护 28d 龄期的 70% 以上；65℃ 温度作用下 3d 龄期内劈裂抗拉强度几乎无增长，3～4d 龄期出现劈裂抗拉强度增长拐点，4d 龄期劈裂抗拉强度 3.5MPa 较 3d 龄期增长 14%。

3. 不同温度作用下力学性能增长率

将标准养护 28d 龄期的轴压强度、弹性模量和劈裂抗拉强度数值定为参考值，分析 35℃、50℃ 和 65℃ 温度作用下 1～4d 龄期相应力学参数的增长率。表 2-7 为不同温度作用下力学性能增长率。

表 2-7　不同温度作用下力学性能增长率

温度 （℃）	轴压强度比（%）				弹性模量比（%）				劈裂抗拉强度比（%）			
	1d	2d	3d	4d	1d	2d	3d	4d	1d	2d	3d	4d
35	16	34	44	50	15	21	35	44	32	34	47	53
50	38	47	53	72	21	32	44	50	37	47	58	71
65	97	100	116	119	74	79	81	85	74	76	82	92

从表 2-7 中可见，1～4d 龄期内，35℃ 和 50℃ 温度作用下，轴压强度、弹性模量和劈裂抗拉强度增长率差异在 25% 以内，65℃ 温度作用下力学性能指标发展规律出现突变，轴压强度、弹性模量和劈裂抗拉强度 1d 龄期增长率分别达到标准养护 28d 的 97%、74%、74%；65℃ 温度作用下 4d 龄期的轴压强度已超出标准养护 28d 龄期的 19%，而弹性模量和劈裂抗拉强度则低于标准养护，分别比标准养护低 15% 和 8%。从劈裂抗拉强度的增长趋势看仍有

一定的增长空间，而弹性模量的降低，对缓解变形，降低大体积混凝土开裂风险有利。

2.2.2.4 配合比设计原则

根据以上分析，配合比在设计过程中，关键参数的选取应遵循以下基本原则：

（1）胶凝材料体系的设计中，宜选用大掺量矿物掺和料体系，且单掺粉煤灰效果对降低混凝土水化温升效果最佳。

（2）应根据对缓凝时间的要求选择缓凝剂，根据温度正确选择缓凝剂最佳掺量，混凝土初凝时间控制在 12h 以上，缓凝剂使用前应进行水泥适应性试验，避免产生混凝土长时间不凝固或混凝土后期强度增长缓慢。

（3）应采用降低水胶比的手段来实现强度设计要求，合理利用超高层底板混凝土 60d 或 90d 的强度评价方法，同时在条件允许的情况下，可进行温度匹配试验，进一步进行配合比的优化工作。

（4）工作性能可通过聚羧酸减水剂来进行调节，保证混凝土 2h 的工作性能保持。

2.2.3 配合比的设计与确定

综上所述，胶凝材料总量、矿物掺和料掺量、水胶比是影响混凝土的工作性能、强度、水化热及耐久性的主要因素。因此将其作为水平因素，可采取正交设计试验方法进行配合比研究工作（具体正交试验方法可参考相应资料，本书不再具体介绍），由此来确定最佳参数，并结合水化热、力学性能和工作性能优选配合比，进行耐久性能试验，最后通过微调确定施工配合比。

2.3 超大体积底板混凝土的温度控制技术

超大体积混凝土的温度控制特别是温度裂缝的控制，需要从结构设计、施工工艺和材料性能等多维度来进行综合考虑的，例如从设计角度上可以在尺寸、约束条件方面，施工工艺上可以采用分段法、跳仓法施工等进行改善，但超高层大体积混凝土在结构设计和施工工艺上受制约因素较多，因此本节主要从混凝土材料自身角度来分析和解决。

2.3.1 温度控制思路

由热力学计算和温度裂缝产生的机理来看，控温原则主要是对混凝土的最高温度、内外温差和降温速率 3 个特征温度值的控制，这与普通大体积混凝土的温度控制关键点一致，因此不做具体分析。

2.3.2 温度控制方法

（1）最高温度的控制：混凝土的最高温度值是与绝热温升和浇筑温度相关联的。在绝热温升方面，大掺量矿物掺和料的使用和缓凝剂的应用，可得到大幅度降低，具体的研究与分析在本章 2.2 节已提到，浇筑温度控制方法也与普通大体积混凝土类似，这里也不再具体分析。

（2）内外温差和降温速率的控制：可通过温度监控进行养护的动态调整来实现，具体的温度监控和养护方法将在 2.4 节介绍。

2.3.3 温度场有限元分析

随着现代化建设的不断进行，越来越多的结构应用了大体积混凝土，对结构自身温度场及温度应力场的理论研究则显得尤为迫切与需要。随着计算科学的不断发展，有限单元法作为一种与实际情况更加吻合的计算方法得到了广泛的应用，自 20 世纪中期以来，有限单元法的应用，使温度场和温度应力的理论分析得到了较好的解决。

有限单元法是目前建筑工程分析中使用最为广泛的数值计算方法之一，其基本求解思想是将计算域划分为有限个互不重叠的单元，在每个单元内，选择一些合适的节点作为求解函数的插值点，将微分方程中的变量改写成由各变量或其导数的节点值与所选用的插值函数组成的线性表达式，借助于变分原理或加权余量法，将微分方程离散求解。从方法的建立途径方面考虑，有限单元法从其等效积分形式出发，利用加权余量法的原理，建立多种近似解法，如配点法、最小二乘法、力矩法等。由于其具有通用性和有效性，该方法目前已受到工程技术界的高度重视，现已成为计算机辅助设计和计算机辅助制造的重要组成部分。

1. 大体积混凝土稳定温度场的计算

稳定温度场的热传导方程式为

$$\nabla^2 T = 0 \tag{2-1}$$

其在计算域 Ω 内每一点都成立，于是可以得

$$\int_{\Omega} v \, \nabla^2 T \mathrm{d}\Omega = 0 \tag{2-2}$$

式中　v——任意函数。

将第一类边界 Γ_1、第二类边界 Γ_2 和第三类边界 Γ_3 上需满足的边界条件写为积分形式，并同乘导热系数 a，可得

$$\Pi = \int_{\Omega} \frac{a}{2} \left[\left(\frac{\partial T}{\partial x} \right)^2 + \left(\frac{\partial T}{\partial y} \right)^2 + \left(\frac{\partial T}{\partial z} \right)^2 \right] \mathrm{d}\Omega - \int_{\Gamma_2} \frac{1}{cp} T q_n \mathrm{d}\Gamma - \int_{\Gamma_3} \bar{\beta} T \left(T_a - \frac{1}{2} T \right) \mathrm{d}\Gamma$$

$$\tag{2-3}$$

这就是稳定温度场的变分原理。在第一类边界条件自然满足的条件下，使得泛函数取极值的温度场即为真正温度场。

2. 有限元支配方程

为了在各种求解域上得到泛函数极值问题的解答，一般使用有限元法，将求解域划分为网格，使每个单元内任意点的温度由该单元节点温度插值得到，即

$$T = \begin{bmatrix} N_i N_j N_m \cdots \end{bmatrix} \begin{Bmatrix} T_i \\ T_j \\ T_m \\ \cdots \end{Bmatrix} = N T^e \tag{2-4}$$

式中　N——形函数矩阵，形函数 $N_i(x, y, z)$ 是坐标的函数；

　　　T^e——节点温度列阵。

将泛函数式（2-4）的积分形式离散为求和形式，可以得到计算稳定温度场的有限元支配方程，即

$$HT + F = 0 \qquad (2-5)$$

式中　T——未知温度场；

　　　H——热传导矩阵；

　　　F——节点外部热向量，且有

$$h_{ij} = \int_{\Omega^e} a\left[\left(\frac{\partial N_i}{\partial x}\frac{\partial N_j}{\partial x}\right) + \left(\frac{\partial N_i}{\partial y}\frac{\partial N_j}{\partial y}\right) + \left(\frac{\partial N_i}{\partial z}\frac{\partial N_j}{\partial z}\right)\right]\mathrm{d}\Omega \qquad (2-6)$$

$$g_{ij}^e = \int_{\Gamma_3^e} \bar{\beta} N_i N_j \mathrm{d}\Gamma \qquad (2-7)$$

$$f_i^e = \int_{\Gamma_3^e} \bar{\beta} T_a N_i \mathrm{d}\Gamma \qquad (2-8)$$

求解式（2-8）所表示的线性代数方程组，即可将未知温度场 T 解出。

3. 大体积混凝土不稳定温度场的计算

类似稳定温度场变分原理的推导过程，可以得到不稳定温度场的变分原理，在自然满足初始条件式 $T\mid_{t=0} = f(x, y, z)$ 和第一类边界条件式 $T\mid_\Gamma = f(t)$ 下，不稳定温度场热传导方程和边界条件下的真实温度场便等效于泛函数取极值的温度场，即

$$\delta\Pi = 0 \qquad (2-9)$$

其中：

$$\Pi = \int_\Omega \frac{a}{2}\left[\left(\frac{\partial T}{\partial x}\right)^2 + \left(\frac{\partial T}{\partial y}\right)^2 + \left(\frac{\partial T}{\partial z}\right)^2 + \left(\frac{\partial T}{\partial t} - \frac{\partial \theta}{\partial t}\right)\right]\mathrm{d}\Omega -$$
$$\int_{\Gamma_2} \frac{1}{c\rho} T q_n \mathrm{d}\Gamma - \int_{\Gamma_3} \bar{\beta} T\left(T_a - \frac{1}{2}T\right)\mathrm{d}\Gamma \qquad (2-10)$$

运用有限单元法求解不稳定温度场可具体细分为显式解法和隐式解法两种不同的分析计算方法，显式计算方法基于动力学方程，无须迭代，计算速度快，也不存在收敛控制等问题。该计算方法所需的计算机内存也比隐式算法少，数值计算过程可以很容易地进行并行计算。但它的缺点也相对明显，即只有在单元级计算尽可能少时速度优势才能发挥，且往往因采用减缩积分方法，容易激发沙漏模式，影响计算精度及效率，故目前显式算法应用较少。

相较于显式计算方法，隐式算法要基于虚功原理完成迭代计算，在每一增量步内都需要对静态平衡方程进行迭代求解，并且每次迭代都需要求解大型的线性方程组，这一过程需要占用相当数量的计算资源、磁盘空间及内存。理论上在这个算法中的增量步可以很大，但是实际运算中要受到接触及摩擦等条件的限制。由于需要矩阵求逆以及精确积分，对内存要求很高，随着计算机技术的持续发展，该方法在有限元数值模拟计算中将处于主导地位。

2.4 超大体积底板混凝土的生产施工关键技术

2.4.1 超大体积底板混凝土生产组织模式

2.4.1.1 多站协同

超高层建筑大体积底板混凝土通常由于方量较大、施工时间较短，凭借单一混凝土供应站点难以完成保供，生产上可采用多站协同供货。站点个数的选择根据总浇筑方量、单站生产产能、路程距离、交通状况和浇筑时间来计算确定，同时也要确定1~2个备用站点，预防突发事件。上海中心和天津高银117大厦在大体积底板施工过程中均组织了6座混凝土生产站点同时供应，武汉永清商务区组织了4座混凝土生产站点进行供应，如图2-15所示。

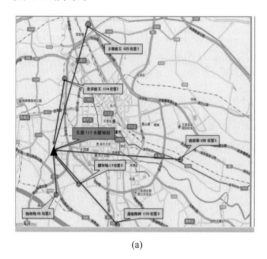
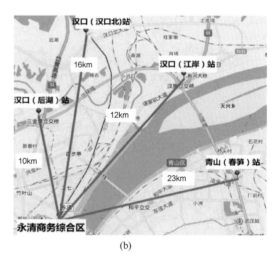

(a) (b)

图 2-15 超高层大体积底板混凝土供应单位站点分布

(a) 天津高银117大厦D区底板（6.5万 m³）；(b) 武汉永清商务区A区底板（2.5万 m³）

混凝土搅拌车数量应根据运距和浇筑速度合理配置，以满足混凝土的连续浇筑。可通过计算确定每次浇筑混凝土需配备的运输车数量，确保现场混凝土能连续浇筑，避免在施工过程中出现不必要施工冷缝。按照施工时间及方量要求，各生产站点根据运距、实际路况配备车辆，车辆配备留3~5台的富余值。

当混凝土泵连续作业时，所需配备的混凝土搅拌运输车台数按式（2-11）计算：

$$N = \left(\frac{Q}{V}\right) \times (T + T_t) \tag{2-11}$$

式中　N——混凝土搅拌运输车台数（台）；

　　　Q——混凝土的实际平均输出量（m³/h）；

　　　V——每台混凝土搅拌运输车的容量（m³）；

　　　T——混凝土搅拌运输车往返平均行车时间（h）；

　　　T_t——每台混凝土搅拌运输车总计生产停歇时间（h）。

2.4.1.2　物资的保供

为保障物资供应的连续性，在底板浇筑前，各个站点根据底板设计配合比计算出理论物资总需求量，结合自身材料库存能力，确保粉料、砂石、外加剂等原材料有充分库存。

在浇筑过程中，各生产站点需提前沟通与评估材料厂商的出库能力、途中运输时间、卸货能力、各生产站点需求情况、生产消耗等多方面情况，安排大型运输车队保证物资供应，满足各生产站点所需。同时，考虑到过程中的突发事件或临时应急，对所有的物资材料采取多余盈库存，另配备备用物资运输车辆。

2.4.1.3　混凝土质量的控制

由于超高层大体积混凝土大多采用多站协同的模式来供应，打破了传统的单站供应模式，虽然在供货速度，抗风险能力方面得到了极大的提升，保证了混凝土的连续浇筑，但同时也带来了一些新的问题，例如每个生产站点所使用的原材料品种与规格有所不同，甚至材料之间也会产生冲突，每个站点的人员和质量控制水平有所差异等，这些都会给混凝土的质量造成一定的隐患。因此需要制定详细的质量管控措施，以保证大体积混凝土整体质量的稳定与合格，特别是在原材料和配合比的使用方面。

1. 原材料管控措施

提前制定好统一的原材料技术指标要求，各站点按照统一的要求进行原材料的储存备料工作，各种原材料需统一品牌或规格，例如聚羧酸减水剂，在凝结时间方面要保持一致。天津高银117大厦底板混凝土原材料质量要求见表2-8。

表 2-8　天津高银117大厦底板混凝土原材料质量要求

序号	混凝土原材料	质量要求
1	水泥	选用质量稳定、活性较高、需水量低、流变性能好的冀东牌 P·O 42.5 水泥
2	砂子	河砂（中砂），细度模数＞2.6，含泥量＜1.0%，泥块含量＜0.50%，盐分不能超过0.08%，内照射指数与外照射指数均≤1.0的中砂，且为非碱活性或低碱活性骨料，吸水率必须≤2.5%
3	石子	采用5～31.5mm连续粒级碎石。要求碎石含泥量＜1.0%，泥块含量＜0.50%，针、片状颗粒含量≤10%，压碎指标值≤10%，盐分不能超过0.04%，内照射指数与外照射指数均≤1.0的石灰岩碎石，且为非碱活性或低碱活性骨料，吸水率≤2.5%
4	掺和料	采用细度≤12%，烧失量≤5%，需水量＜95%的Ⅰ级低钙粉煤灰
5	减水剂	采用博特聚羧酸高性能减水剂，减水率＞20%、且收缩率比≤120%的高效减水剂，不含氯离子和氨根离子，对钢筋无锈蚀作用
6	水	采用符合现行国家标准《混凝土用水标准》（JGJ 63）的水，施工期间为冬季，气温为−5～8℃，在生产混凝土时，加入部分50～60℃热水，提高混凝土的入模温度

2. 配合比管控措施

所有混凝土供应站均使用统一设计的配合比，不可随意调整配合比，可以制定相关文件进行规范，例如在天津高银117大厦底板施工的6座混凝土生产站点，各生产站点技术管理人员按照预先制定的《配合比管理准则》对配合比使用情况进行填写，保证配合比使用的一致性。

2.4.2 超大体积底板混凝土施工关键技术

2.4.2.1 浇筑方式

超大体积底板混凝土浇筑通常使用的机械包括拖泵及车载泵、泵车。车载泵与拖泵浇筑速度较慢，泵车浇筑速度较快。拖泵/车载泵、泵车、溜槽的特点及浇筑速度见表2-9。

表2-9 混凝土常见浇筑机械的特点比较

浇筑机械	特点	成本	浇筑速度
拖泵/车载泵	浇筑速度慢，容易堵管，浇筑距离长，覆盖面积大，泵车占地面积小	泵送费15~20元/m³	40~70m³/h
泵车	浇筑速度快，实际覆盖面积有限，泵车占地面积大，堵管风险小	泵送费20~25元/m³	80~100m³/h
溜槽	浇筑速度快，占地面积很小，覆盖面积大，基坑需要有一定深度，满足溜槽搭设角度在60°~80°，不堵管	溜槽施工费用，每1m³费用较低	平均浇筑速度可达120~150m³/h，最快浇筑速度可达240m³/h

一般大体积混凝土浇筑量较大或浇筑场地地质条件不算好，尤其是在基坑边缘进行浇筑施工时，大多采用混凝土泵车泵送混凝土进行浇筑，但超高层项目受施工现场空间的限制，只使用汽车泵浇筑无法满足浇筑速度的要求，因此，一般都采用溜槽结合泵车方式浇筑混凝土。溜槽浇筑混凝土属于非泵送范畴，可以大大调低混凝土坍落度，减少单位用水量，避免混凝土干缩现象。同时，采用溜槽浇筑混凝土，更有利于夏期施工大体积混凝土散热，降低入模温度及水化热。溜槽浇筑混凝土能避免常规施工泵管堵塞现象发生，工效更高，可保证大体量混凝土连续浇筑。具体实例如图2-16、图2-17所示。

图2-16 天津恒富大厦南塔项目底板混凝土浇筑现场（组合浇筑）

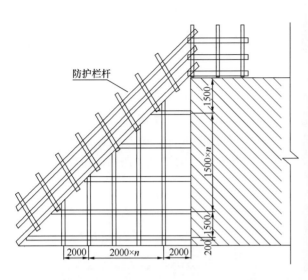

图 2-17　溜槽槽体大样图及实体图

具体浇筑方法应根据整体连续浇筑的要求，结合构件尺寸的大小、钢筋疏密、供应条件等具体情况，选用以下 3 种方法中的一种。

（1）全面分层：即将整个构件浇筑层数分为数层浇筑，当已浇筑的下层混凝土尚未凝结时，即开始浇筑第 2 层，如此逐层进行，直至浇筑完成，如图 2-18 所示。该方法适用于结构平面尺寸不太大的工程。

（2）分段分层：适用于厚度较薄而面积或长度较大的工程。施工时从底层一端开始浇筑，进行到一段距离后浇筑第 2 层，依次向前浇筑其他各层，如图 2-19 所示。

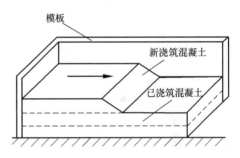

图 2-18　全面分层浇筑示意图

（3）斜面分层：适用于结构的长度超过厚度 3 倍的工程，振捣工作应从浇筑层的底层开始，逐层上移，以保证分层混凝土之间的施工质量，如图 2-20 所示。

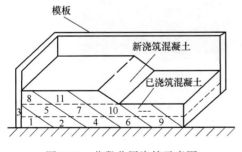

图 2-19　分段分层浇筑示意图

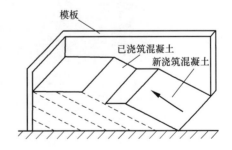

图 2-20　斜面分层浇筑示意图

注：图中序号为施工顺序。

斜面分层浇筑方法在超高层底板浇筑中广泛使用，流淌坡度控制在 1∶4，分层浇筑厚度控制在 50cm，采用由一侧向另一侧连续浇捣方法浇筑。

2.4.2.2 特殊节点区域混凝土浇筑

1. 埋入式钢棒柱脚内混凝土浇筑

超高层建筑结构体系目前主要为框架-剪力墙体系，为了保障结构的整体性，主体结构的巨型柱、剪力墙固定需在底板内预埋锚栓，且埋入的直径各不相同，数量居多，因此此类特殊节点区需特殊处理。例如，天津高银117大厦D区筏板内筒钢板剪力墙柱脚为ϕ50高强锚栓、外框巨型柱柱脚为ϕ70、外框次柱柱脚为ϕ30普通螺栓，钢柱柱脚在筏板内部需灌注自密实混凝土，钢柱内部需下30mm的振捣棒进行振捣。在混凝土浇筑过程中振捣手通过下人孔到筏板内部进行埋入式柱脚内部混凝土的浇筑和振捣。剪力墙及其支撑架的安装实例如图2-21所示。

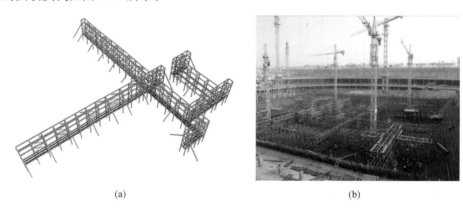

(a)   (b)

图 2-21　剪力墙及其支撑架的安装实例

（a）剪力墙支撑架三维图；（b）钢板剪力墙支撑架的安装

2. 钢筋密集区域混凝土浇筑

针对斜坡段处和预应力锚杆锚固端等区域存在的钢筋过于密集的问题，在现场浇筑过程中，针对以上部位设置串筒，利用塔式起重机料斗浇筑同配合比细石混凝土，并用30mm振捣棒加强振捣，确保混凝土密实。钢筋密集区域混凝土浇筑实例如图2-22所示。

图 2-22　钢筋密集区域混凝土浇筑实例

3. 厚度较深处的混凝土浇筑

超高层底板大多厚度超过 5m，局部厚度甚至在 10m 以上，例如武汉永清商务区局部厚度达到 11.7m，在底板初始浇筑时，需采用串筒将混凝土自泵管出口送至作业面，以减小自由落差，防止混凝土的分层和离析。厚度较深处的混凝土浇筑实例如图 2-23 所示。

2.4.2.3 养护与温度监控

1. 保温养护

保温养护是大体积混凝土施工的重要环节，如养护不当，会造成混凝土强度降低或表面出现干缩裂缝等，甚至很容易发展成贯穿性裂缝。

一般的大体积混凝土养护形式根据结构形式、大小等不同，可采用覆膜养护、蓄水养护、蒸汽养护、暖棚养护等形式，但超高层大体积混凝土由于截面尺寸都比较大，可适用的保温养护方式有限，目前国内的超高层大体积混凝土基本采用的都是 1+N+1 形式的覆盖养护，即混凝土表面铺上一层塑料薄膜，中间紧接着覆盖 N

图 2-23 厚度较深处的混凝土浇筑实例

层岩棉或麻袋等保温性能好的材料，最后在表面覆盖一层塑料薄膜或帆布，中间层的厚度 N 主要根据混凝土的内外温差进行有序调整。在选择具体覆盖方式的时候也要考虑季节性的变化。混凝土浇筑后覆膜养护实例如图 2-24 所示。

图 2-24 混凝土浇筑后覆膜养护实例

整个保温养护应在大体积混凝土浇筑完成就进行，最好浇筑完一部分就覆盖养护一部分。同时，在底层塑料薄膜下预设补水软管，补水软管沿长度方向开设小孔，根据底板表面润湿情况进行补水，始终保证表面处于湿润状态，从而有效地避免干燥收缩引起的表层裂缝。

2. 温度监控

为了保障超高层大体积混凝土的工程质量，必须对混凝土进行现场实时温度监测和应变监控。

温度监测点布置原则：既能反映混凝土中心最高温度，即半绝热状态的温升规律，又能反映混凝土表面温度变化规律。总体可以反映出混凝土中心与表面混凝土、表面混凝土与环境温度的历时差值变化规律。

图 2-25　温度监控示意图

缝的产生。温度监控示意图如图 2-25 所示。

应变监测点布置原则：应变监测点应选择在应变较大和容易产生应力集中的关键部位，主要监测距离表面混凝土的高度为 1/3 浇筑体厚度处的应变。应变传感器为振弦式应变计。

混凝土养护前的 14d 以温差控制为主，内外温差控制在 25℃，设定报警温差为 23℃，降温速率不大于 1.5℃/d；混凝土养护 14d 后以控制降温速率为主，降温速率不大于 2℃/d，根据温度监控的结果对养护方式进行调整，从而避免温度裂

2.5　典型案例分析

2.5.1　武汉永清商务综合区

2.5.1.1　工程简介

永清商务综合区即武汉天地二期位于武汉市汉口区，项目北临黄浦路，南接芦沟桥路，西靠京汉路和轻轨线，东向中山大道，是目前武汉市开发的第二高楼、汉口地区第一高楼，建成后的永清商务综合区将与现有的武汉天地商务区连为一体，成为汉口最大的商业综合体。该项目建筑面积为 268425m²，主体包括 A₁、A₂、A₃ 地块，地下 3 层，地上建筑 A₁ 为 75 层、A₂ 为 28 层、A₃ 为 36 层。

其中 A₁ 地块塔楼设计高度为 468m，钢筋混凝土核心筒（埋设型钢柱）、型钢混凝土外框柱、连接核心筒与外框架柱的钢伸臂桁架、腰桁架和钢梁所组成的混合结构，底板平面尺寸为 86m×51m，电梯井最深处达 11.7m，平均厚度为 4.5m，浇筑方量 2.5 万 m³，设计强度等级为 C60，采用 90d 龄期进行强度评定，施工时间在 8 月下旬，现场施工采用车载泵和溜槽相结合的施工方式。永清商务区效果图如图 2-26所示。

2.5.1.2　混凝土配合比设计

在正交试验中将掺和料掺量的起点按大掺量设置，矿物掺和料用量为 40%～50%，胶凝材料总量控制在 450～500kg/m³，水胶比为0.32～0.34，砂率为 38%～42%，外加剂采用缓凝型聚羧酸减水剂，掺量均为 1.0%。根据正交设计方法设计了 3 水平 4 因素表 L9（3⁴）。正交试验因素水平见表 2-10。

图 2-26　永清商务区效果图

表 2-10　正交试验因素水平

因素	胶凝材料总量(kg/m³)	掺和料比率(%)	砂率(%)	水胶比
水平 1	450	40	38	0.32
水平 2	475	45	40	0.33
水平 3	500	50	42	0.34

根据正交设计因素水平设计的混凝土正交试验配合比见表 2-11（掺和料中粉煤灰与矿粉的比例为 2：1，外加剂掺量固定为胶凝材料质量的 1.0%）。

表 2-11　混凝土正交试验配合比　　　　　　　　　　kg/m³

编号	胶凝材料总量	水泥	粉煤灰	矿粉	砂	石	水	90d 强度(MPa)
1	450	270	120	60	767	1059	144	68.9
2	450	248	135	67	765	1057	148	70.6
3	450	225	150	75	763	1054	153	67.3
4	475	285	127	63	748	1035	162	73.5
5	475	261	143	71	753	1040	152	71.4
6	475	238	158	79	750	1038	157	66.9
7	500	300	134	66	737	1018	165	75.4
8	500	275	150	75	735	1015	170	72.3
9	500	250	167	83	739	1021	160	70.7

按照表 2-11 进行混凝土试配试验，9 组配合比的初凝时间在 20～24h，90d 强度在 60MPa 以上，均满足该工程对底板混凝土凝结时间与强度的技术要求。因此，在对正交试验极差分析中未将强度及初凝时间作为考察指标，而将影响施工性能的倒筒时间与扩展度作为考察指标。正交试验极差分析见表 2-12。

表 2-12　正交试验极差分析

编号	胶凝材料总量(kg/m³)	掺和料比率(%)	砂率(%)	水胶比	倒筒时间(s)	扩展度(mm)
1	450	40	38	0.32	7	580
2	450	45	40	0.33	5	620
3	450	50	42	0.34	6	630
4	475	40	40	0.34	7	590
5	475	45	42	0.32	10	580
6	475	50	38	0.33	8	620
7	500	40	42	0.33	11	630
8	500	45	38	0.34	9	660
9	500	50	40	0.32	12	640

倒筒时间极差分析（k 值越小越好）				
均值 k_1	6.000	8.333	8.000	9.667
均值 k_2	8.333	8.000	8.000	8.000
均值 k_3	10.667	8.667	9.000	7.333
极差	4.667	0.667	1.000	2.334
扩展度极差分析（k 值越大越好）				
均值 k_1	610.000	600.000	620.000	600.000
均值 k_2	596.667	620.000	616.667	623.333
均值 k_3	643.333	630.000	613.333	626.667
极差	46.666	30.000	6.667	26.667

根据表 2-12 中的数据分析，影响混凝土倒筒时间（黏度）的主次因素为总胶凝材料、水胶比、砂率、掺和料比率；影响扩展度的主次因素为总胶凝材料、掺和料比率、水胶比、砂率；倒筒时间、扩展度的优化配合比均为掺和料比率为 45%、砂率为 42%、水胶比为 0.33。

从表 2-11 中可知胶凝材料用量在 450~500kg/m³ 时，90d 龄期强度均满足技术要求，因此，对胶凝材料总量进行一定的浮动，对掺和料中的粉煤灰和矿粉比率进行不同组合，砂率固定为 42%，水胶比固定为 0.33，针对表 2-13 配合比开展了相对系统的工作性能及力学性能试验。混凝土的工作性能、力学性能见表 2-14。

表 2-13　优化设计配合比 kg/m³

编号	胶凝材料总量	水泥	粉煤灰	矿粉	砂	石	水	减水剂
SP-1	500	250	150	100	752	1038	165	6.0
SP-2	490	190	200	100	730	1060	162	5.9
SP-3	480	210	160	110	740	1060	158	5.8
SP-4	470	240	230	0	730	1070	155	5.6
SP-5	450	280	100	70	760	1060	152	5.5
SP-6	450	250	150	50	760	1060	150	5.4
SP-7	420	270	150	0	760	1080	139	5.0

表 2-14　配合比试验结果

编号	倒筒时间(s)	坍落度(mm)	扩展度(mm)	工作性能描述	强度（MPa）	
					28d	90d
SP-1	7.3	230	620	和易性较好、较黏	59.6	71.3
SP-2	3.6	230	670	和易性较好	50.6	63.1
SP-3	6.4	230	610	和易性良好	52.5	66.5
SP-4	5.3	220	640	和易性较好	49.3	62.2
SP-5	5.3	230	630	和易性良好	58.0	69.7
SP-6	4.5	230	640	和易性良好	57.7	70.9
SP-7	5.2	220	560	和易性一般	48.6	59.7

因为 SP-1 配合比黏度较大不利于施工，且胶凝材料总量大，水化热较高，在剩余配合比中选择强度达标且工作性能良好的配合比作为备选配合比。故，最终提出 3 组备选配合比为 SP-3、SP-5、SP-6，并针对备选配合比进行热工计算以及后续相关耐久性试验研究。

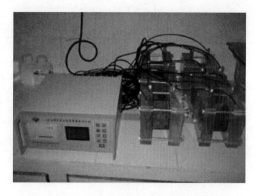

图 2-27　混凝土抗氯离子渗透试验装置

2.5.1.3　耐久性能研究

1. 抗渗性能

选用配合比 SP-3、SP-5、SP-6 进行抗渗试验。抗氯离子渗透，试验装置如图 2-27 所示，试验结果见表 2-15。

表 2-15　抗氯离子渗透性能试验结果

配比编号	56d 试验结果(C)	90d 试验结果(C)	氯离子渗透性
SP-3	531	378	极低
SP-5	485	331	极低
SP-6	462	302	极低

从表 2-15 中可知，3 组配合比均满足抗渗要求，但编号 SP-6 配合比的抗氯离子渗透优于编号 SP-3 及 SP-5 配合比。

2. 收缩试验

依据现行《普通混凝土长期性能和耐久性能试验方法标准》（GB/T 50082）中接触法测试混凝土的干燥收缩，非接触法测试混凝土的自收缩。SP-3、SP-5、SP-6 测试结果如图 2-28 和图 2-29 所示。

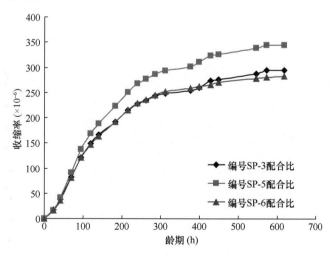

图 2-28　干燥收缩试验结果

从图 2-28 与图 2-29 的收缩数据可以看出：（1）收缩主要发生在 7d 龄期之内，7d 龄期之后，自收缩曲线的切线斜率减小明显。（2）SP-3、SP-5、SP-6 配合比 28d 的干燥收缩率分别为 2.9×10^{-4}、3.5×10^{-4}、2.8×10^{-4}，自收缩分别为 1.9×10^{-4}、2.1×10^{-4}、

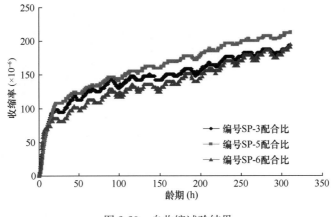

图 2-29　自收缩试验结果

1.9×10^{-4}；（3）SP-5 配合比干燥收缩与自收缩最大，干燥收缩率与自收缩率受水泥用量影响较大。由此可见，混凝土的养护措施对混凝土的收缩影响较大，对工程有必要采取适当的保湿养护措施。

3. 平板抗裂试验

依据《混凝土结构耐久性设计与施工指南》（CCES 01—2004）中抗裂性评价标准对上述 3 组配合比进行抗裂等级评价。平板开裂试验装置如图 2-30 所示，试验开裂情况如图 2-31～图 2-33 及表 2-16 所示。

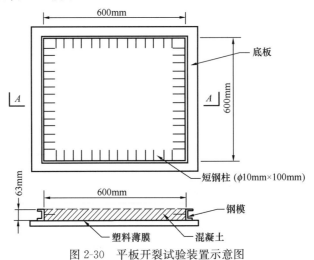

图 2-30　平板开裂试验装置示意图

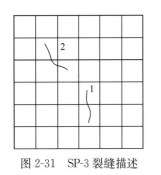

图 2-31　SP-3 裂缝描述

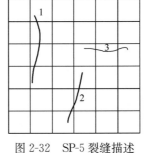

图 2-32　SP-5 裂缝描述

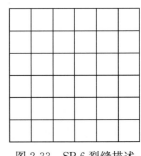

图 2-33　SP-6 裂缝描述

表 2-16 平板抗裂等级

编号	平均开裂面积 （mm²/根）	单位面积裂缝数目 （根/m²）	总开裂面积 （mm²/m²）	抗裂等级
SP-3	17	7	87	Ⅱ
SP-5	41	12	94	Ⅲ
SP-6	8	3	30	Ⅰ

综上所述，SP-6 在强度及耐久性各方面均满足该工程性能要求，所以最终选取 SP-6 为工程应用配合比。

2.5.1.4 温度场及应力场数值计算

1. 收缩试验计算参数汇总

底板计算参数汇总见表 2-17。底板垫层及周边混凝土初始温度为 25℃，底板混凝土与之导热。

表 2-17 底板计算参数汇总

参数	数值	参数	数值
密度（kg/m³）	2430	热膨胀系数（×10⁻⁶）	10
胶凝材料水化热（kJ/kg）	295	对流系数 [W/（m²·K）]	浇筑面：21.04 顶面保温：4.15
比热 [kJ/（kg·℃）]	1.02		
导热系数 [kJ/（m·h·℃）]	9.09	环境温度（℃）	余弦函数
28d 弹性模量（GPa）	61.2	浇筑温度（℃）	25
泊松比	0.2		

2. 几何模型建立

以工程实际尺寸建立三维实体模型，模型中包括垫层、底板侧模、底板混凝土，采用点—线—面—一体的建模步骤，垫层厚度为 1.0m，底板侧面周边混凝土厚度为 1.0m，底板主体平均厚度为 4.5m，电梯井部位厚度为 11.7m，C60 底板平面尺寸如图 2-34 所示，三维实体几何模型如图 2-35 所示。

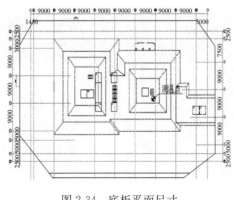

图 2-34 底板平面尺寸

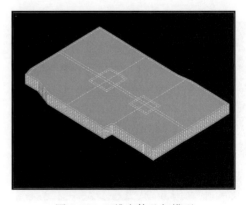

图 2-35 三维实体几何模型

3. 温度场分析

温度场结果提取时刻为 10h、70h、100h、168h、240h、300h、320h、350h 的图形，图 2-36～图 2-43 所示结果分别对应以上各时刻。

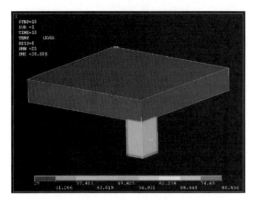

图 2-36 10h 温度场结果

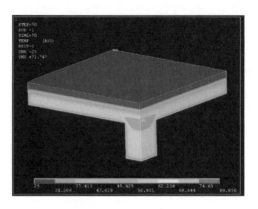

图 2-37 70h 温度场结果

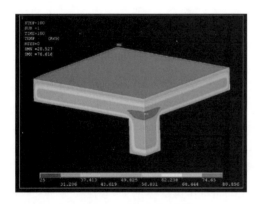

图 2-38 100h 温度场结果

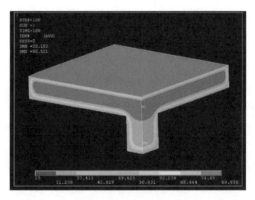

图 2-39 168h 温度场结果

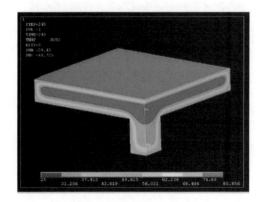

图 2-40 240h 温度场结果

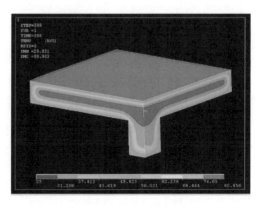

图 2-41 300h 温度场结果

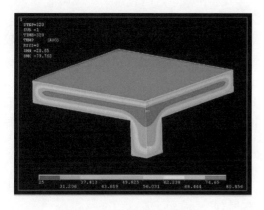

图 2-42 320h 温度场结果

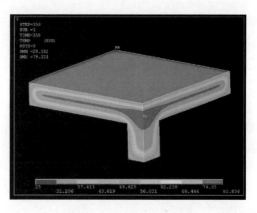

图 2-43 350h 温度场结果

从图 2-36～图 2-43 中可见：（1）70h 底板浇筑 6 层厚度时，最高温度出现在底板底面与电梯井交接部位，此时最高温度在 60℃ 以上；（2）100h 整体底板浇筑完毕时刻，最高温度为 80.9℃，出现在底板与电梯井交接部位，最高温度区域不大；（3）168h 最高温度区域显著增大，由底板与电梯井交接部位延伸至底板中心厚度大部分区域；（4）240h 及以后最高温度区域由原来的 168h 逐渐减小，表明大部分高温区开始降温，至 350h 底板中心厚度的高温区缩小至非常薄，底板与电梯井交接部位仍处于高温区，且该部位高温区面积无明显减小，意味着该部位高温区仍需一定的时间缓慢降温。

选取底板平面图中电梯井附近的上、中、下 3 处关键点进行温度时程曲线提取，上部点距混凝土顶面 0.5m，中心点距混凝土顶面 9.0m，下部点距混凝土底面 2.7m。关键点温度时程曲线如图 2-44 所示。

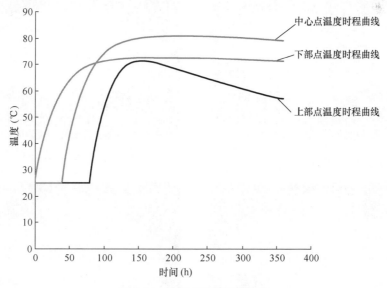

图 2-44 关键点温度时程曲线

从图 2-44 中可见：（1）温度时程规律与浇筑速率一致，浇筑至相应点时，该点出现温度发展现象，下部点温度从 0 时刻就开始出现温升现象，中心点温度约从 50h 开始出现温升现象，上部点约在 100h 开始出现温升现象；（2）中心点最高温度在 205h 出现最高温度 80.9℃，上部点在 155h 出现最高温度 71.4℃，下部点在 176h 出现最高温度 72.7℃，下部点温度略高于上部点最高温度；（3）上、中、下温升曲线斜率表明下部点温升速率较低，上、中温升速率高于下部，这是由于从下而上的浇筑，下部混凝土由于边界温度低，混凝土向周围传热，因此温升速率较中部低；（4）下部点与中心点温度差始终在 10℃ 以内，远小于现行《大体积混凝土施工标准》（GB 50496）的 25℃ 要求；（5）上部点出现温度下降的时间早于底部点与中心点，在 300h 后，上部点温度下降至 60℃ 以下，上部点与中心点温度差超过 20℃ 但未超过 25℃。

4. 应力场分析

应力场结果提取时刻为 10h、70h、100h、168h、240h、300h、320h、350h 的第一主应力云图，图 2-45～图 2-52 结果分别对应以上各时刻。

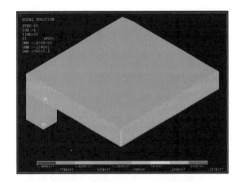

图 2-45　10h 应力场结果

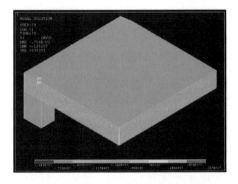

图 2-46　70h 应力场结果

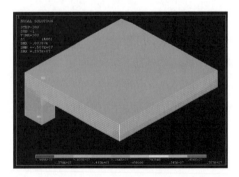

图 2-47　100h 应力场结果

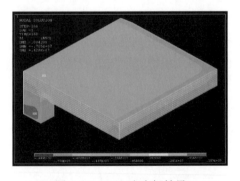

图 2-48　168h 应力场结果

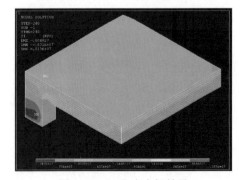

图 2-49　240h 应力场结果

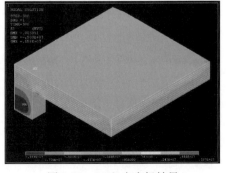

图 2-50　300h 应力场结果

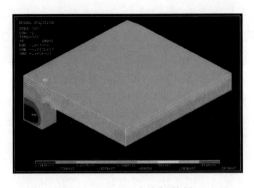
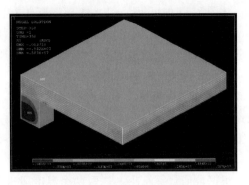

图 2-51　320h 应力场结果　　　　　　　　图 2-52　350h 应力场结果

从图 2-45～图 2-52 中可见：（1）70h 以内底板温度应力变化较小，基本处于微小的压应力状态；（2）100h 底板整体浇筑完毕时，电梯井部位压应力较为明显，底板底部一定范围也出现压应力；（3）168h 之后，电梯井部位压应力进一步增加，底板区域压应力范围沿高度增大；（4）在计算时长内，底板拉应力主要出现在上部区域，且拉应力较小。

为了考察底板混凝土抗裂性，需要对比混凝土应力状态与抗拉强度的关系，混凝土抗拉强度采用式（2-12）计算，抗裂性采用式（2-13）判定。选取底板平面图中电梯井附近的上、中、下 3 处关键点进行第一主应力时程曲线提取，选取的关键点分别为底板顶面、距混凝土顶面 0.5m、距混凝土顶面 9.0m。混凝土抗拉强度与关键点应力时程曲线如图 2-53 所示。

$$f_{tk}(t) = f_{tk}(1 - e^{-\gamma t}) \tag{2-12}$$

式中　　$f_{tk}(t)$——混凝土龄期为 t 时的抗拉强度标准值（N/mm²）；

　　　　f_{tk}——混凝土抗拉强度标准值（N/mm²）；

　　　　γ——系数，取 $\gamma=0.3$。

$$\sigma \leqslant \lambda f_{tk}(t)/K \tag{2-13}$$

式中　　K——防裂安全系数，K 取 1.15。

　　　　λ——掺和料对混凝土抗拉强度影响系数，λ 取 0.97。

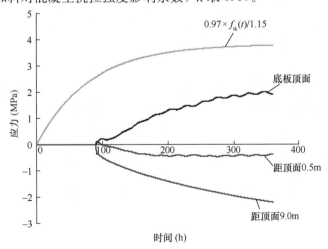

图 2-53　混凝土抗拉强度与关键点第一主应力时程曲线

从图 2-53 中可见：（1）底板混凝土在浇筑完毕之前即 100h 以内，整体应力水平较低，底板浇筑完毕即 100h 之后，混凝土应力状态变化明显；（2）底板上表面出现拉应力，且随着龄期延长，拉应力随之增加，并逐步收敛于 2.0MPa，底板 0.5m 深度已出现压应力，且随着深度的增加压应力有增大趋势，0.5m 深度的压应力较小，9.0m 深度的压应力较大，随着龄期的延长，内部温度降低，底板深度范围的压应力发展速率逐步减小收敛；（3）混凝土抗拉强度曲线在底板上表面拉应力曲线之上，表明混凝土抗拉强度始终大于上表面拉应力，出现危害性开裂的风险小，混凝土抗裂性好。

2.5.1.5 温度匹配力学性能研究

根据数值计算结果，选取两个温度段进行近似温度匹配力学性能试验，测试混凝土的强度与养护温度、养护龄期的关系，选取的温度段近似为数值计算的表面温度与中心温度发展历程，目的是考察实体结构中由水化温度作用对混凝土强度的激励作用。温度变化通过快速养护箱设置，每 8h 调整一次温度，设置的匹配温度如图 2-54 所示，混凝土强度发展规律如图 2-55 所示。

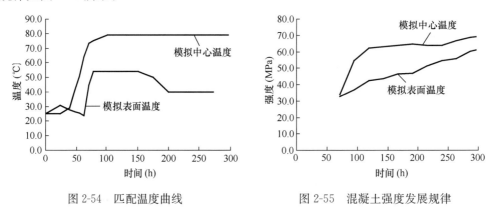

图 2-54　匹配温度曲线　　　　　　图 2-55　混凝土强度发展规律

从图 2-54 和图 2-55 中可见：（1）混凝土的强度发展与温度关系密切，模拟表面温度养护低于模拟中心温度养护，但随着养护龄期的延长，强度发展逐渐趋于一致；（2）养护龄期 7d 时，模拟表面温度养护的混凝土强度达到 46.3MPa，模拟中心温度养护的混凝土强度达到 63.8MPa；（3）养护龄期达到 10d 后，模拟表面温度养护的强度仍在进一步增长，模拟中心温度养护的强度发展基本稳定。

2.5.1.6 施工组织

武汉永清商务综合区 A_1 区塔楼底板混凝土一次性浇筑量约为 25000m³，混凝土强度之高、方量之大、浇筑时间之紧迫，对商品混凝土生产组织与运输供应带来巨大的挑战。另外，施工组织平面尺寸仅有 86.6m×51.2m，其中，项目四周道路宽度平均约为 9m，最窄处约为 7m，作业空间狭小，车辆运转困难。项目平面如图 2-56 所示。

1. 溜槽及泵送设备布置

由于该项目受施工现场空间的限制，只使用汽车泵浇筑无法满足浇筑速度的要求，因此，采用溜槽结合车泵方式浇筑混凝土。此法不但提高生产效率，还可以减少采用泵车浇筑混凝土的费用，节约成本。针对底板工程体量大的特点，结合施工现场实际情况及浇筑时间要求，经过精细计算及工程图纸中模拟设置，在环绕底板的道路上布置 5 台溜槽，施

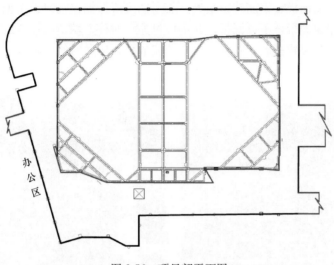

图 2-56　项目部平面图

工后期因溜槽难以浇筑到所有位置，改设 3 台汽车泵，如图 2-57 所示。

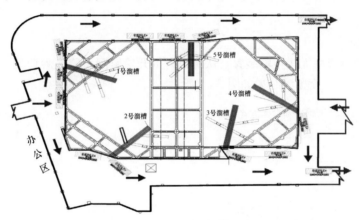

图 2-57　溜槽及泵送设备布置图

2. 混凝土浇筑与振捣

该项目采用"斜向分层、水平推进、一次到顶"的方式（图 2-58），由远泵端向输送泵推进（从北至南退泵）进行浇筑，每层浇筑厚度约为 500mm。

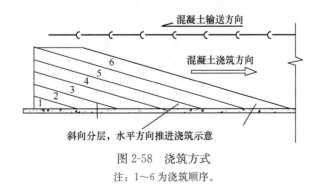

图 2-58　浇筑方式
注：1～6 为浇筑顺序。

在预埋件、止水钢板、钢筋较密集处，需要插入式振捣器辅以人工振捣。振捣应随下料进度，均匀有序地进行，不可漏振，亦不可过振。对柱、墙"插筋"的部位，也必须遵循上述原则，保证其位置正确，在混凝土浇筑完成后，应及时复核轴线，若有异常，需在混凝土初凝前调整。混凝土浇筑现场如图 2-59 所示。

图 2-59　混凝土浇筑现场

2.5.1.7　实施效果

1. 温度监控

现场温度监测采用无线传输装置，从浇筑时刻开始监测，监测龄期为 15d，监测点布置如图 2-60 所示，温度监测结果如图 2-61 所示。

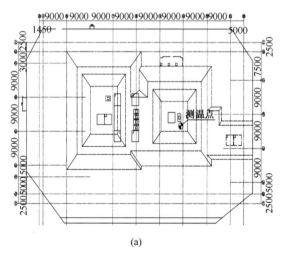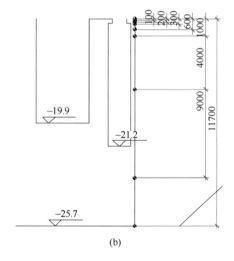

(a)　　　　　　　　　　　　　　　　(b)

图 2-60　温控监测点布置

(a) 平面布置图；(b) 断面图

从图 2-61 中可以看出，混凝土的实际浇筑温度为 25℃，与浇筑温度计算值符合。中心温度从开始浇筑起，在 120h 左右达到峰值 80.2℃，随后稳定在其附近温度；上表面温度从浇筑起在 100h 达到峰值 70℃，随后出现下降；另外，在图中显示上表面监测温度与中心监测最大温差约为 20℃，符合大体积混凝土温控标准。从整体来看，监测温度曲线与计算温度曲线非常吻合。

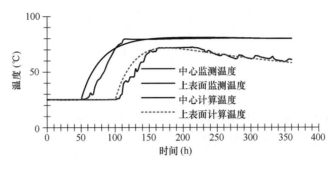

图 2-61　温度监测结果

2. 混凝土工作与力学性能

浇筑时，对到场混凝土进行多次抽检，抽检项目涵盖混凝土的工作性能、强度，现场坍落度、扩展度合格率达到 100%，强度均达到设计要求。扩展度试验如图 2-62 所示。底板硬化混凝土如图 2-63 所示。生产取样强度统计结果见表 2-18。

图 2-62　扩展度试验

图 2-63　底板硬化混凝土

表 2-18　生产取样强度统计结果

指标	工作性能	试件尺寸（mm）	抽样组数	7d（MPa）	28d（MPa）	90d（MPa）
扩展度	(600±50) mm	150×150	130	35.5～37.6 平均 36.2	56.3～58.2 平均 57.5	69.8～71.3 平均 70.2
倒筒时间	(6±1) s			标准差		
				1.2	2.8	3.0

2.5.2　天津高银 117 大厦

2.5.2.1　工程简介

天津高银 117 大厦位于天津高新区，地下 3 层，地上 117 层，总设计高度在 597m，占地 83 万 m²，规划建筑面积为 183 万 m²，预计投资 270 多亿元。天津高银 117 大厦集高档商场、写字楼、商务公寓和六星级酒店于一身，建成后将是高新区乃至天津市极具代表性的标志性建筑，其效果图如图 2-64 所示。

天津高银 117 大厦主楼深基坑超大、超深，采用世界最大直径 188m 环形混凝土内支撑。工程主楼区域（D 区）大筏板整体厚 6.5m，横截面尺寸为东西长 103m、南北宽 101m，筏板建筑面积约为 9254m²，共绑扎直径 50mm 和直径 32mm 钢筋 20000 余吨，4 根巨型钢柱和 16 根钢管混凝土柱的柱脚、钢板剪力墙预埋件位于此次浇筑混凝土的区域，D 区筏板施工部位图如图 2-65 所示。

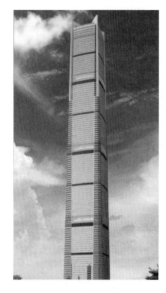

图 2-64　天津高银 117 大厦
　　　　　效果图

图 2-65　天津高银 117 大厦 D 区筏板施工部位图

混凝土强度等级为 C50，抗渗等级为 P8，结构耐久性设计年限为 100 年，混凝土总量约为 6.5 万 m³，采用一次性斜面分层连续浇筑，且采用车载泵和溜槽结合，并在栈桥上配备的 56m 臂长汽车泵辅助浇筑 D 区筏板大体积混凝土。

2.5.2.2　混凝土配合比设计

采用正交设计法进行混凝土的配合比设计试验，根据工程的设计要求，按胶凝材料总量为 440～500kg/m³，矿物掺和料用量为 35%～50%，水灰比按 0.33～0.36，3 参数作为影响因素进行正交设计。

在试验过程中，调整外加剂的掺量来控制混凝土的工作性能，在保证混凝土具有较好流动性的前提下，测试混凝土的坍落度/扩展度，7d、28d、60d、90d 抗压强度及水化热，选择最优的配合比进行优化调整，进行耐久性试验，相关试验结果见表 2-19～表 2-22。

表 2-19　混凝土配合比设计　　　　　　　　　　　　　　　　kg/m³

编号	总量	C	FA	SL	S	G	W	W/C
C5001	483	265	100	118	694	1085	164	0.34
C5008	467	250	100	117	677	1105	158	0.34
C5016	455	227	114	114	682	1113	158	0.35

表 2-20　各配合比混凝土工作性能

编号	1h 坍落度	2h 坍落度	1h 扩展度	2h 扩展度	备注
C5001	220	210	560	550	状态良好
C5008	220	220	580	570	状态良好
C5016	230	220	560	550	状态良好

表 2-21　各配合比抗压强度　　　　　　　　　　　　　　MPa

编号	R_3	R_7	R_{28}	R_{60}	R_{90}
C5001	24.8	38.8	57.8	62.4	64.6
C5008	27.1	47.2	57.9	64.6	68.5
C5016	24.2	39.2	54.8	61.1	64.3

表 2-22　净浆 3d 和 7d 水化热

配比编号	水化热（kJ/kg）	
	3d	7d
P・O 425	262	304
C5001	215	269
C5008	184	228
C5016	174	235

综合混凝土工作性能、力学性能及水化热 3 方面评价，C5008 配合比的综合评价最高，能够满足工程大体积混凝土性能指标的要求，在此配合比的基础上，进行相关耐久性能的试验研究。

2.5.2.3　耐久性能研究

1. 抗渗性能

根据现行《普通混凝土长期性能和耐久性能试验方法标准》（GB/T 50082）中抗水渗透试验方法对选定配合比试样进行混凝土抗渗试验（试验装置如图 2-66 所示），来评定混凝土的抗渗等级，测试结果见表 2-23。

图 2-66　混凝土抗渗试验装置

表 2-23　抗渗性能测试结果

配比编号	C5008
抗渗等级	P10
渗水高度(cm)	7.6

从表 2-23 中可以看出，配合比 C5008 的抗渗等级达到 P10，满足工程性能指标的要求。

2. 抗氯离子渗透

抗氯离子渗透电通量试验装置如图 2-67 所示，试验结果见表 2-24。

图 2-67 抗氯离子渗透电通量试验装置

表 2-24 氯离子抗渗透性能试验结果

配比编号	28d 试验结果(C)	56d 试验结果(C)
C5008	551	239

从表 2-24 中可以看出，配合比 C5008 在两个龄期时的 Cl⁻ 渗透能力都比较低，均处于 $100\sim1000$ 范围内，氯离子渗透性属于极低范围，具有很好的抗氯离子渗透性能。

3. 收缩性能

非接触收缩试验装置如图 2-68 所示。

图 2-68 非接触收缩试验装置

非接触收缩测试结果如图 2-69 所示，测试龄期为 35d，测试了混凝土在干燥条件下的干燥收缩和覆膜养护条件下混凝土的自收缩。

由图 2-69 收缩的测试数据可见，在覆膜养护条件下的 7d 的自收缩率为 0.75×10^{-4}，28d 的自收缩率为 1.5×10^{-4}，$28\sim35$d 基本无增长。而在没有进行覆膜养护的条件下，

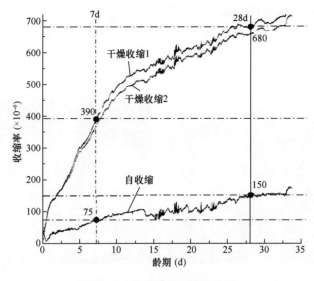

图 2-69 非接触收缩测试结果

有一种情况是，7d 收缩率为 3.9×10^{-4}，是自收缩的 5 倍，28d 收缩率为 6.8×10^{-4}，为自收缩的 4.5 倍左右，如图 2-69 中干燥收缩 1 的曲线所示。由此可见，混凝土的养护措施对混凝土的收缩影响较大，对此工程必须采取必要的保湿养护措施。

4. 抗硫酸盐侵蚀

依据现行《普通混凝土长期性能和耐久性能试验方法标准》（GB/T 50082）中抗硫酸盐侵蚀试验方法，检测结果见表 2-25。

表 2-25　硫酸盐侵蚀试验结果

侵蚀次数	试件种类	抗压强度（MPa）	耐蚀系数 K_f
120	侵蚀试件	68.4	96.5%
	对比试件	70.9	
150	侵蚀试件	67	87.1%
	对比试件	76.9	

如表 2-25 所示，经 120 次侵蚀其耐蚀系数为 96.5%；经抗硫酸盐侵蚀 150 次，耐蚀系数为 87.1%，满足规范中不得低于 75% 的要求。

5. 抗冻融循环性能

依据现行《普通混凝土长期性能和耐久性能试验方法标准》（GB/T 50082）中抗冻融循环性能试验方法。经 300 次冻融循环后，混凝土的相对动弹性模量为 65.5%，满足规范中≥60% 的要求；经 300 次冻融循环后，混凝土的质量损失率为 3.2%，满足规范中≤5% 的要求。

2.5.2.4　缩尺模型试验

为了验证选定工程配合比 C5008 的施工性能、力学性能和温度应力的变化情况，选择基坑西南侧一块空地进行缩尺模拟试验，混凝土顶面比自然地面低 2m，底面在地面以下 8.5m 处。砖胎模砌筑完后混凝土浇筑前，需对砖胎模后空间采用粉质黏土或粉砂回填，以确保试块周边边缘条件接近 D 区筏板下的土质条件。

D 区筏板厚 6.5m，故试块尺寸确定为 6.5m×6.5m×6.5m。在试验试块中埋设 3 根直径为 75mm 的高强螺栓。现场浇筑时，采用车载泵和溜槽一次性连续浇筑。缩尺试验整体图如图 2-70 所示。

图 2-70　缩尺试验整体图

1. 混凝土性能测试

在整个缩尺试验过程中，累计取样 3 次，对混凝土的工作性能和力学性能进行了检测，具体检测结果见表 2-26～表 2-28。从表 2-26 可以看出，选定的配合比在本次缩尺模型试验中所表现出的性能完全能够达到实际工程需求。

表 2-26　新拌混凝土性能检测

0～2h 坍落度/扩展度			含气量（%）	密度（kg/m³）	出机温度（℃）	入模温度（℃）
0h	1h	2h				
230/570	220/530	205/480	2.8	2418	20.1	23.5
250/650	230/580	220/400	1.9	2428	20.9	23.7
230/630	225/540	225/450	3.2	2430	23.0	22.9

表 2-27　混凝土立方体抗压强度　　　　　MPa

龄期(d)	3	7	14	28	60	90
1	22.4	37.9	45.3	51.8	58.5	62.3
2	21.4	35.6	46.9	53.9	59.7	63.2
3	20.2	35.4	46.5	51.9	60.4	64.4

表 2-28　混凝土其他力学性能　　　　　MPa

龄期(d)	7	14	28
轴心抗压强度	29.9	35.5	40.8
劈裂抗拉强度	2.97	3.43	3.71
弹性模量(GPa)	27.7	31.4	33.8

2. 温度监测

本次缩尺模拟试验在水平方向布置了 01、02、A、B、C、D、E 共 7 个测温点，每个点在纵向不同深度埋入测温点，其平面布置如图 2-71 所示。

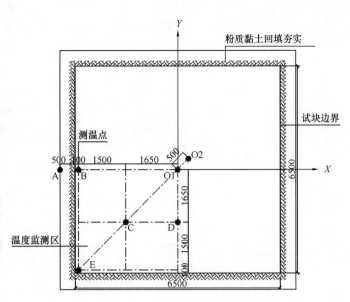

图 2-71 试块测温点的平面布置

由于气温会对混凝土的温度产生较大的影响，试验过程中测量 A-05 点气温变化规律，最高为 21℃，最低为－6℃，如图 2-72 所示。

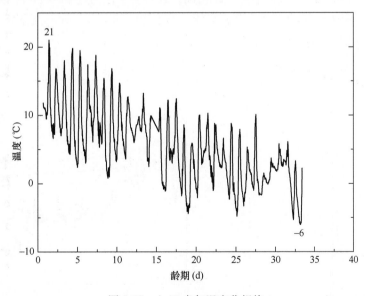

图 2-72 A-05 点气温变化规律

图 2-73 及图 2-74 为 O1 测温点竖向布置及温度变化规律。O1 号点为混凝土试块中心点，其纵向布置 12 个测温点，其中 1-7 为混凝土立方体试块的中心点温度最高，为 67.9℃，降温较慢，约为 0.5℃/d。1-9、1-11 距离混凝土表面较近，其降温比 1-3、1-5、1-7 快。1-1 为混凝土试块底层的测温点，升温速率与其他点大致相同，但降温较慢。1-12 为混凝土试块表层的测温点，受环境温度影响较大。

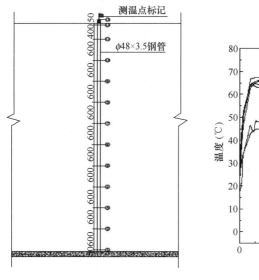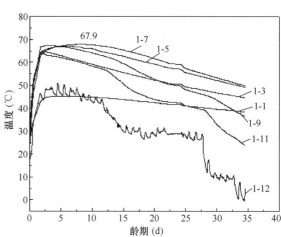

图 2-73　01 点测温点竖向布置　　　　图 2-74　01 点各测温点温差变化规律

图 2-75 及图 2-76 为测温点 B 竖向布置及温度变化规律。B 点位于混凝土试块边缘中线上，其纵向布置 8 个测温点，其中 B-4 位于纵向的中心，温度最高，为 61℃；B-1、B-2、B-3、B-4、B-6、B-7 升温速率大致相同。B-1 位于混凝土试块的底部，降温较慢；B-6、B-7 靠近混凝土试块的表面，降温较低，大约为 1.1℃/d；B-8 为混凝土试块表面的测温点，受环境温度影响较大。

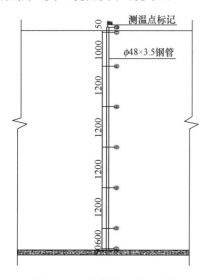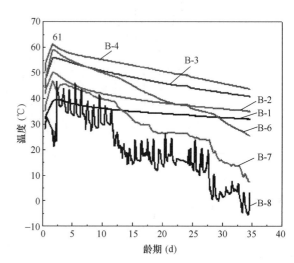

图 2-75　B 点测温点竖向布置　　　　图 2-76　B 点各测温点温差变化规律

分别选取 B 点、D 点和 02 点的纵向中心位置与距表面 50mm 处的两点进行里表温差分析，各点温差变化规律如图 2-77～图 2-79 所示。从温差图来看，各点的升温速率和降温速率大致相同，在 28d 前的温差都能控制在 25℃以内，但之后急剧上升，这是由气温突变和表层的保温效果不佳引起的。

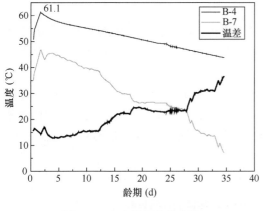

图 2-77 B 点温差变化规律

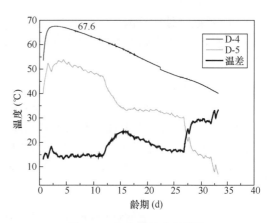

图 2-78 D 点温差变化规律

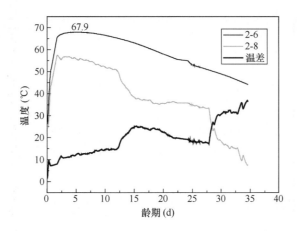

图 2-79 02 点温差变化规律

2.5.2.5 实施效果

经过前期大量的试验验证，确定 C50P8 超大体积筏板混凝土施工配合比，经过精心的施工组织策划，于 2011 年 12 月 26 日至 2011 年 12 月 29 日，项目混凝土施工部携手 6 座搅拌站点、12 条生产线、285 台混凝土罐车，历经 82h 连续作业，一次性完成了天津高银 117 大厦 D 区 6.5 万 m^3 超大体积底板混凝土的浇筑施工，是国内一次性混凝土连续浇筑方量最大的底板混凝土工程，创下民用建筑最大体积底板混凝土世界之最，如图 2-80 和图 2-81 所示。

图 2-80 混凝土浇筑现场

图 2-81 超大体积筏板混凝土整体施工效果

1. 混凝土性能检测

浇筑时，对到场混凝土抽检 400 余批次，记录数据 1500 多个，其中混凝土入模温度合格率(7℃以上)达到 100％，坍落度[(200±20)mm]合格率达到 95％，强度均达到设计要求。

2. 温度监测

施工过程中由天津勘察院进行底板的温度监测，设置 64 个监测点（监测点分布如图 2-82 所示），中心点温升曲线及内外温差曲线如图 2-83 所示。图 2-83 所示 W7-1 为中心测试点，其最高温升在 71℃左右，W7-2 测点在距表层 500mm 处，通过监测数据可见，在测试的 800h 内，里表温差控制在 25℃以内。

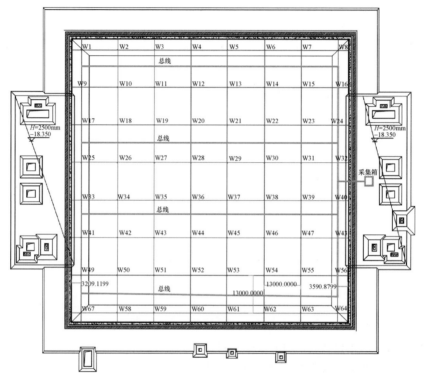

图 2-82　温度监测点分布

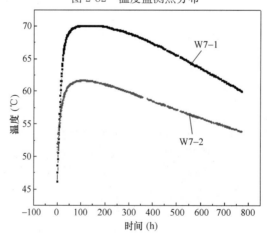

图 2-83　W28 测点中心点（W7-1）及表层点（W7-2）的温升曲线

3 超高层建筑中的超高层泵送高性能混凝土应用技术

超高层混凝土泵送施工是一个系统工程，要有严密的施工组织体系，从混凝土的设计与制备、混凝土生产、运输到泵送的整个过程中，任意一个环节出现偏差，都可能造成泵送失败，不仅影响施工进度，而且影响工程整体质量，所以整个超高层泵送的全过程要全方位严格控制，严格执行规范、规程和各项特定的技术要求，以保证施工顺利完成。随着泵送混凝土的大量应用以及泵送高度和泵送距离的大幅增加，泵送混凝土的工作性能越来越受到各国研究人员的关注，如何制备出满足现代超高层建筑一泵到顶施工方式的混凝土，如何评价超高层泵送混凝土的可泵性和易泵性，已成为热点问题。

3.1 超高层泵送高性能混凝土泵送性能

随着超高层建筑高度的攀升，建筑混凝土结构强度也在不断提高。相较于普通泵送混凝土，超高层泵送混凝土的黏度更大，承受的泵送压也更高，混凝土的性能影响因素更复杂，所以超高层泵送混凝土必须具有更优良的泵送性能以保证在高压泵送过程中不离析、不堵管。因此如何科学、系统地评价超高层泵送混凝土的泵送性能便显得十分重要。

3.1.1 混凝土泵送性能评价方法

目前在国内外，评价混凝土的泵送性能的标准和统一的测试方法还没有完全建立。在学术界和工程界主要有以下几种方法评价混凝土的泵送性能。

3.1.1.1 基础性检测方法

基础性检测方法（图 3-1）指标包括：坍落度、坍落扩展度、倒坍落度筒流空时间（倒筒时间）等。这种测试方法具有简便易行的特点，但一般需要目测判断混凝土黏聚性

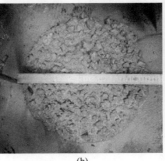

（a） （b） （c）

图 3-1 混凝土泵送性能基础性检测方法

（a）坍落度测试；（b）扩展度测试；（c）倒筒时间测试

及匀质性，主观影响较大。一定程度上能准确评价中、低强度等级的混凝土的泵送性能，但对黏度较大的高强度高性能混凝土，坍落度便无法全面反映混凝土的工作特性。而坍落扩展度及倒筒时间都可以综合反映泵送混凝土的匀质性、黏聚性和间隙通过能力。虽然存在操作技术水平影响大、测试结果主观性较强等缺陷，但综合 3 个测试参数，仍可以从一定程度上反映混凝土的泵送性能。

3.1.1.2　针对性检测方法

1. 压力泌水试验

混凝土泵送过程中，水是混凝土最轻质的组分，亦是泵送压力传递的介质。压力泌水试验则是有针对性地检测混凝土受压环境下的稳定性。通过测量一定压力下拌和物的140s 泌水量 V_{140}、相对泌水率 B_P 来辅助反映泵送混凝土的黏聚性和保水性。

Browne 等认为，V_{10} 排出的是拌和物易泌出的水，V_{140} 后，拌和物中的水存在于颗粒空隙中，处于较稳定状态，若（$V_{140}-V_{10}$）较小，则表明混凝土具有更好的泵送性能。随着减水剂的高效化及混凝土配制技术的发展，何永佳等也指出现在的混凝土拌和物的黏性大，其压力泌水值小，而且压力差异很小。试验表明，即使压力泌水值相同，其泵送难易也有较大的差异。混凝土压力下泌水率测试仪器如图 3-2 所示。

2. Orimet 流速仪试验

Orimet 流速仪（图 3-3）试验能较好地模拟混凝土拌和物在泵管里运动的情况。混凝土拌和物受自重作用从竖管中全部流出，测定流出速度 $V_0 = V_m/t$，其主要反映的是混凝土塑性黏度。但马保国等也指出此试验存在一些局限：由于流速仪的竖管直径取决于测定拌和物中骨料的最大粒径，而且与其下端连接的插口还呈缩径（以便对拌和物产生剪切力）。因此对骨料的超径现象比较敏感，当拌和物有超径骨料存在时，容易堵管并造成较大测试误差。

图 3-2　混凝土压力下泌水率测试仪器

图 3-3　Orimet 流速仪

3. L 形、U 形仪流动试验

L 形仪［图 3-4(a)］流动试验是利用混凝土拌和物在自重的作用下，自动下沉并通过钢筋向水平方向流动，通过检测下沉量、移动距离、流动时间、成分均匀性等综合反映混凝土拌和物的泵送性能。赵卓等研究发现混凝土拌和物的坍落度均大于 200mm 时，它可以较顺畅地从开口处流出，并逐渐流平，但当拌和物的坍落度小于 200mm 时，拌和物由于自身重力作用，只能缓缓流动大小不一的距离，这说明 L 形仪适用于大流动度（大坍落度）的混凝土拌和物。

U 形仪［图 3-4(b)］试验由日本 Taisei 集团最早提出，它可以同时评价新拌混凝土的屈服应力、塑性黏度、填充能力和间隙通过能力，常用于评价自密实混凝土的自密实性能。对于新拌混凝土的稳定性的性能检测不足，而且适用范围较窄。

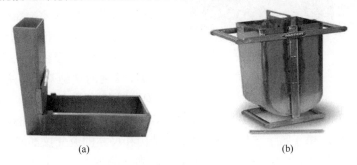

(a)   (b)

图 3-4 L 形和 U 形仪
(a) L 形仪；(b) U 形仪

4. 匀质性检测试验

匀质性检测试验是用于检测混凝土拌和物中各组分在重力、振动、压力等作用下的相对运动，反映输送过程中混凝土发生内部组分分层现象的趋势。混凝土匀质性检测仪（分层度筒）如图 3-5 所示。

王发洲、丁建彤等利用各自的设备将分层离析后的拌和物中的骨料分级筛出，然后根据给定公式计算，结果表明皆能对混凝土的匀质性进行评定，该检测虽不能全面地反映混凝土的泵送性能，但可有效地对混凝土的泵送稳定性给出参考。

3.1.1.3 流变仪检测方法

利用流变学理论建立泵送混凝土的流变模型，用流变参数评价混凝土的泵送性能是混凝土泵送性能评价技术及方法的最佳选择和发展方向。根据流变学理论，利用流变学参数来反映和易性，应该说是最全面、最准确地反映混凝土工作性能、泵送性能的有效途径。

1. 常用混凝土流变仪

混凝土流变仪通过测试混凝土的流变性参数屈服应力 τ_0 和塑性黏度 η 来定量描述混凝土工作性能，且物理意义明确。现有的混凝土流变测试仪可分为 3 类：同轴旋转式流变仪、平行平板式流变仪、叶轮式流变仪。例如，法国路桥试验中心研制出 BTRHEOM 式叶片式流变仪，冰岛国家建筑研究所（IBRI）研制并生产了同轴式双筒黏度仪，国际骨料研究中心 ICAR 研制的同轴旋转叶片式流变仪（图 3-6），陈健中教授曾研制过一台旋转叶片式混凝土流变仪，天津大学的亢景付设计了一种用于高性能混凝土和泵送混凝土流变性能的流变仪，哈尔滨工业大学的潘雨自行研制了 BMH 混凝土流变仪。以上流变仪对混凝土流变特性得到了比较

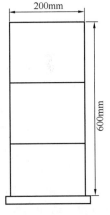

图 3-5 混凝土匀质性检测仪（分层度筒）

图 3-6　ICAR 流变仪

理想的规律。

流变仪为研究、分析和评价新拌混凝土工作性能提供了一种新手段，但不同流变仪的结构和尺寸差异非常大，测试得到的数据不一定可靠，也不一定能真实反映混凝土工作性能。为此，美国 ACI236A "新拌混凝土工作性能"委员会组织分别在法国 LCPC 实验室（2000 年）和美国 MB 实验室（2003 年）进行了两次对比试验，结果表明 20 多种流变仪测定屈服应力和塑性黏度的"绝对值"差异很大，但均能有效评价这两个参数，不同流变仪相互之间的测试结果也有比较好的相关性。由此可见，基于宾汉姆模型设计的各种流变仪，所测试的流变性参数 τ_0 和 μ 属于"相对值"。不同结构和尺寸的流变仪都能比较敏感地反映不同混凝土拌和物流变性的差异，即能"相对"准确地测试和评价混凝土流变性，但只有在同一台或相同流变仪上获得的测试结果，才具有直接可比性。

2. 摩擦仪

混凝土拌和物能够产生合适厚度、稳定、连续的润滑层，才具有可泵性；润滑层的润滑性能优劣即降低摩擦力的能力，决定了易泵性的高低。针对润滑层的流变性能，混凝土摩擦仪是目前主要的测试工具。

Kaplan 等通过大量泵送试验研究和理论分析，认为混凝土拌和物在管道中前进是依靠边界润滑层"滑移"，泵送压力损失来源于润滑层的剪切变形。与管横截面相比，润滑层厚度可以忽略，这样可以将润滑层看作钢-混凝土界面，润滑层剪切应力（τ）可看作界面摩擦应力。泵送压力与流量的直线关系说明：摩擦应力与压力无关，与滑移斜率呈直线关系。因此，可以应用宾汉姆模型描述润滑层。根据以上分析，Kaplan 对 BTRHEOM 流变仪进行了修改，设计了测试钢-混凝土界面摩擦特性的同轴圆柱摩擦仪。圆柱形转子在混凝土中旋转的过程中会在圆柱壁外表面形成一层润滑层，在已知润滑层厚度的情况下，测量不同旋转速率的扭矩，能计算润滑层屈服应力 τ_{0i} 和塑性黏度 μ_i。

以"栓流"为主的拌和物，即 $\tau_i \leqslant \tau_0$，用润滑层参数 τ_0 和 μ 就可以建立压力-流量关系，即 τ_0 和 μ 就可以评价易泵性（分别直接体现 k_1 与 k_2）。高流动性混凝土一般会同时出现"剪切流"，即 $\tau_i > \tau_0$，Kaplan 建立的压力-流量模型采用 Buckingam Reinerz 模型和方程计算"剪切流"部分，这时除润滑层流变参数 τ_0 和 μ 外，还需要混凝土拌和物本体的塑性黏度（μ）和屈服值（τ_0），即需要结合使用流变仪和摩擦仪（图 3-7）两个仪器。

3. 滑管仪

滑管仪法是 Mechtcherine 等基于 Kaplan 模型开发出来的全新泵送性能评价试验方法，如图 3-8 所示。滑管仪采用模拟真实泵送的状态测试压力与流速直接获得评价易泵性的两个参数 k_1 与 k_2，使易泵性的测试更加科学简便。原理为：在滑管中装入混凝土拌和物插捣密实，上下移动滑管 5～10 次使混凝土与管壁之间形成润滑层；然后提起滑管，在

图 3-7 摩擦仪

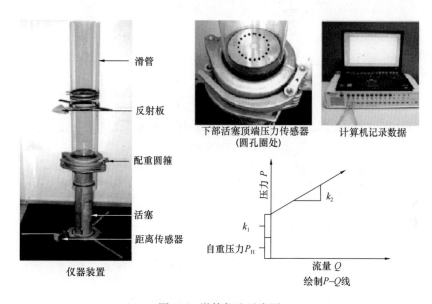

图 3-8 滑管仪法示意图

滑管上套加重环，让滑管自由落下，同时在下部活塞顶端测试压力（P）和滑管落下速率（换算为流量 Q）。通过几次不同配重（最少 2 次），使滑管以不同速率落下，得到多组 P 和 Q，就可计算得到 k_1 与 k_2。

4. 其他方法

例如近年来，科技工作者将超高层混凝土可泵性能的评价集中在混凝土的流动性和抗离析能力之间的平衡上，泌水离析容易造成混凝土在泵送过程中的堵管等问题。超高层泵送过程中，新拌混凝土主要依靠砂浆包裹粗骨料、净浆包裹细骨料来传递其中的泵压，保证超高层泵送效果的重要因素之一就是混凝土拌和物与管道之间的润滑层，较为认可的润滑层是指由砂浆和净浆组成，如果新拌混凝土发生离析或者泌浆现象，则极易发生堵管等生产难题，失去浆体包裹的骨料与泵管间的摩擦阻力也会加大，进一步增加堵管风险，因此评价超高层泵送的一个关键要素就是拌和物的和易性。为保证新拌混凝土的可泵性，常采用压力或自由泌水率和泌水速率试验来开展评价，如图3-9~图3-12所示。

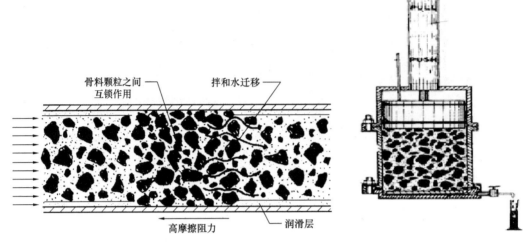

图 3-9　新拌混凝土离析堵管原理　　　　　图 3-10　新拌混凝土压力泌水装置

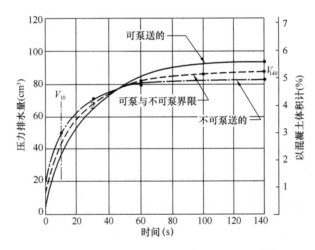

图 3-11　压力泌水试验的典型排水量-时间曲线

　　国内外科技工作者也通过建立理论模型和设备开发等方式积极开展对超高层泵送混凝土泵送性能评价的研究。例如李国柱等利用流变学原理，采用一种振动压模试验装置来评价混凝土的可泵性能，利用沉入距离评价新拌混凝土的流动性，采集的另外一个参数为混凝土的析水量，套入最小二乘法原理，建立以下线性回归公式：

$$P_0 = \frac{4V + H + 20R + 12R_1 + 9R_2}{100}P \tag{3-1}$$

式中　P_0——泵压换算值（MPa）；

　　　P——回归方程得到的泵压（MPa）；

　　　H——混凝土沉入距离（m）；

　　　V——水平管道与垂直管道的长度（m）；

　　　R——管的根数。

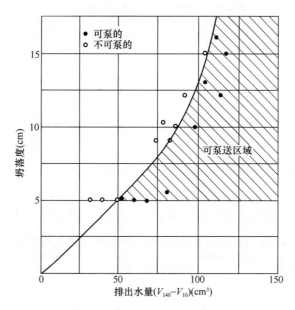

图 3-12 压力泌水试验结果与可泵性评价间的对应关系

结果表明，用理论泵压可以很好地预测混凝土的可泵性。

国内现行《混凝土泵送施工技术规程》（JGJ/T 10）依据 S. Morinaga 计算公式来计算总压力损失，规范中限定了泵送高度对应的混凝土工作性能指标，见表 3-1。

表 3-1　泵送高度与混凝土工作性能指标对应关系

最大泵送高度（m）	50	100	200	400	>400
入泵坍落度（mm）	100～140	150～180	190～220	230～260	—
入泵扩展度（mm）	—	—	—	450～590	600～740

3.1.2　超高层混凝土泵送性能评价方法

虽然目前现有的检测混凝土泵送性能的方法和手段较多，每种方法的特点和局限性也较为明显，但靠单一检测方法都无法较为准确和直观地评价混凝土在超高层泵送中的可泵性和易泵性问题，国内也开始投入人力和物力进行研究和开发，包括国家层面的立项，以期形成快速、简便、直观的超高层泵送评价方法，为超高层建筑的发展提供有力支撑。

目前国内已建和在建的超高层项目中，对超高层泵送的可泵性评价方法还是以与常规检测方法相结合的形式进行评价。

在实际工程应用中，冯乃谦结合广州西塔项目，采用超细矿渣粉和控制坍落度损失外加剂，研发了 C100 超高性能自密实混凝土（UHP-SCC），并进行了多次超高层泵送试验，根据近一年的试验研究，提出了 UHP-SCC 的可泵性具体技术要求，见表 3-2。

表 3-2　UHP-SCC 可泵性具体技术要求

项目	泌水性（%）	坍落度（mm）	扩展度（mm）	倒筒时间（s）	U 形仪升高（mm）
初始	—	265	720	4.0	310
1h	—	270	720	4.0	310
3h	—	275	730	3.5	318
施工现场	—	275	750	3.3	310
泵后检测	—	280	760	3.2	310

　　余成行等对混凝土可泵性的影响因素和评价指标进行了分析和讨论，结合具体工程实例，提出的有关超高层泵送混凝土施工性能评价的关键控制指标，见表 3-3。

表 3-3　超高层泵送混凝土施工性能评价的关键控制指标

指标名称	必控指标			任选其一必控指标			参考指标			
	含气量（%）	坍落度（mm）	扩展度（mm）	扩展时间（s）	V 漏斗（s）	倒筒时间（s）	U 形箱（mm）	L 形仪	圆通贯入试验（mm）	压力泌水率（%）
参数要求	3～5	≥240	≥600	≤15	≤25	≤15	≥320	≥0.80	20～40	≤20

　　邱盛等人研究了超高层泵送混凝土原材料、工作性能的关键性能指标，通过对最长泵送管线的压力计算，并结合工程实际，提出了 C30 和 C60 混凝土的关键性能指标，见表 3-4。

表 3-4　C30、C60 泵送混凝土施工性能评价的关键控制指标

项目	工程要求	C30		C60	
		入泵	出泵	入泵	出泵
坍落度（mm）	≥240	250	210	260	250
扩展度（mm）	≥650	700	680	720	700
3h 坍落度损失（mm）	≤20	—	—	—	—
倒筒时间（s）	1.5～3.0	2.1	2.6	2.3	2.6
含气量（%）	≤4	3	—	—	—
压力泌水率（%）	≤35	1	—	—	—
T_{50}（s）	2～5	4	—	3.8	—

　　因此，在新的超高层可泵性评价方法出来之前，笔者建议采用混凝土扩展度、倒筒时间、压力泌水率、流变性能（屈服应力 τ 及塑性黏度 η）及经时损失等多参数结合来表征混凝土泵送性能，同时结合盘管等模拟试验进行验证，能够科学地对混凝土可泵性进行评价。

3.1.3　原材料对混凝土超高层泵送性能的影响

3.1.3.1　骨料特性的影响

本节主要研究在固定胶凝材料用量的情况下，不同骨料特性对混凝土泵送性能的影响规律。其中试验用 C60 混凝土及 C30 混凝土胶凝材料用量、用水量及外加剂用量见表3-5。

表 3-5　混凝土配合比　　　　　　　　　　　　　　　　　kg/m³

标号	胶凝材料总量	水泥	粉煤灰	矿粉	水	外加剂
C60	560	405	70	85	160	2.4%
C30	450	250	100	100	165	2.0%

1. 细骨料

固定混凝土其他参数不变，仅改变细骨料比例，检测不同中砂：细砂比例下复合砂的颗粒级配、紧密堆积密度及空隙率，并研究其对混凝土泵送性能及力学强度的影响规律，检测数据见表3-6。

表 3-6　不同比例复合砂检测数据

测试项目	中砂：细砂						
	0：1	5：5	6：4	7：3	8：2	9：1	1：0
细度模数	2.0	2.4	2.6	2.7	2.8	2.8	2.9
紧密堆积密度（kg/m³）	1580	1630	1670	1700	1680	1650	1620
空隙率（%）	40.0	38.4	37.0	35.8	36.7	37.9	39.1

从表3-6中可以看出，随着中砂用量增加，复合砂细度模数不断提高。复合砂的紧密堆积密度高于中砂和细砂，空隙率小于中砂和细砂空隙率，表明中砂和细砂混合后可形成良好的填充作用。其中复合砂的紧密堆积密度随中砂：细砂比例的提高呈先增大后减小的变化规律，相应复合砂的空隙率呈先减小后增大的变化趋势，其中当中砂：细砂＝7：3时，复合砂紧密堆积密度最大，空隙率最低。

从图3-13中可以看出，当中砂：细砂＝7：3时，复合砂颗粒级配符合天然砂Ⅱ区，级配分布较为合理。

从表3-7中可以看出，随着中砂用量的提高，C60 及 C30 混凝土扩展度呈先增大后减小的趋势，这是因为在混凝土浆体量不变时，混凝土骨料空隙率越小，需填充空隙的浆体量越少，"富裕"浆体越多，扩展度越大；当中砂：细砂＝7：3时，混凝土扩展度最大，这与该条件下的复合砂空隙率最小相一致。同时

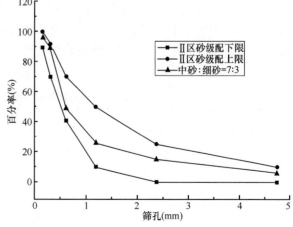

图 3-13　中砂：细砂＝7：3时复合砂颗粒级配曲线

细砂用量多时细骨料比表面积增大，导致细骨料表面浆体需求大。空隙率越小，倒筒时间越小，这是由于"富裕"浆体多时，骨料间浆体层厚，摩擦阻力小，混凝土流动性好。压力泌水率随细砂用量的增多而减小，当细砂用量大于30%时，混凝土压力泌水率为0。这是因为混凝土细砂越多，细骨料比表面积越大，不易产生泌水，同时比较发现，C30混凝土压力泌水较C60较大，这是因为C30混凝土胶凝材料量少，混凝土保水能力较差。从混凝土流变学性能看，砂子孔隙降低，混凝土富裕浆体增多，在其他参数不变的情况下，混凝土屈服应力及塑性黏度均有所降低，表明浆体量增多有益于改善混凝土施工性能。从混凝土力学强度变化可以看出，中砂：细砂对C60及C30混凝土力学强度的影响不大，其中当中砂：细砂＝7：3时，混凝土力学强度最高，此时混凝土空隙率低，胶凝材料水化产物可充分填充于骨料空隙之中，形成紧密水泥石结构，混凝土强度高。

表3-7　不同砂比例超高层泵送混凝土配合比及性能结果

编号	中砂：细砂	泵送性能指标					力学强度（MPa）	
		扩展度（mm）	倒筒时间（s）	压力泌水率（%）	屈服应力τ（Pa）	塑性黏度η（Pa·s）	R_7	R_{28}
C60-1	5：5	670	3.8	0	278.9	120.8	55.7	70.2
C60-2	6：4	700	3.5	0	268.0	118.9	56.8	69.4
C60-3	7：3	720	2.8	0	259.7	110.7	57.5	71.5
C60-4	8：2	720	2.9	5	259.9	112.9	56.2	70.4
C60-5	9：1	710	3.2	10	267.6	118.0	57.1	71.5
C30-1	5：5	630	2.9	0	188.9	84.9	30.7	39.0
C30-2	6：4	650	2.7	0	179.0	83.7	30.8	38.6
C30-3	7：3	680	2.3	0	177.7	78.4	30.9	39.8
C30-4	8：2	670	2.6	10	180.6	82.3	29.6	38.9
C30-5	9：1	640	2.8	15	182.4	90.3	30.7	38.6

2. 粗骨料

从表3-8中可以看出，复合石子的紧密堆积密度大于大石和小石，空隙率小于大石和小石空隙率，表明大石和小石混合后可形成良好的填充作用。其中复合石子的紧密堆积密度随大石：小石的提高呈先增大后减小的变化规律，相应复合石子的空隙率呈先减小后增大的变化趋势，其中当大石：小石＝7：3时，复合石子紧密堆积密度最大，空隙率最低。

表3-8　不同比例复合石子检测数据

测试项目	大石：小石						
	0：1	5：5	6：4	7：3	8：2	9：1	1：0
紧密堆积密度（kg/m³）	1570	1610	1670	1720	1690	1660	1610
空隙率（%）	38.0	37.8	36.0	34.3	35.9	37.9	37.8

从表3-9中可以看出，与细骨料相似，粗骨料特性对混凝土性能的影响也呈现出相似的规律；随着大石用量的提高，C60及C30混凝土扩展度均呈先增大后减小的趋势，这是

因为在混凝土浆体量不变时，混凝土骨料空隙率越小，需填充空隙的浆体量越少，"富裕"浆体越多，扩展度越大；其中当大石：小石＝7：3时，混凝土扩展度最大，这与该条件下的复合石子空隙率最小相一致。同时小石用量多时，粗骨料比表面积增大，导致粗骨料表面浆体需求大。空隙率越小，倒筒时间越少，这是由于"富裕"浆体多时，骨料间浆体层厚，摩擦阻力小，混凝土流动性好。粗骨料对混凝土压力泌水的影响不明显，只是当大石用量较多时，出现压力泌水，当小石用量大于20％时，C60及C30混凝土压力泌水率均为0。从混凝土流变学性能看，粗骨料孔隙降低，混凝土富裕浆体增多，在其他参数不变的情况下，混凝土屈服应力及塑性黏度均有所降低，表明浆体量增多有益于改善混凝土施工性能。从混凝土力学强度变化可以看出，大石：小石对混凝土力学强度影响不大，其中当大石：小石＝7：3时，混凝土力学强度最高，此时混凝土空隙率低，胶凝材料水化产物可充分填充于骨料空隙之中，形成紧密水泥石结构，混凝土强度高。

表 3-9 不同石子比例超高层泵送混凝土配合比及性能结果

编号	大石：小石	泵送性能指标					力学强度（MPa）	
		扩展度（mm）	倒筒时间（s）	压力泌水率（％）	屈服应力 τ（Pa）	塑性黏度 η（Pa·s）	R_7	R_{28}
C60-6	5：5	680	3.6	0	270.9	118.6	54.3	69.2
C60-7	6：4	690	3.3	0	266.0	116.3	55.7	70.9
C60-8	7：3	720	2.8	0	259.7	110.7	57.5	71.5
C60-9	8：2	710	3.0	0	265.3	115.3	55.8	69.4
C60-10	9：1	710	3.0	10	274.3	123.0	57.3	71.0
C30-6	5：5	650	3.0	0	192.3	833.0	29.6	38.8
C30-7	6：4	650	2.6	0	188.0	81.7	31.0	39.6
C30-8	7：3	680	2.3	0	177.7	78.4	30.9	39.8
C30-9	8：2	680	2.7	0	182.7	81.3	29.1	39.0
C30-10	9：1	660	2.7	15	180.2	88.6	29.9	39.4

3. 砂率

砂率是混凝土配合比设计的重要参数之一。混凝土固体部分的空隙率是决定其稳定性的重要指标，一定条件下，混凝土固体颗粒空隙率越小，混凝土工作性能越好，因此合理砂率有利于混凝土超高层泵送。保持中砂：细砂＝7：3，大石：小石＝7：3，混凝土其他参数不变，研究砂率对混凝土泵送性能的影响规律。

从图 3-14 中可以看出，一定范围内，混凝土骨料空隙率随砂率增大呈现先减小后增大的趋势。当砂率为 46％时，混凝土骨料空隙率最小。

从表 3-10 中可以看出，C60 及 C30 混凝土扩展度呈先增大后减小的趋势，这是因为在混凝土浆体量不变时，混凝土骨料空隙率越小，

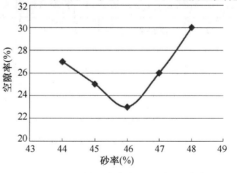

图 3-14 不同砂率条件下骨料空隙率

需填充空隙的浆体量越少，"富裕"浆体越多，扩展度越大；其中当砂率为 46％时，混凝土扩展度最大，这与该条件下的骨料空隙率最小相一致。空隙率越小，倒筒时间越短，这是由于"富裕"浆体多时，骨料间浆体层厚，摩擦阻力小，混凝土流动性好。当砂率偏低时，混凝土骨料比表面积最小，其表面包裹浆体量最少，相对游离浆体较多，C30 混凝土保水能力较差，出现压力泌水。从混凝土流变学性能看，骨料孔隙降低，混凝土富裕浆体增多，在其他参数不变的情况下，混凝土屈服应力及塑性黏度均有所降低，表明浆体量增多有益于改善混凝土施工性能。从混凝土力学强度变化可以看出，在 44％～48％砂率范围内，混凝土力学强度影响不大，宜选择 C60 混凝土砂率为 46％，C30 混凝土砂率为 48％。

表 3-10　砂率对超高层泵送混凝土性能的影响

编号	砂率（％）	泵送性能指标					力学强度（MPa）	
		扩展度（mm）	倒筒时间（s）	压力泌水率（％）	屈服应力 τ（Pa）	塑性黏度 η（Pa·s）	R_7	R_{28}
C60-11	44	690	3.6	0	267.9	118.8	53.2	70.8
C60-12	45	710	3.4	0	265.0	118.4	55.4	70.4
C60-13	46	720	2.8	0	259.7	110.7	57.5	71.5
C60-14	47	720	2.9	0	262.9	113.9	58.2	71.4
C60-15	48	710	3.0	0	266.7	119.8	56.1	70.6
C30-11	44	660	2.7	15	185.9	72.5	30.7	38.0
C30-12	45	670	2.4	10	183.1	76.7	29.8	39.6
C30-13	46	690	2.3	10	180.7	77.4	30.4	39.3
C30-14	47	680	2.4	0	180.6	77.7	29.4	38.7
C30-15	48	680	2.6	0	177.7	78.4	30.9	39.8

3.1.3.2　胶凝材料用量的影响

混凝土输（泵）送过程中，浆体起到润滑管壁的作用，适量的混凝土浆体输送时带动骨料，在高压下混凝土不分散、不离析。因此在超高层泵送过程中，混凝土相对"富裕"的浆体量是保证混凝土顺利泵送施工、减小混凝土输送阻力的关键。固定骨料比例、水胶比、外加剂用量不变，研究胶凝材料用量变化对混凝土的泵送性能的影响规律。C60 混凝土胶凝材料用量为 500kg/m³、530kg/m³、560kg/m³、590kg/m³，C30 混凝土胶凝材料用量为 410kg/m³、430kg/m³、450kg/m³、470kg/m³，见表 3-11。

表 3-11　胶凝材料用量对超高层泵送混凝土性能的影响

编号	胶凝材料用量（kg/m³）	泵送性能指标					力学强度（MPa）	
		扩展度（mm）	倒筒时间（s）	压力泌水率（％）	屈服应力 τ（Pa）	塑性黏度 η（Pa·s）	R_7	R_{28}
C60-16	500	700	3.5	0	268.1	115.8	51.0	68.2
C60-17	530	720	2.8	0	267.4	113.7	53.9	69.5
C60-18	560	720	2.8	0	259.7	110.7	57.5	71.5
C60-19	590	730	2.5	0	259.4	110.5	58.1	71.4
C30-16	410	620	3.1	10	183.8	82.1	23.4	35.6

编号	胶凝材料用量（kg/m³）	泵送性能指标					力学强度（MPa）	
		扩展度（mm）	倒筒时间（s）	压力泌水率（%）	屈服应力 τ（Pa）	塑性黏度 η（Pa·s）	R_7	R_{28}
C30-17	430	650	2.9	0	180.4	79.6	26.1	36.9
C30-18	450	680	2.6	0	177.7	78.4	30.9	39.8
C30-19	470	700	2.1	0	176.3	76.4	32.3	41.2

从表 3-11 中可以看出，胶凝材料的增加（混凝土浆体量的提高）导致扩展度增大，同时倒筒时间减少，这是由于浆体量增加导致"富裕"浆体量增多，骨料颗粒包裹层厚度增大，摩擦阻力减小，混凝土流动性增大。比较浆体量对混凝土压力泌水率影响发现，除 C30 混凝土胶凝材料用量 410kg/m³ 以外，其他 C60 及 C30 混凝土的压力泌水率为 0，表明混凝土保水性能良好；当 C30 混凝土胶凝材料用量为 410kg/m³ 时，混凝土塑性黏度较低，保水能力相对较差，出现压力泌水现象。从混凝土流变学性能看，胶凝材料用量提高，混凝土"富裕"浆体增多，在其他参数不变化的情况下，混凝土颗粒浆体包裹量提高，包裹层变厚，颗粒之间的摩擦阻力降低，混凝土屈服应力及塑性黏度均有所降低，表明浆体量增多有益于改善混凝土施工性能。然而 C60 混凝土胶体材料量超过 560kg/m³，C30 混凝土胶凝材料量超过 450kg/m³，混凝土流变性能改善不大，表明混凝土浆体量过多并不能明显改善施工性能。混凝土抗压强度则随浆体量的增大逐渐增长，表明当浆体量在一定范围内增大时，混凝土水化产物增多，混凝土强度提高。

3.1.3.3 水泥用量的影响

水泥是混凝土中用量最大的胶凝材料，其对混凝土的工作性能及力学性能均有重要的影响。保持 C60 混凝土胶凝材料总量为 560kg/m³、C30 混凝土胶凝材料总量为 450kg/m³ 不变，研究水泥用量对混凝土泵送性能的影响，配合比及性能见表 3-12。

表 3-12　水泥用量对超高层泵送混凝土性能的影响

编号	水泥（kg/m³）	泵送性能指标					力学强度（MPa）	
		扩展度（mm）	倒筒时间（s）	压力泌水率（%）	屈服应力 τ（Pa）	塑性黏度 η（Pa·s）	R_7	R_{28}
C60-20	365	730	2.6	0	246.5	105.4	51.4	69.8
C60-21	385	720	2.8	0	255.4	108.3	55.9	70.5
C60-22	405	710	2.8	0	259.7	110.7	57.5	71.5
C60-23	425	710	3.0	0	267.9	115.3	58.9	72.8
C30-20	210	670	2.1	10	170.8	70.3	26.4	36.0
C30-21	230	670	2.2	0	173.8	74.6	28.8	36.9
C30-22	250	680	2.6	0	177.7	78.4	30.9	39.8
C30-23	270	680	2.6	0	182.2	83.0	31.3	42.9

从表 3-12 中可以看出，随着水泥用量的提高，混凝土扩展度呈现逐渐减小的趋势，

倒筒时间逐渐增多，表明水泥用量提高混凝土流动性变差，塑性黏度提高。从压力泌水率可以看出，C60 混凝土水泥用量变化对混凝土压力泌水率影响不大，而当水泥用量为 210kg/m³ 时，C30 混凝土出现压力泌水，表明混凝土的保水性能差。从混凝土流变学性能看，随水泥用量提高，在其他参数不变的情况下，混凝土浆体塑性黏度变大，变形能力减弱，流变性能有所下降，然而混凝土塑性黏度过低必然导致混凝土石子下沉，实际施工时必然导致混凝土石子堆积发生堵管。从混凝土力学性能看，C60 及 C30 混凝土抗压强度随水泥用量提高而提高，表明生成更多的水化产物有利于混凝土强度提高。

3.1.3.4 粉煤灰用量的影响

粉煤灰由于其微珠结构具有优质的保水性、减水性及填充性能，对混凝土泵送性能具有良好的改善作用，保持 C60 混凝土胶凝材料总量为 560kg/m³、C30 混凝土胶凝材料总量为 450kg/m³ 不变，研究粉煤灰用量对混凝土泵送性能的影响，配合比及性能见表 3-13。

表 3-13　粉煤灰用量对超高层泵送混凝土性能的影响

编号	粉煤灰 (kg/m³)	泵送性能指标					力学强度 (MPa)	
		扩展度 (mm)	倒筒时间 (s)	压力泌水率 (%)	屈服应力 τ (Pa)	塑性黏度 η (Pa·s)	R_7	R_{28}
C60-24	30	660	4.4	10	286.4	119.7	59.4	73.4
C60-25	50	690	3.2	0	269.3	116.0	58.9	72.0
C60-26	70	720	2.8	0	259.7	110.7	57.5	71.5
C60-27	90	720	2.6	0	254.0	106.2	55.3	70.6
C30-24	60	630	3.6	0	183.5	87.6	33.1	43.9
C30-25	80	650	2.7	0	179.6	84.0	31.6	42.0
C30-26	100	680	2.6	0	177.7	78.4	30.9	39.8
C30-27	120	690	2.1	0	175.3	76.2	29.6	39.6

从表 3-13 中可以看出，随着粉煤灰用量的提高，混凝土扩展度呈现逐渐增大的趋势，倒筒时间逐渐减少，表明粉煤灰用量提高可使混凝土流动性提高，塑性黏度降低。这是因为粉煤灰内含有大量玻璃滚珠，掺入混凝土后其填充效应及滚珠效应可以显著提升混凝土流动性。从压力泌水率可以看出，C30 混凝土由于粉煤灰用量较大，其保水性好，压力泌水率为 0；而当 C60 混凝土粉煤灰用量仅为 30kg/m³ 时，混凝土压力泌水率为 10%，表明粉煤灰用量过低混凝土保水能力差。从混凝土流变学性能看，随粉煤灰用量提高，混凝土浆体塑性黏度降低，变形能力提高，流变性能有所提高。从混凝土力学性能看，C60 及 C30 混凝土抗压强度随粉煤灰用量提高而下降，表明生成更多的水化产物有利于混凝土强度提高。

3.1.3.5 硅灰用量的影响

采用不同硅灰用量（4%~10%）取代水泥，研究硅灰对混凝土泵送性能的影响，见表 3-14。

表 3-14 硅灰对混凝土泵送性能的影响

编号	硅灰 (%)	泵送性能指标					力学强度（MPa）	
		扩展度 (mm)	倒筒时间 (s)	压力泌水率 (%)	屈服应力 τ (Pa)	塑性黏度 η (Pa·s)	R_7	R_{28}
C60-32	4	720	2.8	0	204.9	97.4	53.9	69.8
C60-33	6	720	2.9	0	200.3	96.7	55.7	71.8
C60-34	8	710	3.4	0	195.4	94.6	58.6	73.5
C60-35	10	710	3.6	0	185.3	88.1	60.4	75.6
C30-32	4	690	2.3	0	176.5	65.4	32.9	41.2
C30-33	6	680	2.8	0	166.3	68.9	33.5	42.0
C30-34	8	680	3.2	0	158.0	71.0	33.1	42.5
C30-35	10	660	3.2	0	157.2	70.5	31.3	40.1

从表 3-14 中可以看出，随着硅灰用量的提高，混凝土扩展度呈现逐渐减小的趋势，倒筒时间逐渐增加，这是因为硅灰超大的比表面积会吸附大量的水，导致流动性下降。从压力泌水率可以看出，硅灰掺入后，混凝土压力泌水率为 0，表明硅灰具有很强的保水性能，适量引入有利于提高混凝土泵送性能。从混凝土流变学性能看，随硅灰用量提高，混凝土浆体塑性黏度显著下降，屈服应力降低，表明混凝土"松软度"提高，利于超高层泵送。从力学性能看，在 4%～10% 掺量范围内，增强作用显著，其中 C30 混凝土硅灰用量从 8% 提高到 10% 时，变化不明显。

3.1.3.6　水胶比的影响

从表 3-15 可以看出，随着水胶比的提高，混凝土扩展度呈现逐渐提高的趋势，倒筒时间逐渐减少，表明用水量的提高可使混凝土流动性提高。这是因为混凝土用水量提高可以增加浆体中游离水含量，使混凝土浆体塑性黏度降低。从混凝土流变学性能看，用水量提高，混凝土屈服应力及塑性黏度均下降，流变性能增加。从混凝土力学性能看，水胶比提高，混凝土的强度显著下降，C60 混凝土水胶比不宜低于 0.29，C30 混凝土水胶比不宜低于 0.4。

表 3-15 水胶比对混凝土泵送性能的影响

编号	水胶比	泵送性能指标					力学强度（MPa）	
		扩展度 (mm)	倒筒时间 (s)	压力泌水率 (%)	屈服应力 τ (Pa)	塑性黏度 η (Pa·s)	R_7	R_{28}
C60-44	0.28	700	3.8	0	198.7	98.0	61.2	77.9
C60-45	0.29	710	3.6	0	185.3	88.1	60.4	75.6
C60-46	0.30	730	3.2	0	177.8	80.9	56.4	73.2
C60-47	0.31	740	3.0	10	166.9	78.3	52.0	69.0
C30-44	0.38	650	3.3	0	189.3	81.8	35.2	43.5
C30-45	0.39	670	3.2	0	187.0	79.8	33.9	43.3
C30-46	0.40	680	3.2	0	158.0	71.0	33.1	42.5
C30-47	0.41	690	2.9	10	143.2	64.3	31.9	39.4

3.2 超高层混凝土的制备及泵送性能调控技术

3.2.1 超细粉体技术

超细粉因其自身较大的比表面积、微小的粒径及较大的粒径分布，在混凝土中可均匀地分散于浆体中形成更加匀质的水泥浆体，引入超细粉的目的主要为以下 3 点：（1）保持混凝土适宜的黏度，提高保水性能；（2）混凝土屈服应力适中，增加混凝土"松软度"，提高变形能力；（3）有较高的水化活性，增强混凝土力学性能。因此掺加超细粉体来改善混凝土的泵送性能和强度是目前超高层建筑中的常用方法，在超高层泵送中经常用到的超细粉体有微珠、硅灰和超细矿粉，如图 3-15 所示。

（a）　　　　　　　（b）　　　　　　　（c）

图 3-15　超细粉体

（s）微珠；（b）硅灰；（c）超细矿粉

3.2.1.1　微珠

1. 需水量比及活性指数

表 3-16 为微珠的需水量比及活性指数结果。

表 3-16　不同微珠掺量下需水量比及活性指数结果

原材料	掺量（%）	需水量比（%）	7d 活性指数（%）	28d 活性指数（%）
	0	100	100	100
	5	98	102	103
	10	98	101	104
微珠	15	97	100	109
	20	96	95	106
	25	94	89	104
	30	94	79	96

胶凝体系需水量由两部分构成：孔隙水及表面黏附水。从表 3-16 可以看出，微珠掺量的提高导致水泥-微珠体系需水量比降低。微珠多为微型球形颗粒，而水泥颗粒相对粗大，当微珠与水泥复合后，微珠粒子均填充在水泥粒子堆积的孔隙内，减小了孔隙率，减少了填充用水，胶凝体系的需水量比降低；微珠掺入后，胶凝材料体系的总比表面积增大，颗粒的表面润滑，吸附水增多，但微珠的填充作用导致的体系填充用水的降低占据主导地位，因而体系的需水量比呈下降趋势。然而当微珠掺量超过 25% 时，其需水量比不变，表明其填充

作用导致的孔隙水的减少与表面黏附水的增多达到平衡，从而需水量比不变。

通过不同掺量下微珠的活性指数可以看出，在早期（7d）时，活性指数随微珠掺量的提高呈下降趋势，这是由微珠的低水化活性所决定的。而当微珠掺量较低（5%～15%）时，体系强度超过纯水泥试样强度，这表明微珠引入后：（1）微珠的填充作用密实了胶凝体系，减小了胶凝体系孔隙率，促进了强度的提高；（2）微珠相对于水泥的水化惰性导致其水化所需水量较小，从而使水泥的相对水胶比提高，水化产物增多，胶凝体系强度提高。当微珠掺量较高时，水化产物减少，微珠-水泥体系强度降低。在后期（28d）时，当微珠掺量为 15% 时活性指数最高。当微珠掺量不高于 25%，微珠的活性指数均超过 100%，这是由于：（1）微珠的填充效应可减小胶凝体系的空隙率，促进强度的提高；（2）龄期的延长促进了微珠中活性硅铝物质的溶出并与水泥水化产生的 Ca(OH)$_2$ 发生胶凝反应，生成 C-S-H 及 C-A-H 凝胶，有利于强度增长。

2. 粒度分布

图 3-16 为微珠的粒度分布曲线。

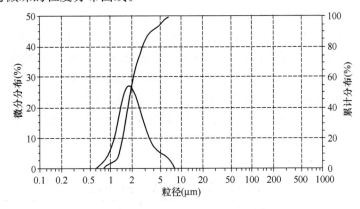

图 3-16　微珠的粒度分布曲线

从图 3-16 可以看出，微珠的粒径分布多集中在 1～5μm 范围内，表明微珠颗粒较细，并且较为均匀。因此当微珠与水泥混合后，微珠粒子可填充在水泥粒子所构成的骨架之中，起到填充作用，可形成更加密实的堆积模型及更为合理的颗粒微级配。

3. 流变性能

保持胶凝材料用量及水胶比（0.5）不变，引入不同掺量的微珠（5%～30%），检测微珠对水泥净浆流变性能的影响规律。微珠用量及试验编号见表 3-17。

表 3-17　微珠用量及试验编号

试验编号	微珠用量（%）
JZ	0
W-1	5
W-2	10
W-3	15
W-4	20
W-5	25
W-6	30

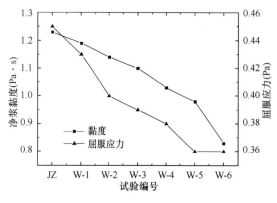

图 3-17 微珠用量对水泥浆流变性能的影响

微珠用量对水泥浆流变性能的影响如图 3-17 所示。

从图 3-17 中可以看出，随着微珠掺量的提高，净浆黏度及屈服应力均呈下降趋势。微珠引入水泥浆后，由于其玻璃滚珠效应及填充效应，置换出水泥颗粒空隙中的水，使水泥浆体具有更多的游离水，同时由于微珠自身的"滚珠"效应，降低了混凝土屈服应力。水泥颗粒外包裹的游离水层变厚，摩擦力减小，黏度降低；同时微珠的滚珠效应降低了浆体变形时颗粒间的摩擦力，浆体黏度降低。

3.2.1.2 硅灰

1. 需水量比及活性指数

从表 3-18 中可以看出，随硅灰用量的增加，需水量比不断提高，这表明硅灰虽掺入水泥浆中可以置换出一定量的游离水，但硅灰比表面积太大，导致吸附的游离水量剧增，使混凝土流动度降低。从活性指数结果可看出，随硅灰掺量的提高，7d 及 28d 的活性指数均逐渐增大。由于硅灰的粒径极小，其分散至浆体中后会均匀分布在水泥颗粒的空隙之中，为水泥水化提供了可以附着的晶核，同时水泥的有效水胶比增大，促进了水泥水化，导致强度提高；此外，硅灰的填充作用可以显著降低水泥石的空隙，使水泥石结构更加密实，孔隙率更低，力学强度更高。

表 3-18 不同硅灰掺量下需水量比及活性指数结果

原材料	掺量（%）	需水量比（%）	7d 活性指数（%）	28d 活性指数（%）
硅灰	0	100	100	100
	2	103	104	106
	4	107	106	110
	6	109	108	113
	8	112	111	118
	10	117	114	120
	12	120	114	121

2. 粒度分布

从图 3-18 可以看出，硅灰的粒径分布范围较窄，多集中在 $0 \sim 0.025 \mu m$ 范围内，表明硅灰颗粒较细，并且较为均匀，因此当硅灰与水泥混合后，微珠粒子可填充在水泥粒子所构成的骨架之中，起到填充作用，显著降低体系的孔隙率。

3. 流变性能

保持胶凝材料用量及水胶比（0.5）不变，引入不同掺量的硅灰（2%~12%），检测硅灰对水泥净浆流变性能的影响规律。硅灰用量及试验编号见表 3-19。

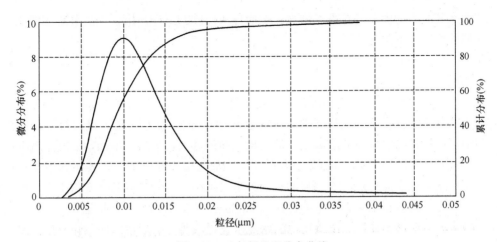

图 3-18 硅灰的粒度分布曲线

表 3-19 硅灰用量及试验编号

试验编号	硅灰用量（%）
JZ	0
G-1	2
G-2	4
G-3	6
G-4	8
G-5	10
G-6	12

硅灰用量对水泥浆流变性能的影响如图 3-19 所示。

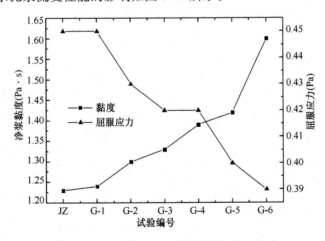

图 3-19 硅灰用量对水泥浆流变性能的影响

从图 3-19 可以看出，随硅灰掺量的提高，水泥浆黏度及屈服应力呈增长趋势。硅灰引入水泥浆后，由于其填充效应，可置换出水泥颗粒空隙中的水，游离水增多，然而硅灰大的比表面积需要更多的游离水包裹，导致游离水量降低，颗粒表面包裹水厚度降低，颗粒之间的摩擦阻力增大，净浆黏度增大，然而硅灰优质的滚珠作用，提高了浆体的变形能力，其屈服应力呈下降趋势。

3.2.1.3 超细矿粉

1. 需水量比及活性

从表 3-20 中可以看出，当超细矿粉掺量较低（5%）时，超细矿粉填充于空隙中置换出游离水，浆体需水量下降。当超细矿粉用量超过 5% 时，需水量比不断提高，虽然掺入水泥浆中可以置换出一定量的游离水，但其比表面积过大，吸附水增加，混凝土流动度降低；当掺量较低（5%）时，超细矿粉需水量与纯水泥相比变化不大，表明其填充作用置换出的游离水与比表面积增大所增加的表面包裹层水相当，砂浆流动度变化不大。由活性指数可以看出，随着超细矿粉掺量的提高，28d 的活性指数均高于纯水泥试样，然而增大值逐渐减小。表明超细矿粉一方面可以为水泥水化提供晶核，促进水泥水化反应，另一方面其自身水化活性较高，可生成大量水化产物，有利于强度提高。

表 3-20 不同超细矿粉掺量下需水量比及活性指数结果

原材料	掺量（%）	需水量比（%）	7d 活性指数（%）	28d 活性指数（%）
超细矿粉	0	100	100	100
	5	97	109	118
	10	104	112	121
	15	109	115	120
	20	116	109	118
	25	120	106	112
	30	126	99	106

2. 粒度分布

从图 3-20 中可以看出，超细矿粉的粒径分布范围较窄，多集中在 $1 \sim 10 \mu m$ 范围内，表明超细矿粉颗粒较细，并且较为均匀。因此当超细矿粉与水泥混合后，可起到密实水泥石结构、降低孔隙率的作用。

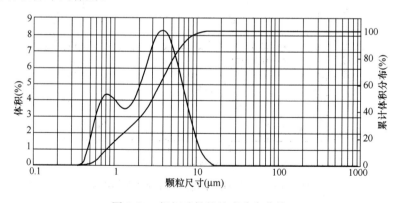

图 3-20 超细矿粉的粒度分布曲线

3. 流变性能

保持胶凝材料用量及水胶比（0.5）不变，引入不同掺量的超细矿粉（5%～30%），检测超细矿粉对水泥净浆流变性能的影响规律。超细矿粉用量及试验编号见表 3-21。

表 3-21 超细矿粉用量及试验编号

试验编号	超细矿粉用量（％）
JZ	0
C-1	5
C-2	10
C-3	15
C-4	20
C-5	25
C-6	30

超细矿粉对水泥浆流变性能的影响如图 3-21 所示。

从图 3-21 中可以看出，随超细矿粉掺量的提高，水泥浆黏度及屈服应力均快速增长，超细矿粉引入水泥浆后，由于其填充效应，释放出空隙中的游离水，使水泥浆体具有更多的游离水，然而超细矿粉大的比表面积必然消耗更多的表层吸附水，因而游离水量降低，颗粒包裹水层变薄，摩擦力增大，净浆黏度及屈服应力增大。

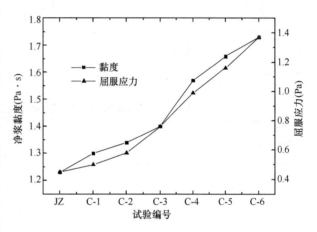

图 3-21 超细矿粉对水泥浆流变性能的影响

3.2.2 黏度调节技术

3.2.2.1 高强度混凝土降黏技术

目前，高强和超高强混凝土普遍采用增加胶凝材料用量、降低水胶比等方法来提高其强度，但这些措施会导致混凝土黏度增加，流动性下降，降低混凝土的泵送性能，严重影响施工效率，很大程度上限制了高强和超高强混凝土的推广与应用。现在高强混凝土的降黏主要采用提高减水剂掺量、掺入引气剂、采用优质超细粉料优化颗粒级配等方法。但普通聚羧酸系减水剂掺量过大时极易造成混凝土离析、泌水等不利现象；引气剂降黏作用有限，且气泡过多会对强度产生不利影响；使用优质超细粉料降低混凝土黏度有一定作用，但降黏效果有限，不能从根本上解决实际问题。

降黏剂的聚合物分子中大量的羧基、羟基等亲水基团能桥接水泥基颗粒与细骨料以及水分子，同时还引入了部分酯基，赋予微量的引气性能，微小的气泡有极佳的"润滑和滚珠效应"，能降低水泥浆剪切应力，降低其塑性黏度；这些官能团通过 C—C 键来链接，形成具有空间网络结构的大分子，这种结构能够改变水泥基胶凝体系的流变性能，能够提高混凝土的抗离析、抗泌水性能，提高其稳定性。

图 3-22、图 3-23 为混凝土降黏剂（ZJ-NⅢ）与市售黏度调节剂（BASF 420）对水泥

浆体屈服应力和塑性黏度的影响。

当降黏剂掺量提高时浆体屈服应力不断下降，掺量到 0.3mg/g 水泥时，使用降黏剂的浆体屈服应力比空白组降低了 24%，塑性黏度比空白组降低了 25%。表 3-22 为不同降黏剂对不同强度混凝土工作性能的影响。

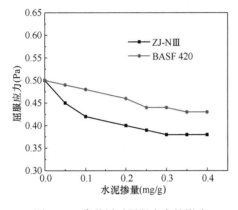

图 3-22　降黏剂对屈服应力的影响　　　　图 3-23　降黏剂对塑性黏度的影响

表 3-22　不同降黏剂对不同强度混凝土工作性能的影响

强度等级	编号	黏度调节剂掺量（%）	T_{500}（s）	J 环扩展度（mm）	黏度系数（10^{-6}bar・h/m）
C60	1	0.10	4.8	550	3.457
	2	0.10	2.8	560	3.116
	3	0.13	2.5	560	3.087
C80	1	0.10	5.5	680	6.090
	2	0.10	4.0	720	5.856
	3	0.13	4.0	715	5.747

注：1bar=100kPa。

3.2.2.2　中低强度黏度改性技术

在中低强度混凝土中，水胶比较高，粉体较少，在混凝土大流态时黏度低，匀质性差，容易出现泌水现象，在超高层泵送时由于泵压较高，极易导致离析，浆骨料分离，发生堵管现象。

在中低强混凝土中掺入黏度改性剂能够改善新拌混凝土的工作性能，对混凝土具有双重作用，即维持混凝土浇筑过程中的内部黏聚力和防止浇筑后混凝土的离析。黏度改性剂通过聚合物分子亲水结构吸附多余水分，并形成空间三维网状结构，从而有效提高混凝土的和易性。黏度改性剂与聚羧酸减水剂复配，可大大降低对混凝土原材料、用水量和掺量的敏感性，适合用于低胶凝材料超高层泵送混凝土或低胶凝材料自密实混凝土中，也适用于低胶凝材料或因使用人工砂等导致的混凝土的黏聚性不佳的情况。

将黏度改性剂按 1% 的掺量和聚羧酸减水剂进行复配，添加到 C25～C40 混凝土中，与空白样品对比，对黏度改性剂的效果进行评价，见表 3-23。

表 3-23　黏度改性剂效果评价

强度等级	初始坍落度/扩展度（mm/mm）	2h坍落度/扩展度（mm/mm）	4h坍落度/扩展度（mm/mm）	10min泌水率（%）	60min泌水率（%）	初凝时间（h）	终凝时间（h）
C25(空白)	225/595	190/535	185/420	3	15	10	11
C25	235/605	220/545	205/420	0	0	10	11
C30(空白)	235/625	220/550	210/435	3	14	10	12.5
C30	240/635	225/555	195/440	0	0	10	12.5
C40(空白)	230/615	220/560	210/420	2	13	11	13.2
C40	235/620	210/565	205/425	0	0	11	13.2

试验结果表明，添加黏度改性剂后，混凝土的和易性更好，在 C25 低胶凝材料体系混凝土中的优势非常明显，空白样 10min 泌水率达到 3%，60min 泌水率达到 15%，而使用黏度改性剂之后，混凝土无泌水，黏聚性、匀质性更好。

3.2.3　泵送性能损失控制技术

超高层使用的混凝土，除了入泵时存在良好的工作性能和流动性外，还应该保证有下列两个要求：一是它的工作性能保持时间较长，在混凝土运输及泵送过程中，混凝土的经时性能要求较高；二是混凝土经过泵送达到浇筑构件的位置，泵送性能损失较小，即在高压下混凝土的黏聚性、抗高压泌水、离析性能好。因此除了混凝土本身的性能外，聚羧酸减水剂中的保坍剂能够很好地提高混凝土的坍落度保持能力。表 3-24 为不同保坍组分浓度对混凝土工作性能的影响。

表 3-24　不同保坍剂组分浓度对混凝土性能的影响

浓度（%）	时间	坍落度（mm）	扩展度（mm）	倒筒时间（s）	T_{50}时间（s）
0	初始	260	730	4.74	3.8
	3h	225	580	5.37	7.6
	5h	160	450	18.33	—
3	初始	265	730	4.66	3.7
	3h	250	675	5.10	10.4
	5h	200	560	17.65	25.6
3.5	初始	260	725	4.19	5.1
	3h	245	700	4.88	8.4
	5h	210	600	15.39	21.8
4	初始	255	725	4.71	3.8
	3h	250	720	4.25	4.6
	5h	230	650	8.65	15.2
4.5	初始	265	725	4.86	3.5
	3h	260	725	4.11	4.2
	5h	230	680	6.82	8.1

浓度（%）	时间	坍落度（mm）	扩展度（mm）	倒筒时间（s）	T_{50}时间（s）
5	初始	255	725	4.80	4.0
	3h	255	730	5.14	4.5
	5h	250	710	4.71	5.0

随着减水剂内保坍型减水剂用量的增加，其坍落度/扩展度保持性能越好。当其用量达到5%时，混凝土可在4h保持扩展度无损失。减水剂中保坍组分的配制应以实验室数据为依据，根据实际施工情况经试验后确定用量，过少以及过多的用量都会有不良效果。表3-25为不同高度下保坍型减水剂对混凝土性能的影响。

表 3-25　不同高度下保坍型减水剂对混凝土性能的影响

序号	施工高度（m）	温度（℃）	保坍剂用量（%）	缓凝剂用量（%）	入泵扩展度（mm）	出泵扩展度（mm）
1	311	29	30	25	710	700
2	324	31	30	25	710	690
3	328	31	30	30	750	800
4	399	32	45	10	710	580
5	421	24	45	10	710	640

由表3-25可以看出，序号2与3施工高度基本以及施工温度一致，但序号3由于缓凝剂用量比序号2多，出泵损失小。同时对比序号1与序号4，由于泵送高度的变化，序号4泵送高度比序号1高出88m，且保坍剂用量有所提高，但其泵送损失仍然较序号1大。序号4与序号5相比，泵送高度差在20m左右，但施工温度较高，因此其泵送扩展度损失也较序号5大。

在超高层泵送过程中，施工高度的变化处于稳定趋势，对温度的变化需要及时关注，当温度出现大幅度波动时，应及时调整外加剂保坍和缓凝的用量。根据以上泵送数据，随着泵送高度的升高，减水剂内保坍剂应随着提高，提高量大约为15%/100m。

3.2.4　超高层泵送混凝土制备的关键点

（1）超高层泵送混凝土配合比设计的原则是既要具有良好的泵送性能，又要满足强度、耐久性要求，同时也要经济合理。

（2）根据超高层结构体系的特点，承重结构核心筒和外框柱的强度较高，非承重结构强度较低，所以配合比在设计上应该从低强度等级和高强度等级上加以区分。

（3）由于超高层建筑施工周期较长，一般都在3年以上，同一强度等级的配合比并不是一成不变的。随着泵送高度的增高，各种因素都有所变化，因此在配合比以及外加剂上都要相应调整，同时季节温度的变化也需要重点关注，及时调整。

（4）当原材料和施工条件发生变化时，也要对配合比和外加剂做出调整，保证良好的泵送性能。

3.3　超高层泵送盘管模拟试验

在一些国内外的超高层重点工程中，工程师们往往会借助模拟泵送试验来评价和测试混凝土泵送性能，例如迪拜的哈利法塔（原称迪拜塔）在混凝土正式浇筑前，普茨迈斯特公司在施工地点动用大量人工在地面上铺设了长达600m的模拟泵送管道，以测试混凝土在输送管线中的压力、混凝土的摩擦力，并根据这些数据设计混凝土及布置超高层泵送系统；中国的上海中心大厦、天津高银117大厦在泵送前也架设了庞大的模拟泵送管道以评估混凝土泵送性能和计算泵送压力。这些模拟泵送试验虽然需要耗费大量的人力、物力和财力，所占用的场地也非常大，但能够更科学地模拟超高混凝土的泵送过程，对混凝土的配合比、泵送性能、压力损失情况等有一个直观的反映，很多在超高层实体上想研究的参数都能提前进行探索，因此具有很强的工程指导意义。

3.3.1　天津高银117大厦

1. 盘管概况

盘管试验场占地约为38m×54m，钢栏式固定方法；布置15条平行水平直管，每条采用17根3m管连接，弯管处2根半径1m弯管连接两条直管；泵管全部采用150mm泵管，泵管连接方式为法兰连接。泵管连接好后通过泵水进行密封性检查，泵管末端采用垂直扬高5m结束，以便于混凝土的回收利用。盘管试验基地如图3-24所示，泵管末端回收管道如图3-25所示。

图3-24　盘管试验基地　　　　　　　　图3-25　泵管末端回收管道

2. 水平泵送泵管固定方式

水平泵送试验场采用钢平台框架结构，并在平台上布置钢梁用于加固框架，防止变形。同时也用于安装或焊接管道支撑，亦可将管道直接安装固定在钢平台钢梁上。每根泵管用两个钢梁固定，如图3-26所示。

3. 设备参数

为模拟实际泵送参数，天津高银117大厦施工采用HBT90CH-2150D超高压拖泵，主要技术参数见表3-26。

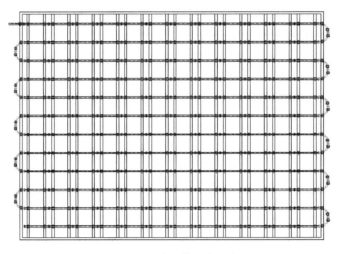

图 3-26　钢平台整体固定示意图

表 3-26　HBT90CH-2150D 超高压拖泵主要技术参数表

技术参数	单位	数值	
整机质量	kg	13500	
外形尺寸	mm	7930×2490×2950	
理论混凝土输送量	m³/h	90（低压）/50（高压）	
理论混凝土输送压力	MPa	24（低压）/50（高压）	
输送缸直径×行程	mm	ϕ180×2100	
柴油机功率	kW	2×273	
上料高度	mm	1420	
料斗容积	m³	0.7	
混凝土坍落度	mm	80～230	
理论最大输送距离（150mm）管	m	水平 4000	垂直 1000

　　泵管选用壁厚 12mm 的 150A 超高压耐磨管，采用螺栓连接方式，连接牢固；O 形密封圈密封，密封可靠，防止泵送时漏浆，承载压力在 50MPa 以上，如图 3-27 所示。

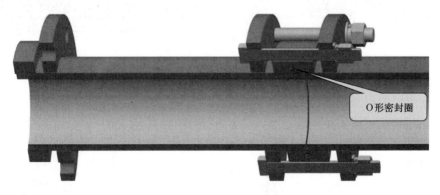

O 形密封圈

图 3-27　超高压管道连接

4. 泵送速度确定

HBT90CH-2150D 超高压泵，理论排量为 50m³/h。根据《混凝土泵送技术规程》以及上海中心泵送 580m 相关泵送数据，天津高银 117 大厦项目泵管长 800m，选混凝土泵实际排量 30m³/h。由计算可知混凝土在管道中的流速 $V_2 = 0.48$m/s，混凝土在管道中停留时间约为 27min。

5. 试验流程及分析

泵送试验流程如图 3-28 所示。

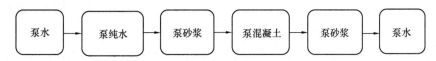

图 3-28 泵送试验流程

泵送时首先进行泵水润管（20m³），泵水打通后进行净浆（2m³）泵送，然后进行 4m³ 同强度等级砂浆的泵送，砂浆泵送完成后进行 30m³ C60 混凝土的泵送。然后泵送 10m³ 洗管砂浆推送混凝土，完毕后在混凝土管道中塞入 3 颗牛皮纸柱进行泵水洗泵，洗泵水共 20m³。

整个试验泵送数据情况见表 3-27。

表 3-27 水平泵送设备相关数据

编号	主系统压力（MPa）	换向压力（MPa）	搅拌压力（MPa）	泵送方量（m³）	排量（%）	备注
水	2	19	4	20	35%	双机低压
净浆	2	19	4	2	35%	双机低压
砂浆（润管）	4	19	4	4	35%	双机低压
混凝土	12	19	4	30	80%	双机低压
	6	19	4		50%	双机高压
砂浆（洗管）	4	19	4	12	65%	双机低压
水	2	19	4	20	50%	双机低压

混凝土入泵时状态如图 3-29 所示，混凝土出泵口处状态如图 3-30 所示。

图 3-29 混凝土入泵时状态　　　　　图 3-30 混凝土出泵口处状态

混凝土入泵及出泵检测数据见表 3-28。

表 3-28　混凝土数据检测数据

混凝土性能指标	扩展度（mm）	倒筒时间（s）	含气量（%）	R_7（MPa）	R_{28}（MPa）
C60 入泵前	710	3.4	2.0	57.4	74.2
C60 出泵后	700	3.2	2.5	54.8	71.9
C30 入泵前	680	3.3	3.2	31.4	42.0
C30 出泵后	680	2.9	2.9	30.7	41.8

从盘管试验混凝土检测数据可以看出，C60 混凝土入泵前各项性能优越；扩展度达710mm［图 3-31(a)］，倒筒时间为 3.4s，含气量为 2.0%；出泵后和易性良好，混凝土松软，无浮浆，石子不下沉，扩展度为 700mm［图 3-31(b)］，倒筒时间为 3.2s，基本无损失，含气量为 2.5%，性能优异，同时 C30 混凝土泵送性能同样优异。

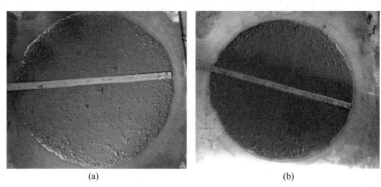

(a)　　　　　　　　　　　　　(b)

图 3-31　C60 混凝土性能检测

（a）入泵扩展度 710mm；（b）出泵扩展度 700mm

6. 混凝土管道压力监控分析

盘管试验压力损失检测，采用专用的压力传感器进行数据采集。压力监控设备如图 3-32 所示。

图 3-32　压力监控设备

预设 4 个管内压力监控点，第一检测点 P_0 为出泵 35m 处，第二检测点 P_1 距 P_0 后 2 个 90° 弯管处，用于检测局部弯管管压力损失；第三检测点 P_2 与 P_1 直管距离 52m 处，用于检测直管压力损失；第四检测点位于出泵 10m 处，检测总体压力损失。管内压力与泵机压力关系见表 3-29。

表 3-29 管内压力与泵机压力关系

编号	主系统压力 （MPa）	泵送方量 （m³）	排量 （%）	入泵时间	管内压力 P_0（MPa）	备注
砂浆	—	3	70	12:50	<1	单机低压
混凝土	6	15	50	13:31	4.71~7.36	双机高压

盘管试验全过程管内压力监控（P_0 点）如图 3-33 所示，随着净浆、砂浆及混凝土的泵送，管内压力是逐渐增大的；当全部管道充满混凝土时，泵送全过程压力稳定在 5~8MPa。

图 3-34 为泵送过程中砂浆入泵（12:50）、混凝土入泵（13:00）及砂浆出泵（13:15）、混凝土出泵（13:19）过程中管内压力的增长曲线，该曲线上升较为平缓，说明混凝土的性能较为稳定，泵送过程中主机泵压范围离散性较小也有所反映。

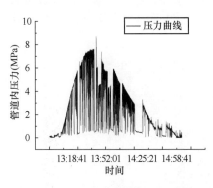

图 3-33 盘管全过程管内压力监控　　图 3-34 混凝土入泵到混凝土出泵压力监控

盘管试验计划的局部压力损失检测中，P_0 与 P_1 的压力差对应的为 2 倍弯管压力损失，其线性关系为 0.99，换言之，目前数据反映的是整个泵送过程中，弯管的压力损失可忽略不计；P_1 与 P_2 的压力差对应的是 52m 直管的压力损失，拟合公式为 $y=0.022+0.9x$；而稳定泵送混凝土时 P_1 与 P_2 压力差约为 0.35MPa，折算每 1m 直管压力损失为 0.0065MPa。压力损失图如图 3-35 所示。

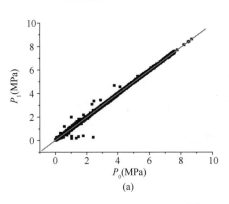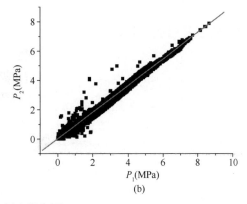

（a）　　　　　　　　　　　　（b）

图 3-35 压力损失图

（a）弯管压力损失拟合曲线；（b）直管压力损失拟合曲线

3.3.2 迪拜哈利法塔

2005 年年初，泵送设备供应商普茨迈斯特在德国总部和迪拜的施工现场做了充分的准备并配备相应的人员，对拖泵和输送管线进行了一系列全面的测试。测试的目的是根据混凝土在输送管线中模拟的压力以及混凝土的摩擦并将其转化为超高层建筑的泵送系统。测试使用的拖泵型号为 BSA 14000 HP-D 超高层建筑用拖泵，最大输出压力为 31MPa，和 DN125 ZX 输送管线。将 600m 的高压 ZX 125 输送管与传感器水平放置，在泵送距离为 250m、450m 和 600m 的位置测量混凝土的压力。对 5 种不同的混凝土混合物进行了测试，并测量了泵送前后的新拌和硬化混凝土性能。该泵送试验提供了有用的数据，证明单级泵送 600m 的可行性，同时强调了一些实际问题以减少施工过程中可能出现的堵塞。

水平盘管试验的另一个程序是在管道水平部分末端和不同高程的料斗处使用原位压力传感器，以原位确定摩擦系数，此过程不允许发生管道堵塞。另外，在泵送试验时，合理的混凝土泵的布置、现场规划以及场外混凝土搅拌车流量，有助于确保泵送设备的顺利运行；发生堵泵时清除管道所需的工具应保存在排放点附近的锁定区域。泵送试验盘管如图 3-36 所示。

图 3-36　泵送试验盘管

3.3.3 阿尔及利亚宣礼塔

1. 方案设置

为在有限场地布置最长管道，泵管采用盘旋方式布置。布置方式以 45m 及 105m 为单位来设计，直管连接可采用法兰盘式，各直管连接处的 90°弯管直径不小于 1m，并采用水泥墩浇筑的方式进行固定防止振动，可采用增加截止阀等配件来增加沿途压力损耗。盘管试验采用两种不同方案进行模拟对比。

以 105m 为单位长度进行盘管设置，每根水平直管间用两个 90°弯管连接；整个泵管设有 1 个截止阀；泵机输出量为 40m³/h，流速为 0.91m/s。按式（3-2）计算：

$$P = (\Delta P_H \times 105 + 0.1 \times 2) \times A + 0.2 \qquad (3-2)$$

式中，$\Delta P_H = 0.01$MPa；A 为直管个数，则模拟试验水平管总长度 $L = 105 \times A$。

盘管试验值见表 3-30。

表 3-30　盘管试验值

项目	模拟水平管总长度（m）	泵机要求最高泵压（MPa）
盘管试验值	≥1392	≥16.8

2. 试验验证

盘管试验选用 HBT90CH-2122D 型地泵进行验证。图 3-37 为试验现场。混凝土通过盘管后的出管状态如图 3-38 所示。盘管试验采用的混凝土为 C60，混凝土泵送中的参数和工作性能见表 3-31 和表 3-32。混凝土泵送试验，验证了设计配合比混凝土的超高层泵送性能，也证实选用的地泵可完全满足设计混凝土超 300m 泵送试验的要求。

图 3-37　盘管试验现场

图 3-38　混凝土通过盘管后的出管状态

表 3-31　盘管试验混凝土泵泵送过程中的参数

性能参数	参数值
混凝土输送量（m³/h）	40～50
最大泵送压力（MPa）	16
允许最大骨料粒径（mm）	25

表 3-32　中试混凝土工作性能

混凝土编号	状态	坍落度（mm）	扩展度（mm）	倒筒流空时间（s）	含气量（%）	高压力泌水（g）	黏度系数（Pa·s）
C60	入泵前	265	660	3.4	2.4	0	2.56
	出泵后	260	640	3.8	2.3	0	3.35

3.4　超高层泵送高性能混凝土泵送施工技术

泵送混凝土是用混凝土泵将混凝土通过输送管道送至浇灌地点的施工方法。在国内高层建筑施工中，混凝土泵送基本采用图 3-39 所示流程。

图 3-39　混凝土泵送流程

3.4.1　混凝土泵送设备

3.4.1.1　泵送设备选型

1. 经验公式计算泵送出口压力

超高层泵送时，泵出口压力不仅要克服管道对混凝土产生的摩擦力，还要克服由于混凝土自重产生的阻力，且随着泵送高度的增加，混凝土泵出口压力要求越来越高。

超高层泵送混凝土往往为黏度比较大的混凝土，其特点是坍落度 S 偏大，但泵送所需的压力较大，采用《混凝土泵送技术规程》中推荐的公式其实难以真实反映其泵送所需压力，因此不同工程应该通过理论计算以及工程类比计算综合分析泵送所需出口压力。

1）管道内沿程压力损失 P_1

根据现行《混凝土泵送施工技术规程》（JGJ/T 10）推荐的计算方法，选择 S. Morinaga 公式计算：

$$\Delta P_H = \frac{2}{r}\left[K_1 + K_2\left(1+\frac{t_2}{t_1}\right)V\right]\alpha \tag{3-3}$$

式中　ΔP_H——混凝土在管道中的沿程压力损失率（MPa/m）；

　　　r——输送管半径，根据 $d=125\text{mm}$，得出 $r=0.0625\text{m}$；

　　　K_1——黏着系数(Pa)，$K_1=(3.0-0.10S)\times100$，其中 S 为坍落度（cm）；

　　　K_2——速度系数，$K_2=(4.0-0.10S)\times100$，其中 S 为坍落度（cm）；

　　　t_2/t_1——分配切换时间与活塞推压混凝土时间之比，取值为 0.3；

　　　V——混凝土在输送管内平均流速（m/s），当排量为 40m³/h 时，取值约为 0.6m/s；

　　　α——混凝土径向压力与轴向压力之比，$\alpha=0.9$。

《混凝土泵送施工技术规程》中最大泵送高度为 200m 时，坍落度 S 宜高于 19cm；最大泵送高度为 400m 时，坍落度 S 宜高于 23cm；而最大泵送高度在 400m 及以上，并未规定坍落度，规定其扩展度宜为 $600\sim740$cm。本小节取 S 值为 24cm 计算，此时 $K_1=$ 60Pa、$K_2=160$Pa。

由 S. Morinaga 公式计算出混凝土在管道内沿程压力损失率为

$$\Delta P_H = 5322\text{Pa/m} = 0.0053\text{MPa/m}$$

泵送高度为 Hm 的建筑，所需管道长度为 $H+0.25H$（水平管的长度应不低于泵送高度的 1/5，包括弯管折算长度，此处取 $0.25H+100$（布料机管道）。

计算结果：泵送高度为 Hm 混凝土需克服混凝土在管道内的摩擦力为

$$P_1 = (1.25H + 100) \times 0.0053 = (0.0066H + 0.53)\text{MPa}$$

2）垂直管道压力损失 P_2

混凝土输送管横截面积为 A，混凝土密度为 ρ，输送管垂直长度为 L，则每 1m 输送管中混凝土自重所产生压力为

$$P_* = \frac{\rho A L g}{AL} = \rho g \tag{3-4}$$

以混凝土密度 $\rho = 2400$kg/m³ 计算，每 1m 输送管中混凝土自重产生的压力为

$$P_* = \rho g = 2400 \times 10 = 0.024(\text{MPa})$$

计算结果：泵送高度为 Hm 的混凝土需要克服混凝土自重的压力为

$$P_2 = 0.024H(\text{MPa})$$

3）混凝土在弯管中的压力损失 P_3

按照经验公式，每个 R_{500} 弯管压力损失相当于 12m 直管压力损失：

$$\Delta P_{弯} = 12 \times 0.0053\,(\text{MPa/m}) = 0.064\text{MPa/m}$$

若布管中用到弯管个数为 N 个，则混凝土在弯管中的压力损失为

$$P_3 = 0.064N(\text{MPa})$$

综上可得，混凝土泵送高度为 Hm、弯管数量为 N 个所需的理论出口压力为

$$P = P_1 + P_2 + P_3 = (0.0066H + 0.53) + (0.024H) + 0.064N$$
$$= (0.0306H + 0.064N + 0.53)(\text{MPa})$$

2. 实际施工数据校验压力

对普通混凝土的泵送压力损失的测算，可以按照《混凝土泵送施工技术规程》推荐的计算方法，但《混凝土泵送施工技术规程》不完全适用于超高层泵送混凝土，因为超高层混凝土拌和物黏性越大，泵送过程中损失的压力越大。

本节以国内广州西塔混凝土泵送施工为例，统计现场采集的混凝土强度等级及泵送高度与混凝土压力损失、系统压力的数据见表 3-33。

表 3-33　广州西塔混凝土系统压力及沿程压力损失统计

混凝土强度等级	泵送方量（m³）	泵机运行状态		施工状态						压力损失数据	
		换向频率（min⁻¹）	混凝土压力（MPa）	浇筑部位（层数）			垂直高度（m）	泵管实际总长度（m）	泵管换算总长度 L（m）	沿程压力损失 A（MPa）	实际泵管沿程压力损失（MPa/m）
				楼板	墙	柱					
C60	110	11.6	18.4			65	291	449.2	699.4	11.12	0.025
C60	21	7.3	15.2		67		300	458.2	708.4	7.69	0.017

混凝土强度等级	泵送方量（m³）	泵机运行状态		施工状态						压力损失数据	
		换向频率（min⁻¹）	混凝土压力（MPa）	浇筑部位（层数）			垂直高度（m）	泵管实际总长度（m）	泵管换算总长度 L（m）	沿程压力损失 A（MPa）	实际泵管沿程压力损失（MPa/m）
				楼板	墙	柱					
C60	114	9.3	17.8		71		318	492.1	768.2	9.83	0.020
C60	89	10.7	18.8		77		340.5	514.6	790.7	10.25	0.020
C60	60	6.8	19.8			99	414.8	588.9	864.9	9.38	0.016
C60	90	6.4	19.9			99	414.8	588.9	864.9	9.51	0.016
C50	49.5	12.3	10.2	25			111	261.6	491.2	7.47	0.029
C50	33	13.1	13.1	37			165	315.6	545.2	8.96	0.028
C50	58	9.7	19.1		101		421.5	595.6	871.7	8.60	0.014
C50	40	9.5	17.3	67			300	458.2	708.4	9.78	0.021
C50	60	8.5	19.6		102		424.9	599	875.1	9.01	0.015

结合在广州西塔工程中混凝土泵送施工现场采集的数据，归纳不同等级高性能混凝土压力损失实际测算平均值见表 3-34。

表 3-34　125 管道泵送高强混凝土（C50 以上）管道压力损失

混凝土强度等级	沿程压力损失（MPa/m）
C70	0.018～0.022（骨料粒径：25mm）
C60	0.013～0.0155（骨料粒径：25mm）
普通混凝土	0.01（骨料粒径：25mm）

输送管对混凝土产生的摩擦力，按泵送 C60 以上高强混凝土取压力损失值为
$$\Delta P_H = 0.021 \text{MPa/m（水平）}$$

以 C60 混凝土垂直泵送高度为 408.5m 为例，计算过程见表 3-35。

表 3-35　125 管道泵送高强混凝土（C60）管道压力损失计算过程

C60 混凝土泵送垂直高度 408.5m。

弯管压力损失：$12 \times 0.021 = 0.252 \text{MPa}$（类比 12m 水平管道压力损失）。

混凝土密度取 2400kg/m^3。

泵送 C60 以上高强混凝土取压力损失值为 $\Delta P_H = 0.021 \text{MPa/m}$（水平）。

每 1m 输送管混凝土自重产生的压力为

$P_{水} = \rho g = 2400 \times 10 = 0.024 \text{(MPa)}$。

输送管混凝土（垂直 408.5m）自重产生的压力：

混凝土泵出口压力按泵送 C60 混凝土计算

垂直管道（408.5m）压力损失：$408.5 \times (0.021 + 0.024) = 18.45 \text{(MPa)}$。

混凝土水平管道压力损失：$100 \times 0.021 = 2.1 \text{(MPa)}$。

布料机管道压力损失：
布料机压力损失包含 19m 直管和 10 个弯管（4 节臂），其压力损失为 19×0.021＋10×0.252＝2.9（MPa）。
弯管总压力损失：
弯管总计 16 个，其压力损失为 16×0.252＝4.0（MPa）。
垂直泵送高强混凝土至 408.5m 高，混凝土泵的出口压力计算值为 $P>18.45＋2.1＋2.919＋4.0＝27.5$（MPa）

3. 泵机型号确定

根据上节中的计算值，宜选择泵送动力大于 1 倍的泵送压力设备，保证在正常的工作状况下，液压系统工作压力可维持在较低状态，泵机工作稳定性、可靠性更高。目前国内常用的超高层泵送设备主要是中联 HBT90.48.572RS 混凝土泵（图 3-40）和用 HBT90CH-2150D 超高压泵两种（图 3-41），其技术参数见表 3-36 和表 3-37。

图 3-40 中联 HBT90.48.572RS 混凝土泵　　　　图 3-41 HBT90CH-2150D 超高压泵

表 3-36 HBT90.48.572RS 技术参数

技术参数	单位	HBT90.48.572RS	
		低耗环保状态	高性能状态
混凝土最大理论方量（低压/高压）	m³/h	96.9/58.2	98.5/58.7
最大理论出口压力（低压/高压）	MPa	22.2/40	26.5/47.6
活塞最大换向频率（低压/高压）	n/min	33.4/20.1	30.7/18.3
混凝土缸直径×行程	mm	$\phi180×2100$	
主油缸直径×行程	mm	$\phi210×2100$	
液压系统形式		闭式	
液压系统压力	MPa	29	35
发动机型号		2-BF6M1015C	
发动机（功率）/转速	kW/(r/min)	(286＋286)/1900	(286＋286)/2100
整机质量	kg	≤16000	

表 3-37　HBT90CH-2150D 主要技术参数

技术参数		HBT90CH-2150D	
整机质量	kg	17350	
外形尺寸	mm	7930×2490×2950	
理论混凝土输送量	m³/h	90（低压）/50（高压）	
理论混凝土输送压力	MPa	24（低压）/48（高压）	
输送缸直径×行程	mm	φ180×2100	
柴油机功率	kW	273×2	
上料高度	mm	1420	
料斗容积	m³	0.7	
柴油箱理论容积	L	650	
理论最大输送距离（150mm 管）	m	水平 3000	垂直 1000

3.4.1.2　泵送管道选择

在超高层泵送混凝土过程中，混凝土输送泵管是一个非常重要的因素。超高层建筑中常见剪力墙及钢骨巨型柱混凝土为 C50 及以上强度等级混凝土，黏度较大，泵送压力也大，因此会产生非常大的侧压力，需要对泵管进行严格选择。

混凝土输送管根据功能可分为直通管、弯管、锥形管和软管，各种管道的规格及其水平换算长度见表 3-38。

表 3-38　管道的规格及其水平换算长度

管类别或布置状态	换算单位	管规格		水平换算长度（m）
向上垂直管	每 1m	管径（mm）	100	3
			125	4
			150	5
倾斜向上管 （输送管倾斜角为 α）	每 1m	管径（mm）	100	$\cos\alpha+3\sin\alpha$
			125	$\cos\alpha+4\sin\alpha$
			150	$\cos\alpha+5\sin\alpha$
垂直向下及倾斜向下管	每 1m			1
锥形管	每根	锥径变化 （mm）	175→150	4
			150→125	8
			125→100	16
弯管（弯头张角为 B，≤90°）	每只	弯曲半径 （mm）	500	12/90
			1000	98/90
胶管	每根	长 3～5m		20

3.4.2　混凝土泵送管道布置

3.4.2.1　布管原则

混凝土输送管布置得好坏在很大程度上决定了泵送施工效果，笔者根据多年高性能混凝土泵送布管经验，归纳出以下布管规则：

（1）混凝土输送管路绝不允许承受任何外界拉力、压力，保证管道水平；

（2）管路布置应在保证顺利泵送和正常输送的前提下，尽量缩短距离，减少弯管，以达到减少输送距离的目的；

（3）输送管路应布置在人员易接近处，以便清理和更换输送管路；

（4）各管路必须保证连接牢固、稳定，每根直管、弯管处加设牢固的固定点，以免泵送时管路产生摇晃、松脱；

（5）各管卡不应与地面或支撑物相接触，应留有一定的间隙，便于拆装，同时各管卡一定要紧到位，保证接头密封严密，不漏浆、不漏气；

（6）水平管路铺设，必须有牢固的支撑；

（7）泵机出口锥管处，不允许直接接弯管，至少应接入 5m 以上直管后接弯管；

（8）与泵机出口锥管直接相连的输送管必须加以固定，以便每次泵送停止，清洗管路时拆装方便；

（9）人员要进入泵机附近危险地段的输送管路时应加以必要的屏蔽防护物，以防因管路破裂或因管卡松脱造成人员伤亡。

3.4.2.2 泵管布置

1. 水平布置

水平布置一般要求管线应遵守输送管道布置的总原则并尽可能平直，通常需要对已连接好的管道的高、低加以调整，使混凝土泵处于稍低的位置，略微向上则泵送最为有利；水平泵管的折算长度应为垂直泵送高度的 1/4～1/5，同时在靠近泵机的水平管路中加截止阀，如图 3-42 所示。

在实际布管时根据实际施工进程做一定变动，如混凝土泵、截止阀位置，根据具体施工场地和施工进程而变动；弯管规格、数量会出现少量增减。

 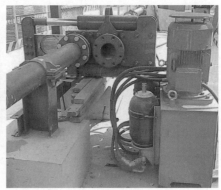

图 3-42 泵管及截止阀

2. 竖直布置

输送管沿墙面爬升，在墙壁对应位置处预埋锚固板，混凝土管固定装置焊接在钢板上。每根 3m 管、90°弯管用两个混凝土管固定装置牢固固定。竖直管道穿越顶升模架时，将管卡箍焊接于型钢上，型钢就近焊接在顶模钢桁架的钢架上。

垂直管道规格依据楼层高度模数确定，根据现场施工需求而变动，如按提模平台爬升步距确定管道规格，有利于提模时管道加节、管道维护。

3.4.2.3 泵管固定

1. 地面水平管的固定

需控制地面水平管的最低点，安装管道采用管夹加钢筋水泥墩的固定方式，如图 3-43所示。混凝土墩上表面与同楼层其他墩在同一个标高，且预埋件上表面与混凝土墩上表面在同一平面。

图 3-43　水平直管及弯管的固定

2. 垂直管道（包括楼面的水平管）的固定

其分为楼板固定和附墙固定，楼板固定（管道穿过楼板）采取特别管道夹具进行固定，如图 3-44 所示；附墙固定采用预埋件焊接管夹的方式，竖向弯管管道的固定如图 3-45所示，垂直管附墙固定支架及支架连接如图 3-46 所示。

 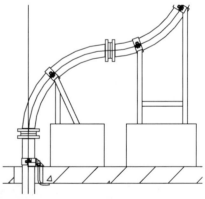

图 3-44　楼面板垂直管道固定

3. 截止阀的固定

在泵送混凝土过程中一旦发生泵压中断，就容易造成混凝土的回流，轻则影响泵机的工作效率和施工，重则会造成混凝土爆管、堵管。为了防止产生回流的现象以及泵送设备故障和地面水平管的堵管事故，需要在泵管的底部，大概距离泵口 10m 位置布置一个截止阀；而当泵送高度超过 200m 时，则需要在混凝土泵管中设置多个截止阀，用来减小混凝土对泵管底部形成的压力。水平管路截止阀方便管道清洗废水残渣回收。截止阀的布置分别如图 3-47 及图 3-48 所示。

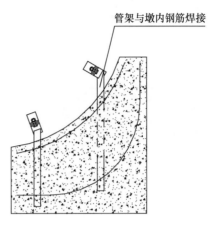

图 3-45　竖向弯管管道的固定

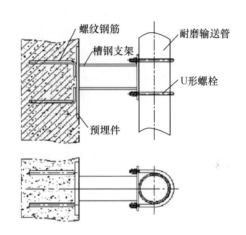

图 3-46　垂直管附墙固定支架及支架连接

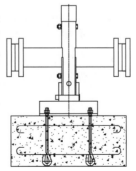

图 3-47　液压两位单孔截止阀及其安装（水平方向）

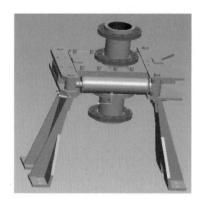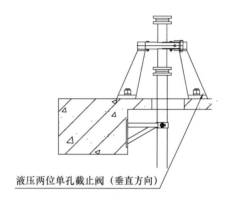

液压两位单孔截止阀（垂直方向）

图 3-48　液压两位单孔截止阀及其安装（垂直方向）

3.4.3　泵送工艺

3.4.3.1　施工方法

混凝土泵送启泵工序是混凝土泵送施工过程中关键而重要的工序，其中管道润湿尤为重要。超高层泵送混凝土施工可按照下面的流程执行：

（1）泵送适量清水，以润湿管路、料斗、混凝土缸。泵出的水先入废浆箱，随后用塔式起重机吊回地面，避免污水从高空污染环境。

（2）将净浆倒入料斗，泵送量约为 0.5m³。

（3）根据工程高度及管道长度，泵适量同强度等级砂浆，同时砂浆量在不低于搅拌轴时放混凝土入泵。

（4）混凝土被泵出管道后，逐渐增加泵送排量；

（5）泵送过程中根据实际情况调整泵送排量。

3.4.3.2　泵送施工注意事项

（1）超高层泵送混凝土泵的安全使用及操作，应该严格执行使用说明书和其他有关规定，操作人员应经过专门培训合格后，方可上岗独立操作。

（2）超高层泵送混凝土时，尽量连续进行，若应中断，其中断时间不得超过混凝土从搅拌至浇筑完毕所允许的延续时间。

（3）超高层泵送混凝土时，如输送管内吸入了空气，应立即反泵吸出混凝土至料斗中重新搅拌，排出空气再泵送。

（4）超高层泵送混凝土泵机出现压力升高且不稳定、油温升高、输送管明显振动等现象而泵送困难时，不得强行泵送并应立即查原因采取措施排除。

（5）排除堵塞、重新泵送或清洗混凝土泵时，布料设备的出口应朝向安全方向，以免废浆或防堵塞物高速飞出伤人。

3.4.3.3　洗管技术

1. 气洗

气洗是在浇筑面混凝土接近泵送完毕后泵送同强度等级砂浆，在砂浆泵送完毕后用空压机将高压气体推送海绵球或其他抗压密封介质，由上向下排除管道内的混凝土，空气压力约为 1MPa，若一次冲洗不太干净，可二次冲洗。与水洗相比，气洗危险性更大，因此操作时应严格按照操作手册的规定进行，并在输送管出口设防止喷跳工具，施工人员也需远离出口方向，防止物料及海绵球伤人。

气洗原理及布置如图 3-49 所示，混凝土泵管气洗流程如图 3-50 所示。

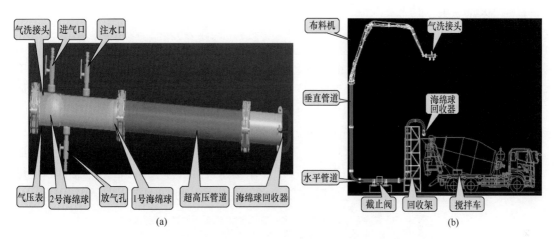

图 3-49 气洗原理及布置

（a）气洗原理；（b）气洗总体布置

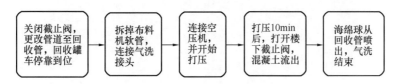

图 3-50 混凝土泵管气洗流程

2. 超高压水洗

水洗技术本身是一种施工方法，关键是需要具备保障条件，即混凝土泵具有足够的压力、输送管道不漏水，眼睛板、切割环密封良好。传统的水洗方法是在混凝土管道内放置一个海绵球，用清水作介质进行泵送，通过海绵球将管道内的混凝土顶出。由于海绵球不能阻止水的渗透，水压越高，渗透量就越大。大量的水透过海绵球后进入混凝土中，会将混凝土中的砂浆冲走，剩下的粗骨料失去流动性引起堵管，使水洗失败。所以传统的水洗方法，水洗高度一般不超 200m。

在武汉中心混凝土 400m 超高层泵送过程中采取了一套专门针对 200m 以上垂直高度管道的超高压水洗方法（图 3-51）：管道中不加海绵球，而是加入 $1\sim2m^3$ 的砂浆进行泵送，然后加入水进行泵送。由于在混凝土与水之间有一较长段的砂浆过渡段，不会出现混凝土中砂浆与粗骨料分离的状况，保证了水洗的顺利进行。另外，水洗可将残留在输送管内的混凝土全部输送至浇筑点，几乎没有混凝土浪费。

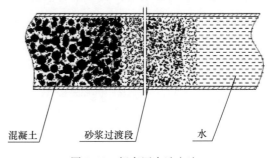

图 3-51 超高压水洗方法

3.5 典型案例分析

3.5.1 哈利法塔

1. 工程简介

迪拜哈利法塔（图 3-52）是目前世界上已建成的最高建筑，由美国 SOM 公司设计，工程总承包单位为韩国三星，我国江苏南通六建集团公司承包土建施工，幕墙分别由香港远东、上海力进和陕西恒远 3 家公司承包。自 2004 年 9 月至 2010 年 1 月，总工期为 1325d，总造价为 15 亿美元。建筑总高度为 828m，下部采用了钢筋混凝土剪力墙体系，上部钢结构全新结构体系；混凝土结构高度为 601m，基础底面埋深为 30m，桩尖深度为 70m，全部混凝土用量为 330000m³。总建筑面积为 526700m²；塔楼建筑面积为 344000m²；塔楼建筑质量为 50 万 t；可容纳居住和工作人数为 12000 人；有效租售楼层为 162 层。

图 3-52 哈利法塔

2. 混凝土配合比

哈利法塔在建设过程中使用了具有低渗透系数和高耐久性的高性能自密实混凝土。制备混凝土采用的原材料均来自迪拜周边地区，胶凝材料采用水泥、粉煤灰或矿粉、硅灰复合使用，通过掺加粉煤灰或矿粉利用其火山灰效应及微珠效应，减少水泥用量、降低水化热，从而减少温度裂缝，提高新拌混凝土的工作性能。采用 20mm、14mm 和 10mm 不同粒径的碎石（根据建筑的不同浇筑部位搭配使用）。采用 RAK 和 Alain 两个地区的砂搭配使用。在混凝土中掺加了黏度改性剂，以提高其工作性能。其具体配合比见表 3-39。

表 3-39 混凝土配合比设计及其性能

编号	胶凝材料（kg）			碎石（kg）			砂（kg）		外加剂		水（kg）	水胶比	设计扩展度（mm）	设计弹模量（×10⁴ N/mm²）	应用部位
	水泥	粉煤灰	硅灰	20mm	14mm	10mm	RAK	Alain	掺量（%）	种类					
L109-154 (C50)	338	112	25	—	554	298	511	341	6.13＋3.25	SP-491 ＋SP-430	171	0.38	600±50	—	梁楼板
B2-L108 (C50)	328	82	25	599	—	309	549	339	2.5～3.0	Glenium 110UM	155	0.38	500±75	—	梁楼板

编号	胶凝材料（kg）			碎石(kg)			砂(kg)		外加剂		水（kg）	水胶比	设计扩展度（mm）	设计弹模量（×10⁴ N/mm²）	应用部位
	水泥	粉煤灰	硅灰	20mm	14mm	10mm	RAK	Alain	掺量（%）	种类					
L127-154 (C60)	376	94	25	—	—	838	524	350	2.5～3.0	Glenium Sky 504	169	0.36	650±50	3.76 (28d)	柱墙
L109-126 (C80)	400	100	50	—	—	847	498	332	3.0～3.5	Glenium Sky 504	160	0.32	650±50	4.10 (56d)	柱墙
L41-108 (C80)	384	96	48	—	562	303	525	322	3.0～3.5	Glenium Sky 504	155	0.32	600±75	4.10 (56d)	柱墙
B2-L40 (C80)	380	60	44	581	—	327	573	337	4.2～5.0	Glenium Sky 504	132	0.3	550±75	4.38 (90d)	柱墙

3. 混凝土泵送施工

1）泵送设备与布置

对哈利法塔项目，普茨迈斯特采取了开发特殊的超高压混凝土泵（BSA 14000 SHP-D 型），该泵专为预期的极端输送压力而设计，最大理论值压力可能超过 400bar。

（1）设备布局与定位

混凝土泵的布置场地要求：

混凝土泵设置处，应场地平整坚实，道路畅通，供料方便；

距离浇筑地点近，方便作业，易于配管；

接近排水设施和安全可靠的供水、供电设备；

与其他机械及人工施工作业的相互干扰小；

在混凝土泵的作业范围内，不得有高压线等障碍物。

泵送设备见表 3-40，设备定位如图 3-53 所示。

表 3-40 泵送设备

序号	设备	数量
1	超高压拖泵 BSA 14000 SHP-D	2 台
2	高压泵 BSA 14000 HP-D	1 台
3	28m 布料杆 MX 28-T	3 台
4	32m 布料杆 MX 32-T	1 台
5	ZX 150，250bar 高压管	约 1700m
6	截止阀	—
7	专用清洗设备	—

实际泵送施工时，有 3 台固定的混凝土泵平行放置在靠近塔的地面板上：两台 BSA 14000 SHP-D，其最大液压压力为 360bar（相当于最高 240bar 的混凝土压力），理论最大排量为 71m³/h；一台 BSA 14000 HP-D，最大液压压力为 310bar。泵连接到直径 150mm 的高压管道，该管道为 3 个机翼和中央核心输送混凝土。所有混凝土泵均具有单独的输送

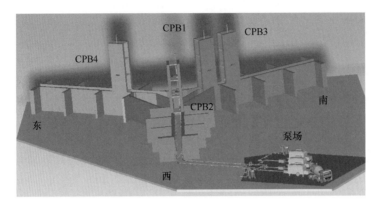

图 3-53　设备定位

管道，可以同时在 3 个单独的位置泵送混凝土。

BSA 14000 HP-D 和 BSA 14000 SHP-D 拖泵如图 3-54 所示，拖泵布局如图 3-55 所示。

图 3-54　BSA 14000 HP-D（两侧）和 BSA 14000S HP-D（中间）拖泵

（2）输送管排布

混凝土泵与输送管道的连接方式：

① 直接连接：输送管与混凝土泵成一直线，如图 3-56(a) 所示。

② U 形连接：180°连接，泵的出口通过两个 90°弯管与输送管连接，如图 3-56 （b）所示。

③ L 形连接：泵的出口通过一个 90°弯管与输送管连接，输送管与混凝土泵相垂直，如图 3-56(c) 所示。

（3）布料杆布置

布料杆布置如图 3-57 所示。

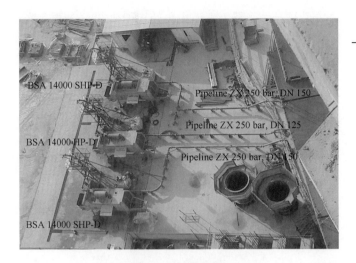

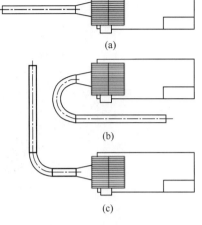

图 3-55 拖泵布局

图 3-56 输送管排布

MX 32-T

MX 28-T

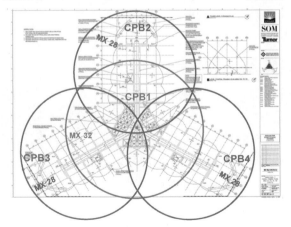

图 3-57 布料杆布置

独立式 MX 28-T 布料杆，伸出 28m，位于 3 个翼上，而中央使用伸出 32m 的更大布料杆。

（4）泵送系统

泵送系统采用"拖泵＋输送管＋布料杆"形式，如图 3-58 所示。

（5）泵压计算方法

根据泵送距离和高度计算泵送混凝土压力（表 3-41 中各参数之和即为点压力）。

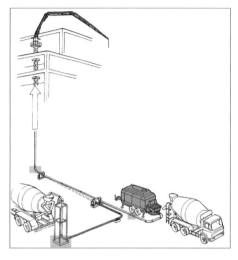

图 3-58　"拖泵＋输送管＋布料杆"形式

表 3-41　泵送距离、高度及泵送混凝土压力对应关系

起动压力	20bar
管线总长每 10m	1bar（总长＝水平管长度＋垂直管长度）
垂直输送管每 4m	1bar
抱箍每 10 个	1bar
90°弯管 1 个	1bar
45°弯管 1 个	0.5bar
尾胶管 1 件	2bar
安全储备	10%

2）混凝土输送管道

（1）输送管选择（图 3-59）

根据泵送施工的实际情况，选用了两种规格的管道，最上面 10 层安装 DN125 ZX 输送管，这种管道可以承受 13MPa 的压强。其他楼层均使用 DN150 ZX 输送管。与 DN125 ZX 输送管相比，DN150 ZX 输送管具有更大的横截面面积，这使泵送所需的压强下降约 25%，并且混凝土在泵送过程中对输送管的磨损也会下降。鉴于大量的混凝土需求，为了尽量减小输送管道在自然摩擦下的磨损，采用更加耐用的壁厚为 11mm 的混凝土输送管，并且通过超声测量定期监测输送管的壁厚。

（2）管道连接密封形式（图 3-60）

图 3-59　输送管选择

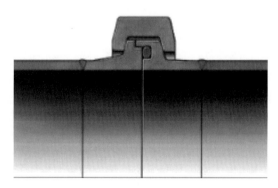

图 3-60　管道连接密封形式

（3）输送管固定

在进行混凝土浇筑过程中，输送管道在转向垂直输送管道后，使用 U 形支座支撑，这些 U 形支座支撑被焊在重型钢板上，钢板被浇筑在墙中，支撑各竖管的重力。每节 3m 管道由两层楼之间的楼板固定装置固定，可在垂直方向上自由移动而不能在水平方向移动。输送管固定示意图如图 3-61 所示。

水平处处理 　　　　　转弯处固定 　　　　　垂直处固定

图 3-61　输送管固定示意图

（4）特殊管路更换设备

对特殊的管路更换装置，开发了专用起重设备，该起重设备包括一个特制套管和顶升装置。两个地脚螺栓穿过楼板并受到楼板的支撑，整个上部的管道由液压缸提升，下部的泵管就可以更换。

（5）截止阀

设置 25MPa 截止阀（图 3-62），用于防止混凝土回流、管道的切换清洗以及管路堵管处理。

（6）管道清洗

在单独的混凝土工程结束时，会对管道和混凝土泵进行彻底的清洗。为了进行清洗，

图 3-62　截止阀

在每台 BSA 泵机旁安装清洗吊架。施工结束后，先让泵管中的混凝土由于重力流到一辆空的搅拌运输车中；强行使由海绵球、水和第 2 个海绵球组成的塞子通过混凝土管，将最后剩余的混凝土从输送管的顶端推出。整个过程不超过 20min。在高层建筑混凝土泵送结束时，管道中大约含有 15m³ 的混凝土。

3）混凝土质量的控制

在混凝土生产过程中都有监控并且做了记录。在混凝土运输和泵送之前，都进行混凝土的温度和工作性能检测［如坍落度试验（图 3-63）、扩展度试验、L 形箱、V 形漏斗测试），先测量前 3 辆卡车，然后按数量测量。另外，制作了混凝土强度试件，以检查混凝土强度。现场工作人员为了确定和控制混凝土凝固和收缩指标，进行了取芯留样。

由于迪拜环境温度较高，所有混凝土的泵送在夜间进行，混凝土搅拌尽可能接近项目所在地，以减少运输时间。为了控制混凝土正常的浇筑温度（35℃），首先进行骨料的冷却，其次将一部分拌和水换成碎片冰（图 3-64）。

图 3-63　坍落度试验

图 3-64　将一部分拌和水换成碎片冰

在施工过程中，使用 ICAR 流变仪测试不同泵送高度的混凝土泵送前后的流变性能。试验包括测试 C60、C80 混凝土。结果显示，泵送高度从 350～580m，混凝土温度上升 2～3℃，流量降低 10%，塑料黏度减半，动态屈服应力翻倍。泵送后明显降低的塑料黏度会降低混凝土的抗离析性，但会显著提高混凝土早期抗压强度。

为了保证迪拜哈利法塔在建筑过程中的稳定，它的垂直方向和水平方向的动态都有一个全球卫星定位系统进行跟踪，在建设期间，建筑物的重力变化情况由设置在建筑物中的 700 多个传感器进行实时监测。模板的精确定位是通过卫星定位系统完成的，这意味着垂直偏差只有几毫米。配置的 ETS 远程控制系统可以随时掌握混凝土泵的工作状况；使用超声波仪检测输送管状况，可以及时发现隐患。

3.5.2　天津高银 117 大厦

1. 工程简介

天津高银 117 大厦位于天津高新区，地下 3 层，地上 117 层，总设计高度为 597m，占地 83 万 m²，规划建筑面积为 183 万 m²，预计投资 270 多亿元。天津高银 117 大厦集高档商场、写字楼、商务公寓和六星级酒店于一身，建成后将是高新区乃至天津市极具代表性的标志性建筑。

天津高银117大厦主楼建筑高度为597m，主体结构为钢筋混凝土核心筒、巨型柱框架支撑组成，巨型柱截面大、腔体多，剪力墙内钢板厚而多。混凝土工程方量大、泵送最高度达596.2m，混凝土的泵送有许多不同于常规混凝土施工的特点。主楼层高变化多，标准层层高为4.32m、4.42m不等，非标准层高多，设备、避难楼层含有多个夹层，1、2层层高达7.07m、7.4m。核心筒剪力墙混凝土强度等级为C60，巨型柱混凝土为C70、C60、C50高强自密实混凝土，组合楼板混凝土强度等级为C30、C40。超高层混凝土施工主要包括塔楼核心筒剪力墙、核心筒楼板、外框架组合楼板、混凝土巨型柱等。天津高银117大厦混凝土强度等级及泵送高度分布情况如图3-65所示。

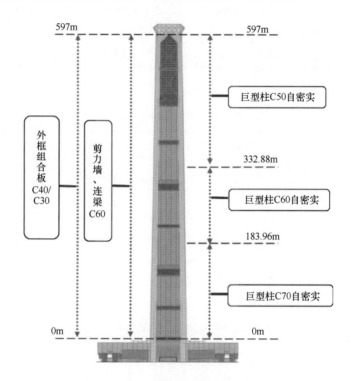

图3-65　天津高银117大厦混凝土强度等级及泵送高度分布情况

2. 混凝土配合比

天津高银117大厦工程，其混凝土包含C30～C70。选取低强度等级混凝土具有代表性的组合楼板C30混凝土。

1）原材料性能要求（表3-42）

表3-42　原材料性能要求

原材料	性能要求
水泥	P·O 42.5水泥，烧失量≤3.0%，SO_3≤3.0%，碱含量小于0.6%，80μm筛余≤8%，3d抗压强度≥30MPa，28d抗压强度≥50MPa

原材料	性能要求
粉煤灰	细度≤10%，烧失量≤2.0%，需水量比≤95%，Cl^-≤0.02%，SO_3≤2.0%的F类Ⅰ级粉煤灰
矿粉	400kg/m²≤比表面积；Cl^-≤0.02%；28d活性大于95%，烧失量≤2%，SO_3≤3%，流动度比≥98%
硅灰	比表面积≥15000m³/kg，28d活性指数≥90，SiO_2含量≥90%，需水量比≤120，烧失量≤3.0%，Cl^-≤0.02%
粗骨料	石子含泥量≤0.5%，泥块含量≤0.2%，针片状含量≤5%，采用两级石子分别为5～10mm连续级配及10～20mm连续级配
细骨料	细骨料选用天然Ⅱ区河砂，含泥量≤1%，泥块含量≤0.5%，采用两级配复合使用，细砂细度模数在1.9～2.1之间，中砂细度模数在2.4～2.6之间
外加剂	减水率为20%～25%，固含量为15%～20%。初始流动度≥220mm，2h后流动度损失≤10mm

2）配合比设计要求（表3-43）

表3-43 配合比设计要求

高度	胶凝材料	水泥	粉煤灰	硅灰	水胶比	粗骨料	细骨料	砂率
300～400	380～400	170～180	100～120	0～30	0.38～0.40	7：3～9：1	7：3～9：1	44～47
400～500	400～420	180～190	120～140	30～40	0.38～0.40	6：4～8：2	6：4～8：2	46～47
500～600	420～440	190～200	140～160	40～50	0.38～0.40	5：5～7：3	5：5～7：3	46～48
600～650	420～440	190～220	140～160	40～50	0.38～0.40	5：5～7：3	5：5～7：3	46～48

3）混凝土性能要求（表3-44）

表3-44 混凝土性能要求

高度 （m）	初始扩展度 （mm）	4h扩展度损失 （mm）	倒筒时间 （s）	压力泌水 （%）	黏度 （Pa·s）	含气量 （%）
300～400	670±20	≤20	3±1	0～10	50～60	4±1
400～500	680±20	≤20	3±1	0	60～70	4±1
500～600	700±20	≤20	3±1	0	70～80	3±1
600～650	700±10	≤10	2～3	0	80～90	3～4

3. 应用效果

1）剪力墙C60混凝土泵送数据

剪力墙C60混凝土泵送性能数据见表3-45，剪力墙C60混凝土状态如图3-66所示，剪力墙C60混凝土泵送性能统计见表3-46。

表 3-45　剪力墙 C60 混凝土泵送性能数据

扩展度泵送损失 （mm）	频次 （次）	占总频次比率 （%）	数量 （m³）	占总数量比率 （%）
≤20	113	87.6	82398	88.7
>20 且≤40	12	9.3	8044	8.7
>40 且≤60	4	3.1	2451	2.6
>60	0	0	0	0

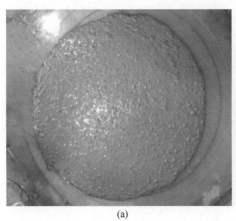
(a)

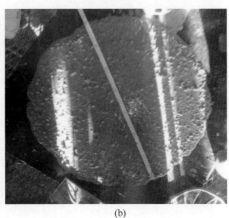
(b)

图 3-66　剪力墙 C60 混凝土状态

（a）入泵扩展度 710mm；（b）出泵状态 700mm

表 3-46　剪力墙 C60 混凝土泵送性能统计

工况	主系统压力 （MPa）	施工高度 （m）	排量 （%）	频次 （次）	占总频次比率 （%）	数量 （m³）	占总数量比率 （%）
双机低压	11～15	180	80～100	33	25.6	50719	54.6
	16～20	300	50～60	29	22.5	20055	21.6
双机高压	12～14	480	60～80	32	24.8	13142	14.1
	15～16	591	50～60	35	27.1	8977	9.7

2）组合板 C30 混凝土泵送

组合板 C30 混凝土泵送性能数据见表 3-47，组合板 C30 混凝土状态如图 3-67 所示，组合板 C30 混凝土泵送性能统计见表 3-48。

表 3-47　组合板 C30 混凝土泵送性能数据

扩展度泵送损失 （mm）	频次 （次）	占总频次比率 （%）	数量 （m³）	占总数量比率 （%）
≤20	88	91.7	32138	86.3
>20 且≤40	6	6.3	3527	9.5
>40 且≤60	2	2.0	1577	4.2
>60	0	0	0	0

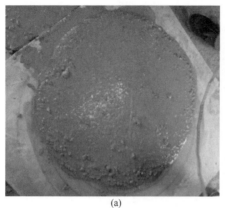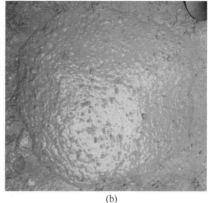

(a)　　　　　　　　　　(b)

图 3-67　组合板 C30 混凝土状态

（a）入泵扩展度 690mm；（b）出泵状态 680mm

表 3-48　组合板 C30 混凝土泵送性能统计

工况	主系统压力 （MPa）	施工高度 （m）	排量 （%）	频次 （次）	占总频次比率 （%）	数量 （m³）	占总数量比率 （%）
双机低压	11～15	200	80～100	40	41.6	21398	57.5
	16～18	280	60～80	21	21.9	5988	16.1
双机高压	10～12	420	80～100	14	14.6	4453	12.0
	13～15	480	60～80	21	21.9	5403	14.4

3）泵送高度创吉尼斯世界纪录

2015 年 9 月 8 日上午 11 时 40 分，认证官正式宣布吉尼斯世界纪录认证文件，标志着由中建西部建设独家供应混凝土的中国在建结构第一高楼——天津高银 117 大厦主塔楼核心筒结构成功封顶，而混凝土泵送高度未止步于 596.5m，一举泵送至 621m，创下混凝土实际泵送高度吉尼斯世界纪录，如图 3-68 所示。

图 3-68　混凝土泵送高度获吉尼斯世界纪录认证

3.5.3 武汉中心工程

1. 工程简介

武汉中心工程（图 3-69）位于武汉市王家墩财富核心区，总建筑面积为 35.93 万 m^2，地下 4 层（局部 5 层），地上 88 层，塔楼建筑高度为 438m，建筑层数为 88 层，建筑层高为 3.35～8.4m，主要为 4.2～4.4m，是集智能办公区、全球会议中心、VIP 酒店式公寓、五星级酒店、360°高空观景台、高端国际商业购物区等多功能为一体的地标性国际 5A 级商务综合体。

武汉中心工程主体结构为核心筒-巨型柱-伸臂桁架结构体系，巨型柱与核心筒均为钢-混凝土组合结构，巨型伸臂桁架为钢结构，楼板体系为钢结构-混凝土楼板体系。

武汉中心主塔楼超高层泵送混凝土概况见表 3-49。

图 3-69 武汉中心工程

表 3-49 武汉中心主塔楼超高层泵送混凝土概况

结构部位	强度等级	浇筑部位	结构标高范围（m）	耐久性设计年限
钢管混凝土部分	C50	构件区 64～顶层	285.05～410.15	100 年
	C60	构件区 25～63	114.10～285.05	100 年
	C70	构件区 1～24	−0.05～114.10	100 年
核心筒剪力墙部分	C60	1～顶层连梁	−0.05～410.15	100 年
连梁部分	C60	1～顶层剪力墙	−0.05～410.15	100 年
梁、板部分	C40	1～顶层梁、板	−0.05～410.15	100 年

2. 混凝土泵送施工

根据施工方案，各个质量控制监控环节对混凝土的性能进行性能实时监测（图 3-70～图 3-72），确保混凝土的性能满足既定的方案要求，顺利实现超高层泵送施工。混凝土浇筑效果如图 3-73 所示。

在武汉中心项目超高层泵送混凝土施工过程中，再用中联重科的 HBT90-48-572RS 型超高压混凝土输送泵，泵机的最高泵压为 48MPa，出场检定安全泵压为 40MPa。在 200m 以上 C60 钢板剪力墙混凝土，C40 梁板混凝土和 C50 钢管柱混凝土施工过程中，整个泵送过程保持稳定，泵送压力控制在 15～18MPa 之间。在安全泵压的 38%～45% 之间，泵送安全系数高。54～64 层混凝土泵送压力曲线如图 3-74 所示。

图 3-70　混凝土出站现场检测

图 3-71　混凝土温度检测

图 3-72　混凝土泵送压力监测

图 3-73 混凝土浇筑效果

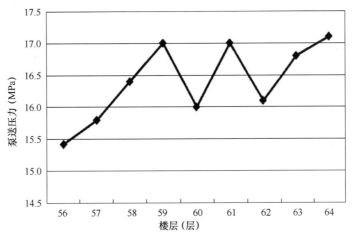

图 3-74 56～64 层混凝土泵送压力曲线

3. 混凝土性能

在整个供应混凝土过程中，加强对混凝土的抽样检测，抽检项目涵盖了混凝土的工作性能、强度，现场坍落度、扩展度，合格率达到 100%。武汉中心工程的混凝土工作性能控制在平均区间范围内，混凝土强度均达到设计要求，检测结果见表 3-50 和表 3-51。

表 3-50 混凝土工作性能统计

设计强度	T/K (mm/mm)	倒筒时间 (s)	含气量 (%)	匀质性	高压力泌水 (g)	黏度 (Pa·s)	屈服应力 (Pa)
C60	270/710	3.8	2.2	1.0	0	55	1250
C50	275/700	2.1	2	1.0	2	47	1030
C40	260/680	3.1	2.1	1.0	4	34	670

表 3-51　混凝土强度性能统计

等级	C60		C50		C40	
龄期	7d 强度	28d 强度	7d 强度	28d 强度	7d 强度	28d 强度
最小值	44.7	60.8	43.4	56.1	30.2	41.2
最大值	68.8	83.8	51.3	69.3	50.3	65.5
平均值	56.7	72.0	47.0	63.3	37.9	51.0
标准差	4.6	4.9	4.8	3.7	4.7	5.6

4　超高层建筑中的钢管混凝土应用技术

钢管混凝土是一种能够把混凝土和钢材两种材料各自优势相结合，同时可产生优异复合效果的结构形式。因其具有承载力高、塑性和韧性强、经济效益好等优点，并能满足现代工程结构的发展需求，因而在高层和超高层建筑中得到了广泛的应用。本章将结合钢管柱的特点，分析核心混凝土在超高层建筑结构中的相关应用技术。

4.1　超高层建筑中的钢管混凝土

4.1.1　钢管混凝土的特点

钢管混凝土是将混凝土充分填充至钢管内而形成的一种结构形式，是现代钢-混凝土组合结构中最重要的一种形式，自 1897 年美国 John Lally 首次在圆钢管中填充混凝土（Lally 柱）作为房屋建筑的承重柱并获得专利以来，钢管混凝土结构的研究与应用得到了长足的发展，在各类工程中得到了广泛使用，建筑结构朝着高性能方向发展。

钢管混凝土按截面形式分为圆钢管混凝土、矩形钢管混凝土、方钢管混凝土、多边形钢管混凝土等（图 4-1）；按材料组成分为普通钢管混凝土（核心混凝土强度等级为 C50 以下的素混凝土，外包普通钢管，简称钢管混凝土）、薄壁钢管混凝土（普通素混凝土外包薄壁钢管）、高强钢管混凝土（高性能混凝土外包钢管）、钢管膨胀混凝土（钢管内填膨胀混凝土）、钢管自应力混凝土、增强钢管混凝土（钢管内填配筋混凝土或含有型钢的混凝土）、离心钢管混凝土（钢管内用离心法填充一层厚度为 20～50mm 的 C40 等级以上的混凝土而成型的空心钢管混凝土）等。

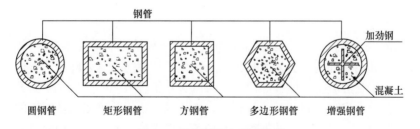

图 4-1　钢管混凝土截面类型

钢管混凝土利用钢管和混凝土两种材料在受力过程中的相互作用，即钢管对其核心混凝土的约束作用，使混凝土处于复杂应力状态之下，从而使混凝土的强度得以提高，塑性和韧性性能得到改善。同时，由于混凝土的存在，可以延缓或避免钢管过早地发生局部屈曲，从而保证材料的性能得到充分的发挥。这两种不同材料的组合形式，可以弥补各自的缺点，充分发挥两者的优点，其产生的复合效果远远大于 1+1 的效果。综合来讲，钢管

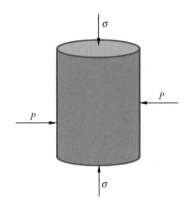

图 4-2 核心混凝土三向受力图

混凝土具有以下特点：

1. 承载力高

钢管和混凝土两种材料组合后，钢管对混凝土有一定的约束作用，此时混凝土由于紧箍效应，其受力状态发生了改变，在轴心受压荷载的作用下，混凝土单向受压变成了三向受压（图 4-2），可延缓其受压时的纵向开裂。同时，混凝土的加入可以延缓或避免薄壁钢管过早地发生局部屈曲。两者的协同作用使钢管混凝土的承载能力高于钢管和混凝土单独承载能力之和。

2. 塑性和韧性好

众所周知，混凝土的脆性较大，属于脆性破坏性材料，强度越高情况越突出，然而钢管的加入，使核心混凝土在钢管的约束条件下，有效地改善了其弹性性质，在破坏时具有较大的塑性变形。因此，钢管对混凝土的紧箍效应大大提高了混凝土的塑性和韧性，克服了混凝土单独受压时脆性大的弱点，同时由于钢管的存在有效增加了结构的延性，整体构件也就表现出良好的抗震性能。

钢管混凝土塑性破坏形式如图 4-3 所示。

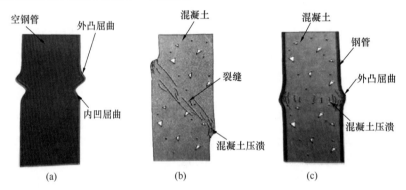

图 4-3 钢管混凝土塑性破坏形式
（a）空钢管；（b）混凝土；（c）钢管混凝土

3. 耐火性能好

钢结构的耐火性能较差，同样混凝土的加入对整体的结构耐火性有一定的弥补和改善。钢管在火灾和高温环境下会发生软化，从而使其承载能力急剧降低，整体结构安全性受到破坏，然而钢管混凝土中的核心混凝土可以吸收钢管传来的热量，使其升温软化过程滞后，即使在钢管壁发生一定程度的软化时，核心混凝土仍然可以保持较高的承载力，而核心混凝土同时也受到了钢管柱的保护，避免了崩塌现象的发生，两种材料充分发挥了协同互补和协同工作的优势。可以通过试验检测钢管混凝土耐火性，如图 4-4 所示。

4. 耐久性能改善

从钢管和混凝土各自耐久性角度来看，钢管和混凝土则是因为外界的有害介质的侵入与原组成物质发生了化学反应，破坏了原有的结构，导致材料性能的下降甚至失效。但钢管混凝土，一方面由于钢管密闭环境的保护，核心混凝土处于与世隔绝状态，避免了化学侵蚀的发生，混凝土的耐久性得到了极大的改善；另一方面由于碱性混凝土的紧贴，钢管

图 4-4　钢管混凝土耐火性试验

内壁发生腐蚀反应概率大大降低，因此钢管混凝土具有更优异的耐久性能。

5. 施工方便

与一般的钢结构构件相比，钢管混凝土的构造更为简单，因此制作相对容易。目前广泛采用的是薄壁钢管，因此在现场进行拼接和焊接更为简便快捷。由于空钢管构件的自重小，还可减少运输和吊装费用。与钢筋混凝土相比，钢管混凝土省去了绑扎钢筋、支模和拆模等工序，施工准备更加简单。

6. 经济效益好

已有的工程实践证明，在承载力相同的情况下，采用钢管混凝土的承压构件比普通钢筋混凝土承压构件约可节省 50% 混凝土，减轻结构自重 50%；与普通钢结构相比可节约钢材达 50%，同时钢管混凝土这种结构形式能够充分地发挥钢材和混凝土两种材料的优点，因此，采用钢管混凝土结构具有良好的经济效果。

综上所述，无论是从材料本身还是从成本角度考虑，钢管混凝土都具有广阔的应用空间，所带来的效益同样是巨大的。

4.1.2　超高层钢管柱的结构特点

由于钢管混凝土具有一系列力学性能和施工性能等方面的优势，因此在高层、超高层和大跨度结构中得到了广泛应用，给建筑结构设计带来了无限的可能。在现代超高层结构中，建筑结构主体材料还是以钢-混凝土的混合材料为主。建筑结构体系以框架-核心筒体系为主，且随着建筑结构高度的不断攀升，结构体系向着巨型框架-核心筒-次框架方向发展。结构体系的不断丰富和发展，也使超高层建筑中出现了不少新的钢管混凝土结构构件类型，它们之所以归结到钢管混凝土中，是因为它们也具有钢管和核心混凝土，不仅继承了普通钢管混凝土的优点，而且具有自身的特点，丰富了钢管混凝土家族的类型。以下是目前超高层建筑中常见的钢管混凝土。

1. 按照结构构件类型分类

1）外筒结构

外筒结构是典型的高层和超高层外框结构体系，由钢管混凝土框架所组成，与钢框架

图 4-5 钢管混凝土框架体系

相比，具有更大的刚度和承载力。其外围一般由多根钢管混凝土柱所组成，外观形式更接近于传统的钢管混凝土，如图 4-5 所示。

在广州珠江新城西塔项目中，外周边共有 30 根钢管混凝土斜柱于空间中相贯，从基础开始，钢管直径为 1800mm，壁厚 35mm，至顶层钢管直径为 700mm，壁厚 20mm。钢管柱中核心混凝土强度等级为 C60～C70。西塔钢管柱平面分布和单个巨型柱外形如图 4-6 所示。

2）巨型外框架柱

目前绝大部分超高层建筑中最外层由一圈巨型框架柱所组成，其作用是使抗侧力体系效能更加优异。

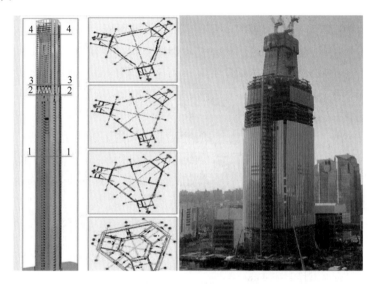

图 4-6 西塔钢管柱平面分布和单个巨型柱外形

武汉绿地中心中的建筑平面形状采用等边弧形三角形形体，巨型框架柱一共由 12 根巨型柱所组成，平均分配在 Y 形平面结构各边，巨型柱内根据结构高度填充 C50～C70 混凝土，由下向上先向核心筒外倾斜，后向核心筒内倾斜，且尺寸逐渐变小，巨型柱的最大截面尺寸约为 3.3m×4.6m，如图 4-7 所示。

广州东塔框架结构由外围 8 根巨型柱所组成，在 4 个角上对称分布，采用巨型钢管内灌注高强混凝土形式，最大截面尺寸为 3.5m×5.6m，如图 4-8 所示。

有时在巨型柱之间还会增加角柱，但结构尺寸较巨型柱小，也是外框架柱的一部分。

3）巨型斜撑

在部分超高层建筑中，结构体系采用了三维巨型框架结构，即在框架结构中增加了巨型斜撑，除了能抵御侧向荷载以外，还用于承受从周边柱子传来的重力荷载。

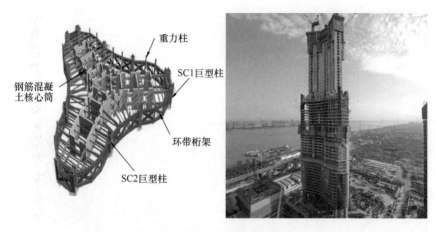

图 4-7　绿地巨型柱平面分布和单个巨型柱外形

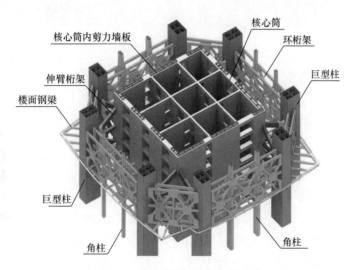

图 4-8　广州东塔巨型柱平面分布

上海环球金融中心的巨型斜撑为钢管混凝土结构。其箱形截面由两块大型竖向翼缘板和两块水平连接腹板所组成，箱形钢管中的混凝土增加了结构的刚度和阻尼，也节省了浇筑时的模板，还能防止构件中薄钢板的屈曲。巨型斜撑示意图如图 4-9 所示。

图 4-9　巨型斜撑示意图

121

2. 按照钢管混凝土截面形状分类

1）圆形和矩形钢管混凝土柱

圆形和矩形钢管混凝土柱（图 4-10）也是最常见的，常出现在框架-核心筒结构体系中，其截面形式一般都是圆形，也是最基础的，但有些由于建筑设计或结构上的需求，也有其他截面形式的钢管柱，一般都是典型的钢管柱加核心混凝土。

图 4-10 圆形和矩形钢管混凝土

广州塔又称"小蛮腰"，塔身主体高 454m，外框筒由 24 根高度约 454m 的钢管混凝土柱（图 4-11）组成，内部核心筒为钢筋混凝土结构。24 根钢管在标高 5m 以下的外直径为 5m，在 5m 以上的采用直径从 2m 渐变至 1.2m 的锥形管组成，其内部混凝土从 C60 渐变至 C45。

图 4-11 广州塔钢管混凝土柱

大连国贸中心大厦项目建设高度为 370m，外框采用了矩形钢管混凝土柱（图 4-12），最大截面尺寸为 1600mm×40mm，内部浇筑 C80 混凝土。

2）异型钢管混凝土巨型柱

异型钢管混凝土巨型柱（图 4-13）是巨型框架结构体系的重要组成部分，它是目前超高层结构体系主流方向，作为一种新型的异型柱形式，其截面形状根据结构的不同各有所异，同时往往为了增强钢管与混凝土之间的协同作用，在异型钢管柱的内部还设置加劲肋板、约束拉杆等，与钢筋混凝土异型柱相比，其有着更高的承载能力。

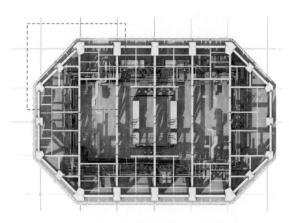

图 4-12 大连国贸中心大厦钢管混凝土柱布局

沈阳宝能环球金融中心塔楼共有 8 根长方形巨型柱（图 4-14），分别位于塔楼核心筒外围，由外框钢结构内灌注混凝土组成的钢管混凝土结构，长宽比约 1.5，外轮廓底部的尺寸约为 5.2m×3.5m，在顶部逐渐减小至 1.8m×1.8m。

图 4-13　异型钢管混凝土巨型柱　　　图 4-14　沈阳宝能环球金融中心塔楼巨型柱

由上分析可知，在超高层建筑中，钢管混凝土的位置主要分布在外框架中，且随着结构高度的增加，钢管柱主要表现出截面尺寸变大，由基础的圆形钢管柱向异型钢管柱转变的特点。

4.1.3　超高层建筑中核心混凝土的性能特点

不同超高层建筑中的钢管柱所表现出来的形式各不相同，但对核心混凝土来说，它必须与钢管柱形成良好的协同工作的合力，以将各自的性能优点充分发挥出来，因此核心混凝土必须满足以下性能特点：

1. 力学性能

超高层建筑的高度和层数的增大，必然会导致整体自重的增大，从而对整个建筑结构的承载能力带来更高的要求。

随着我国在混凝土技术方面的长足进步，高强混凝土已经被广泛应用于核心混凝土

超高层建筑高性能混凝土应用技术与典型案例分析

中，C60、C70 已经较为普遍，甚至有些工程还采用 C100 混凝土作为核心混凝土。国内超高层建筑高强混凝土应用实例见表 4-1。

表 4-1　国内超高层建筑高强混凝土应用实例

项目名称和地点	应用部位	设计强度等级	应用效果
北京财税大楼	混凝土柱	C100	$R_{28}=127\text{MPa}$
沈阳富林大厦	钢管混凝土柱	C100	$R_{28}=115.9\text{MPa}$
北京国家大剧院	钢管混凝土柱	C100	$R_{28}=120\text{MPa}$
沈阳远吉大厦	钢管混凝土柱	C100	$R_{28}=115.6\text{MPa}$
沈阳皇朝万鑫大厦	钢管混凝土柱	C100	$R_{28}=118\text{MPa}$
广州保利国际广场	钢管混凝土柱	C100	$R_{28}=118\text{MPa}$

2. 泵送性能

外框柱的结构高度是与核心筒同步增长的，因此核心混凝土同样也需要泵送到施工面进行灌注施工，泵送施工性能同样重要。

3. 免振捣自密实填充性能

许多巨型柱中增加了加强肋板，从而将巨型柱从一个大的腔体分割成数个小的独立腔体（图 4-15），各腔体之间只留下很小的互通通道，方便混凝土的灌注，因此混凝土有时需要从一个腔体流淌进另外一个腔体，要求具有较高的免振捣自密实性能。

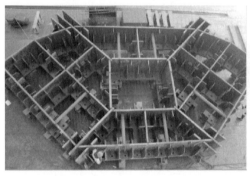

图 4-15　钢管混凝土巨型柱内部多腔体结构

4. 温度

无论是圆形钢管柱还是异型截面钢管柱，其最小截面尺寸都达到 1m，特别是巨型钢管柱，部分尺寸甚至媲美一个小底板的大小，因此必须将核心混凝土按照大体积混凝土来对待，对几个特征温度值进行控制，保证整体的质量安全。

5. 体积稳定性

钢管柱与核心混凝土需紧密结合，形成紧箍效应，才能发挥其一系列优越的力学性能，虽然有些钢管柱在筒内壁设置了栓钉或拉杆等约束混凝土，但核心混凝土需具有良好的体积稳定性，避免因混凝土的脱空造成整体构件协同失效。根据具体情况，核心混凝土可以设计为补偿收缩混凝土。

4.2 核心混凝土性能设计方法

根据核心混凝土所需性能要求，在混凝土设计时应考虑高强、低热、自密实及补偿收缩性能。在所有性能要求中，良好的泵送性能和自密实填充性能是前提，其他性能都可以在此基础上进行设计和调整。

4.2.1 泵送性能及自密实性能设计

具体可参考第 3 章中的设计思路和方法，同时要结合现行《自密实混凝土应用技术规程》（JGJ/T 283）中的相关要求进行配合比和性能测试。

4.2.2 强度与低热性能的匹配设计

由于钢管核心混凝土的强度较高，强度等级可达到 C80 以上，因此在高强化上需采用密实骨架堆积、高活性掺和料和专用外加剂等手段进行强度的优化设计工作，而对强度和低热性能的匹配设计可参考大体积混凝土章节的设计思路进行，因此本节不赘述。

4.2.3 补偿收缩性能设计

由于混凝土存在化学收缩、塑性收缩、自收缩、温度收缩和徐变，易造成钢管与核心混凝土形成空腔，承载力大幅度削弱，因此需将钢管核心混凝土设计为膨胀混凝土，利用膨胀剂水化过程中产生的体积膨胀，补偿收缩并产生膨胀应力，以利于钢-混凝土间复合作用的发挥。

由于不同种类的膨胀剂组分及膨胀机理不同，膨胀率的大小存在差别，因此其适用范围各有不同，对不同的工程应选择类型适当、质量优良且能满足设计要求的膨胀剂。选用膨胀剂前应对其限制膨胀率、细度以及有害成分等指标进行检测，同时考察其与混凝土中胶凝材料和化学外加剂的适应性及自身稳定性。

补偿收缩混凝土的设计应符合现行的行业标准《补偿收缩混凝土应用技术规程》（JGJ/T 178）中的规定要求。

对钢管混凝土的膨胀性能进行设计，需要了解和掌握混凝土的膨胀特性和规律。应选用膨胀稳定期长的混凝土，在混凝土水化早期和后期保持膨胀，可有效解决核心混凝土和钢管壁的脱空问题，并在内部形成自应力，提高钢管混凝土的承载能力。

钢管混凝土的自应力值与混凝土膨胀率的关系为

$$\sigma_c = E_c(\varepsilon_0 - \varepsilon_R - \varepsilon_A) \tag{4-1}$$

式中　E_c——混凝土弹性模量；

　　　ε_0——混凝土自由膨胀率；

　　　ε_R——混凝土在钢管约束条件下的膨胀率；

　　　ε_A——混凝土膨胀率修正值，$\varepsilon_A = 1 - \sqrt{1-q}$，$q$ 和混凝土泵送压力及含气量有关，取为 1×10^{-4}。

钢管混凝土的限制膨胀率 ε_R 与自由膨胀率 ε_0 的关系为

$$\varepsilon_R = \frac{KE_c}{KE_c + E_s}(\varepsilon_0 - \varepsilon_A), K = \frac{R}{t} \tag{4-2}$$

式中 R——钢管半径；

　　　　t——钢管壁厚；

　　　　E_s——钢管弹性模量。

式（4-2）揭示了钢管自应力设计值与混凝土自由膨胀率的关系，通过测定混凝土的弹性模量和含气量，选定混凝土的施工泵压后，便可获得 ε_A 值，由此确定混凝土的自由膨胀率。

可根据结构设计要求设定混凝土的膨胀应力范围，一般取值 1.0～3.0MPa，可通过公式计算出核心混凝土所需理论自由膨胀率值，用于指导混凝土的膨胀性能设计。

4.2.4 自养护性能设计

1. 钢管混凝土的自供水机制

钢管混凝土结构封闭，随着混凝土水化龄期的延长，内部混凝土水分消耗，易造成膨胀材料难以发挥膨胀效能、混凝土收缩现象明显等问题，通过引入内养护材料，为混凝土水化提供水分。

对微膨胀钢管混凝土而言，膨胀材料的效能发挥是其具有微膨胀性能的关键所在，然而膨胀材料的水化需要足够的水分，通过引入自养护材料，在钢管内部混凝土水化时释放出预先储存的水分，进而调控混凝土内部相对湿度，降低混凝土的自收缩，为胶凝材料的持续水化和膨胀剂的持续膨胀提供水分，保证混凝土后期强度增长和收缩补偿。

基于吸水与储水机理的差别，内养护材料可划分为两大类：一类是结构呈多孔状的轻骨料（图 4-16），利用自身的毛细孔吸收并储存水分，代表有黏土陶粒和页岩陶粒，特点是吸收能力较弱，且释水过程不稳定；另一类是高分子吸水树脂（图 4-17），利用自身分子结构上的化学键与水分子形成氢键吸收并储存水分，吸水效果明显，吸水后呈凝胶状，具有增稠保水作用。

图 4-16　轻骨料　　　　　　　　　图 4-17　高分子吸水树脂

2. 钢管混凝土释水因子与膨胀剂的匹配

由于高层建筑中钢管混凝土强度等级较高，以 C50 及以上居多，混凝土的水胶比较低，胶凝材料用量大，导致其自收缩较大，造成钢管与核心混凝土间脱粘，降低结构承载力。不少学者对钢管混凝土的膨胀性能进行了拟合设计、掺入释水因子等，实现了混凝土的持续微膨胀及与钢管的套箍。但释水因子是一种多孔材料，在超高强钢管混凝土中应用时会在混凝土内部形成薄弱环节，降低混凝土强度，难以满足设计要求。因此，需要选用适用于超高强钢管混凝土的膨胀设计的释水因子，与膨胀剂进行超高强混凝土膨胀拟和设计，实现超高强混凝土膨胀性能的可设计与控制。

表 4-2 为超高强钢管混凝土的配合比，图 4-18 为不同矿物掺和料对混凝土不同龄期自收缩值的影响，图 4-19 为不同矿物掺和料对混凝土不同龄期内部相对湿度的影响。由图 4-18 可知，硅粉、矿渣粉、粉煤灰对低水胶比超高强混凝土自收缩影响较大，硅粉、矿渣粉增大混凝土的自收缩，粉煤灰降低混凝土的自收缩。而由图 4-19 可知，硅粉和矿渣粉的掺加使混凝土内部相对湿度下降趋势加快，根据回归分析得到掺加不同矿物掺和料的超高强混凝土自收缩、内部相对湿度随龄期变化的关系式（式 4-3）及自收缩与混凝土内部相对湿度的关系式 [图 4-20 及式（4-4）]。

表 4-2　超高强钢管混凝土的配合比

编号	胶凝材料组分（%）				水胶比	砂率
	水泥	粉煤灰	硅灰	矿渣		
A1	100	0	0	0	0.22	40
A2	80	10	0	10	0.22	40
A3	80	10	10	0	0.22	40
A4	80	0	10	10	0.22	40

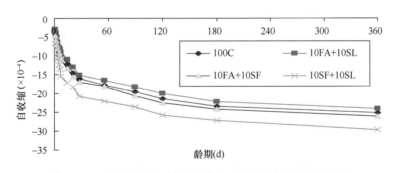

图 4-18　不同矿物掺和料对混凝土不同龄期自收缩值的影响

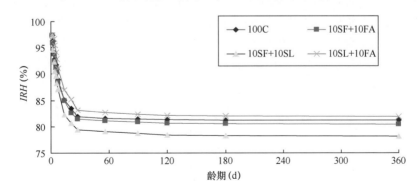

图 4-19　不同矿物掺和料对混凝土不同龄期内部相对湿度的影响

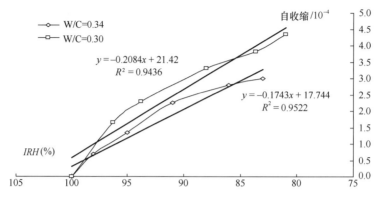

图 4-20 混凝土自收缩与内部相对湿度的关系

$$\varepsilon_c = \varepsilon_\infty (ae^{ct} + be^{dt}) \quad IRH_c = IRH_\infty (ae^{ct} + be^{dt}) \tag{4-3}$$

式中 ε_∞、IRH_∞——最终自收缩值、相对湿度值；

a、b、c、d——试验常数；

t——龄期，根据掺和料种类和掺量的变化而变化。

$$\varepsilon_c = -0.1743 IRH_c + 17.744 \quad \varepsilon_c = -0.2084 IRH_c + 21.42 \tag{4-4}$$

式中 ε_c、IRH_c——混凝土的自收缩值、相对湿度值。

根据上述对自收缩与相对湿度关系式的研究，首先要改善混凝土内部的相对湿度，减少混凝土毛细孔的表面张力，从而降低混凝土的自收缩。采取掺加释水因子来改善混凝土内部相对湿度，减少混凝土收缩并提供膨胀剂后期水化反应的水分，从而实现钢管混凝土持续稳定膨胀。释水因子早期蓄水，其中的水在早期水化阶段不参与反应，当体系中自由水分下降到一定程度时，它能释放水分参与维持水化反应。但由于释水因子是多孔材料，掺入混凝土后在混凝土内部形成了薄弱环节，从而导致混凝土强度的显著下降；对钢管混凝土，无法从外部获得水分，一方面导致自收缩值较大，另一方面膨胀剂因不能获得充足的水分而发挥其膨胀效果，致使混凝土仍然收缩，导致混凝土与钢管之间的脱粘。

针对上述问题，采用一种带有烷基醚基团和多羟基的具有减缩和内养护功能的聚合物，烷基醚基团起减缩作用，多羟基基团具有内养护作用。在混凝土中掺入一定量的该聚合物后，利用其表面活性，缓解混凝土内部因自干燥所引起的自收缩现象，减小了体系的收缩变形，并且聚合物在混凝土中的聚合反应能释放出一部分水分，可对混凝土起到一定程度的内养护作用，继续供给水泥、矿物掺和料的水化反应所需的水分，进一步减小了体系的收缩。

采用减缩释水聚合物与高活性补偿收缩矿物掺和料复合的技术方法，进行超高强自密实混凝土的体积控制，表 4-3 为不同减缩技术对超高强自密实混凝土性能的影响。

表 4-3 不同减缩技术对超高强自密实混凝土性能的影响

设计强度等级	材料用量（kg/m³）								28d 强度（MPa）	28d 体积变化率（×10⁻⁴）	28d 混凝土内部相对湿度（%）
	水泥	粉煤灰	硅灰	膨胀剂	释水因子	聚合物	水	减水剂			
C80	440	100	50	0	0	0	144	12.0	99.4	−6.82	81
C80	440	100	50	0	0	10	145	12.1	97.2	−2.36	89

设计强度等级	材料用量（kg/m³）								28d强度（MPa）	28d体积变化率（×10⁻⁴）	28d混凝土内部相对湿度（%）
	水泥	粉煤灰	硅灰	膨胀剂	释水因子	聚合物	水	减水剂			
C80	440	60	40	50	0	0	145	12.1	105.7	-1.49	79
C80	440	60	40	50	80	0	150	12.8	87.8	1.17	90

单掺膨胀剂和单掺减缩释水聚合物仍不足以弥补超高强混凝土的自收缩，复掺释水因子与膨胀剂可以有效地补偿超高强混凝土的自收缩，并产生持续稳定微膨胀。但是由于释水因子会显著降低超高强混凝土的强度，使它达不到 C80 混凝土的设计要求，因此采用膨胀剂与减缩释水聚合物双掺可实现对高层泵送钢管混凝土自收缩的有效控制。

4.3 钢管混凝土施工技术

超高层中圆形或矩形钢管柱的施工与普通钢管混凝土类似，因此本节主要针对异型截面巨型柱的施工进行分析。

4.3.1 核心混凝土浇筑方法

钢管混凝土的浇筑方法分为人工逐段浇捣法、高位抛落免振捣法和泵送顶升浇筑法。

1. 人工逐段浇筑法

人工逐段浇筑法（人工吊装漏斗灌注法）是采用人工方式将拌和好的混凝土分段浇筑到钢管或腹板内并振捣密实的一种混凝土浇筑施工方法。

钢管柱、桩混凝土的人工逐段浇筑法是将钢管柱、桩安装就位固定完毕并经检查无误后，由人工从钢管上口向管内浇筑混凝土。混凝土一次灌注高度不应大于振捣器的有效工作范围，一般为 2～3m。当钢管管径大于 350mm 时用振捣棒振捣，振捣时间每次不少于30s；当管径小于 350mm 时采用外部振捣器振捣，振捣时间不少于 1min。外部振捣器的位置应随混凝土浇灌的进展加以调整。

人工逐段浇捣法所用设备少，对混凝土的损耗也较小，但人工劳动强度大，施工速度慢，并且需要施工人员严格按照施工操作程序方可保证混凝土的浇灌质量。

2. 高位抛落免振捣法

高位抛落免振捣法是将自密实混凝土从高处自由抛落到钢管中的施工方法。该方法利用混凝土从高位落下时产生的动能达到振实混凝土的目的，免去了繁重的振捣工作，加快了钢管混凝土施工的进度。

高位抛落免振捣法适用于管径大于 350mm、高度为 5～10m 的钢管柱、桩工程。采用此方法时，在灌注混凝土之前需要先向管内浇灌一层与混凝土等高的水泥砂浆以乳化钢管和管底，并能避免下落的混凝土中的骨料产生弹跳。砂浆厚度一般为 100～200mm，若过厚则会影响混凝土硬化后的弹性模量和徐变。高位抛落连续浇灌免振捣成型的施工方法是可靠的，能够保证管内混凝土的质量和强度，并且施工方法简易、成本较低。

此方法的不足是对钢管结构复杂、纵横隔板较多的柱子浇筑困难，隔板下或结构转弯处不易浇筑密实，从而难以保证施工质量。同时，钢管内部栓钉遇到下落的混凝土容易造成浆石分离，使管顶上部浮浆层较厚等。

3. 泵送顶升浇筑法

泵送顶升浇筑法是在钢管柱的底部开设压注孔，通过管内混凝土向下的重力和泵压产生的向上冲力，使核心混凝土密实的一种非振捣混凝土灌浆方法。这种方法施工速度快、劳动强度低、简单方便且混凝土浇筑密实。但超高层中的钢管柱多为巨型钢管柱，截面尺寸大、用量大，而且大多是多腔形式，因此顶升浇筑法用得相对较少。

在超高层建筑中对巨型柱的浇筑多采用分仓逐段浇筑的方式进行核心混凝土的浇筑。中国尊项目采用的是筒中筒双重抗侧力结构体系，外框筒为巨型柱＋斜撑框筒结构，其中巨型柱截面面积为 63.9m²，巨型柱内被隔板分割成 13 个腔体（图 4-21），因此采用的是分仓独立浇筑的方式进行核心混凝土的浇筑。

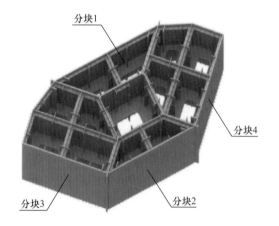

图 4-21　中国尊钢管混凝土多腔体结构

4.3.2　混凝土的浇筑与养护

超高层钢管混凝土结构具有高度高，节点多、结构复杂，截面尺寸大的特点，混凝土施工对设备和技术的依赖程度较高。目前，管内混凝土浇筑可采用常规人工逐段浇捣法、高位抛落免振捣法及泵送顶升浇筑法。

1. 浇筑及控制要点

（1）腔体里有大量的钢筋、隔板等，浇筑、振捣困难。采用大流态自密实混凝土；以采取高位抛落免振捣法为主，节点区域辅以高频振捣棒振捣；对混凝土配合比进行优化，控制粗细骨料的级配、粒径、粒形、强度、含泥量、杂质等指标，使拌和物具有良好的自密实性能；严格按照配合比进行生产，生产前对搅拌站的计量设备进行校核，确保原材料的计量准确；强化现场验收检验，做到每车必检。

（2）各腔体采用隔板分开，浇筑时要注意控制腔体混凝土高差。浇筑前在巨型柱内做好每次的浇筑标高，根据浇筑标高控制各腔体混凝土高差；对管理人员和工长进行交底，使参与混凝土施工的所有人清楚浇筑方法和注意事项。

（3）底层砂浆浇筑。在浇筑混凝土前先浇筑一层100～200mm厚与混凝土强度、配合比相同的水泥砂浆，防止自由下落的混凝土粗骨料产生弹跳，影响混凝土强度，砂浆由自密实混凝土由搅拌站供应，严禁现场搅拌。

（4）密实度控制。浇筑过程中，钢柱密实度采用方量控制与敲击控制两种控制方式，方量控制主要以实际浇筑量与理论浇筑量进行对比，在每浇筑1车后进行实测，测量工具选用测锤，同时配合手电筒进行照射并进行目测。

（5）浇筑过程中混凝土质量控制。所有进场混凝土以控制扩展度为主，结合目测黏聚性和流动性，进场混凝土扩展度不小于650mm，3h后不小于600mm，对扩展度小于500mm的混凝土，禁止使用。

（6）其他浇筑注意事项。巨型柱钢管混凝土浇筑之前，应将管内异物、积水清除干净，管内混凝土浇筑应在钢构件安装完毕并验收合格后进行；混凝土浇筑时，巨型柱内各钢板分仓对称下料，分层浇筑，节点处加强人工振捣。巨型柱每段浇筑至指定标高；下料时应轮流向各个腔内下料，每次下料高度控制在2m，间隔10～15min后继续下料，以此类推；抛落高度不应小于4m，对抛落高度小于4m的部分，需应用内部振捣器振实；出料口需伸入钢柱，利用混凝土下落产生的动能达到混凝土自密实的效果；浇筑过程中，由专人负责汽车泵调控工作；每浇筑2m高，间隔10min，特别是浇筑结构隔板处混凝土时，应间隔15min，以便有足够的时间排出腔内空气。

2. 养护

在混凝土裂缝产生的原因中，相当部分是由于施工养护过程中没有采取有效的控制措施而引起的。根据施工进度，混凝土浇筑前后主要采取如下养护覆盖措施：

1）钢管预湿及保温

在混凝土露天作业的条件下，钢管内壁较干燥且温度受外界影响较大，导致浇筑的混凝土性能改变，为保证混凝土的性能以及与腔体之间的填充性，浇筑混凝土前需对钢管进行预湿，管壁上不得有明显水渍，且距离浇筑的时间不宜太长。

浇筑混凝土前，在巨型柱表面粘贴一层40mm厚泡沫塑料保温板作为保温材料，利用工业胶将保温板紧密粘贴在巨型柱上，待混凝土养护达到要求后将每块保温板从巨型柱表面铲下回收，作为下一次巨型柱混凝土养护的材料反复利用。

2）保湿养护

对混凝土露天的表面，在浇筑后12h内先在表面铺一层塑料薄膜，再铺一层纤维薄膜，再用一层40mm厚泡沫塑料保温板穿过钢筋对混凝土面层压实进行保温，边角部位、钢筋穿孔部位及缺陷部位需用纤维棉进行封堵保温。应在浇筑12h之内对混凝土加以保湿养护，保湿养护时间不少于14d。

3）保温层拆除

保温层的拆除要逐步进行，当混凝土表面的温度与环境最大温差小于20℃时，可全部拆除。

4.4 超高层建筑中钢管混凝土无损检测技术

4.4.1 钢管混凝土的无损检测技术

1. 人工敲击法

人工敲击法是通过人工敲击钢管表面，根据声音回响以定性判断钢管臂与核心混凝土黏结状况的一种直接、简单的方法，如图 4-22 所示。如果回声沉哑无振感，则说明钢管内混凝土填充饱满，核心混凝土与钢管结合紧密。而如果回声清脆有振感，则可能是混凝土与钢管臂存在脱空现象，需做进一步分析检查。

图 4-22 钢管混凝土人工敲击法无损检测

2. 超声波法

超声波法是行之有效的检测混凝土灌注质量的一种方法，也是目前检测普通钢管柱使用最多的方法。超声波检测是一项发展迅速的实用技术，其通过发射周期性超声脉冲波，经过结构内部传播与接收，对其声学参数的检测与分析来判断结构内部密实性、均匀性、钢管壁与核心混凝土之间的胶结脱离等情况。钢管混凝土超声波检测设备如图 4-23 所示。

超声波成像检测是一种新型的混凝土浇筑质量探测技术，采用横波检测方法，干耦合点接触式的陈列换能器，检测结果可采用合成孔径聚焦技术（SAFT）形成混凝土 3D 图像，可直观显示内部结构和缺陷，更容易理解和分析。

3. 冲击回波法

冲击回波法（Impact-Echo method，简称 IE 法）是 20 世纪 80 年代中期发展兴起的一种混凝土无损检测技术，具有可单面测试、进度高的特点，而且由于使用低频、测

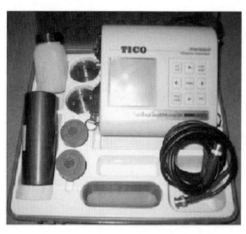

图 4-23 钢管混凝土超声波检测设备

深大，受结构混凝土材料组分与结构状况影响小等优点，已被运用到许多混凝土建筑物的缺陷检测和质量评价中，如图 4-24 所示。

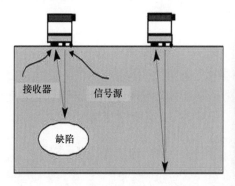

图 4-24　混凝土冲击回波法无损检测

4. 红外热成像法

红外热成像技术在钢管混凝土缺陷检测中得到应用。当钢管的表面温度比混凝土高时，热量就会从钢管壁传到混凝土中。由于钢管和混凝土热导系数各不相同，而且空气的热导系数远小于钢管和混凝土，当外界温度升高时，钢管壁温度升高，孔洞处的温度比正常部位的温度高。利用红外热成像技术可以快速地检测出混凝土内部出现的缺陷（图 4-25）。该方法在检测钢管混凝土缺陷时最大的优点在于可以大范围、非接触式地检测，但其缺点是对温度、日照要求较高。

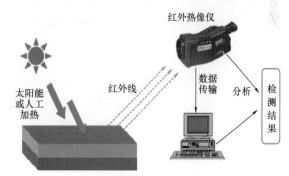

图 4-25　混凝土红外热成像法无损检测原理

5. 光纤传感检测

光纤传感检测的基本原理：当混凝土脱空时，会使预先埋置于混凝土内部的传感光纤发生微弯。光纤的微弯会引起光传输能量的耗损，而且微弯的曲率半径较小时，损耗较大。混凝土浇筑完成后，系统便对结构进行监测，传递出来的信号经过处理分析后就可以判断出钢管混凝土的缺陷情况，其中最主要的算法为瑞利散射。后期对其进行超声波检测和钻孔检测，得到的结果和光纤传感检测法大致相同，钢管混凝土光纤传感无损检测设备如图 4-26 所示。

此方法的缺陷是在混凝土浇筑完成后对其进行检测，因此对混凝土浇筑过程中产生的缺陷是

图 4-26　钢管混凝土光纤传感
无损检测设备

无法进行检测的，光纤监测技术对钢管混凝土在受力后所产生的裂缝、脱空现象具有比较敏感的反映。

4.4.2 巨型柱混凝土的无损检测技术

由于巨型柱的截面尺寸较大，采用常规的检测方法受到很多因素的限制，无法全面地评价巨型柱混凝土的灌注质量，因此对巨型柱来说，通常采用以下无损检测方法：

1. 应力-应变检测法

巨型柱混凝土结构中，核心混凝土为高强微膨胀混凝土，其内部存在着一定的自应力，则钢管壁存在着环向拉应力和径向压应力。判断核心混凝土是否与钢管壁之间形成了紧密结合，可以通过应力-应变片进行检测。中国尊应力-应变检测如图 4-27 所示。

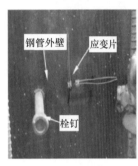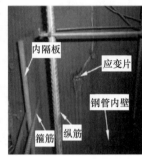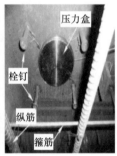

图 4-27　中国尊应力-应变检测

这一方法不仅能够判断是否存在核心混凝土的脱空现象，还能对钢管高强混凝土中的自应力大小及其随时间变化的规律进行探讨，分析钢管混凝土在轴向承载能力与应变的关系，但缺点是现场测试环境要求高，同时对内腔的浇筑质量无法进行准确的判断。

2. 压电主动波法

压电驱动器在激励信号作用下产生高频应力波，应力波会沿着钢管壁以及内部混凝土传播，钢管混凝土内部混凝土的缺陷或者钢管内壁与核心混凝土的界面黏结缺陷都会引起应力波的衰减，所以可以通过分析另一端压电传感器所接受到信号的特性来评估钢管混凝土内部混凝土的质量以及钢管壁与核心混凝土的界面黏结性能。采用频率为 20kHz 的正弦信号激励采集到的数据，通过比较信号收发距离相等的一组传感器接收到的信号的最大幅值大小来评估钢管柱性能。

压电波动法的基本原理是将压电陶瓷传感器贴于结构表面或者埋入结构内部，从而使压电传感器和被监测结构构成压点，利用压电传感器接收监测信号，通过分析传感器接收到的监测信号的特征来识别结构存在的损伤及缺陷，如损伤和缺陷的出现引起监测信号幅值、频谱及模态变化或传播时间的延迟等，根据监测信号来源的不同，可将压电波动法分为主动监测和被动监测。

天津高银 117 大厦引力波检测系统和内腔各腔体质量检测如图 4-28 所示。

与其他方法相比，该方法能够检测内部小腔体的混凝土情况，因而对多腔体巨型柱的整体浇筑情况有个综合的评判。

3. 平膜式压力变送器实时监测

平膜式压力变送器的主要测量元件是溅射薄膜，浇筑时流动的混凝土对它产生的压力直接作用在测量膜片的表面，使膜片产生微小的形变，电阻值也跟着发生变化，跟凝聚惠

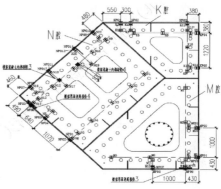

图 4-28　天津高银 117 大厦引力波检测系统和内腔各腔体质量检测

斯特电桥产生差分电压变化，然后专用芯片将这个电压信号转换为工业标准的 4～20mA
电流信号输出。测量时将压力变送器连接
到无纸记录仪上，直接得出钢管壁的侧向
压应力。平膜式压力变送器应力实时监测
系统如图 4-29 所示。

在试验柱混凝土的浇筑过程中，通过
运用预先布置在钢管壁内部的 5 个压力变
送器对浇筑全程混凝土对钢管侧壁的压应
力进行了检测。将埋入的 5 个压力变送器
依次连接到无纸记录仪上，在混凝土开始
浇筑时打开一起进行记录，测试得到的应
力实时检测数据。

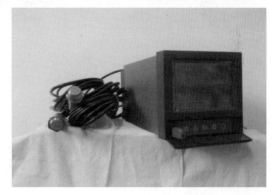

图 4-29　平膜式压力变送器应力实时监测系统

4.5　典型案例分析

4.5.1　项目简介

天津高银 117 大厦由高银地产（天津）有限公司投资兴建，中建三局集团有限公司承
建，总建筑面积约 84.7 万 m^2，总投资为 180 亿元。其中，大厦塔楼地下 3 层（局部 4
层），地上 117 层（实际结构楼层 130 层），结构高度为 596.2m，其塔楼采用了巨型框架
支撑＋核心筒体系，如图 4-30 所示。

一般情况下，摩天大楼结构体系以钢筋混凝土核心筒＋钢框架体系较为常见，且外框
体系中钢柱截面面积有限，钢柱数量相对较多，而天津高银 117 大厦外框仅 4 根巨型钢管
混凝土柱，单根巨型钢管混凝土柱截面尺寸巨大，最大截面尺寸为 24m×22.8m，独立腔
体数量众多，由 29 个腔体组成，且腔体体内有大量 50mm 大直径竖向钢筋与横、竖向隔
板。从基础筏板以 0.88°向内倾斜一直贯穿至 117 层，高度达到 583.65m，其中 182.96m
高度以下浇筑 C70 高强自密实混凝土。

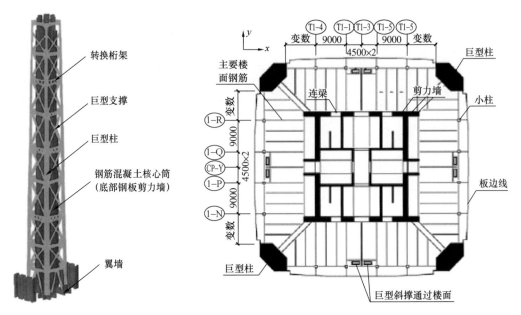

图 4-30　天津高银 117 大厦钢管混凝土结构体系

4.5.2　混凝土的制备

天津高银 117 大厦异型多腔巨型柱对混凝土的要求可以简短概括为高强、超高层泵送、自密实、低收缩、低水化热，同时考虑经济性。主要通过胶凝材料体系的优化设计、配合比关键参数的调整、引入高性能超细矿物掺和料和高效减水剂等手段来达到相应的性能指标要求。

通过大量试验研究，相关人员最终制备出性能优良、符合天津高银 117 大厦异型多腔巨型柱施工要求的 C70 大体积自密实混凝土。各配合比见表 4-4，配合比 1、2 作为对比配合比，为各个胶凝材料体系中优选出来的配合比，配合比 3 为最终应用于天津高银 117 大厦异型多腔巨型柱的混凝土配合比，其工作性能及力学性能见表 4-5。

表 4-4　异型多腔巨型柱 C70 自密实混凝土优选配合比　　　　　　　　　　kg/m³

编号	水泥	粉煤灰	矿粉	硅灰	超细矿粉	微珠	砂	石	水	减水剂
1	420	90	0	50	50	0	720	945	155	14.0
2	320	140	90	50	0	0	730	945	150	13.2
3	340	0	120	0	0	110	760	945	145	11.4

表 4-5　异型多腔巨型柱 C70 自密实混凝土性能

试验编号	坍落扩展度（mm）	坍落与 J 环扩展度之差（mm）	倒筒时间（s）	离析率（%）	U 形箱填充高度（mm）	抗压强度（MPa）		
						7d	14d	28d
1	705	10	3.9	4.2	360	71.1	79.5	89.7
2	690	0	3.1	5.1	370	63.7	76.1	83.6
3	710	0	2.4	5.9	370	57.2	75.8	86.6

U形箱试验如图 4-31 所示，坍落扩展度试验如图 4-32 所示。试验结果见表 4-6、图 4-33 和图 4-34。

图 4-31　U形箱试验

图 4-32　坍落扩展度试验

表 4-6　C70 自密实大体积混凝土配合比流变性能试验结果

配合比	屈服应力（Pa）	黏度（Pa·s）	拟合方程
1	185.7	88.2	$y=88.2x+185.7$
2	291.2	73.1	$y=73.1x+291.2$
3	214.6	50.4	$y=50.4x+214.6$

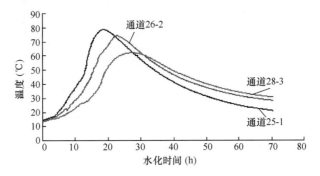

图 4-33　水化温升试验结果

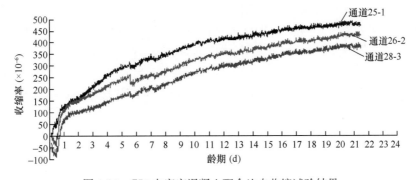

图 4-34　C70 自密实混凝土配合比自收缩试验结果

图 4-35　巨型试验柱立面图

4.5.3　异型多腔巨型柱工程模拟试验

为验证按照拟订施工方法施工后多腔钢管混凝土巨型柱的性能，建造了一个足尺模拟试验柱，由于实际巨型柱横截面为对称设计，模拟试验柱横截面大小采用实际巨型柱横截面大小的 1/2。巨型试验柱立面图和横截面图分别如图 4-35、图 4-36 所示。图 4-37 表示的是试验柱内部横隔板、纵向加劲肋、栓钉布置以及内部配筋情况。

1. 压电主动波动法测量结果

具体原理及方法见 4.4.2 节，利用该方法分别从 M 腔、N 腔、K 腔的混凝土内部缺陷和界面剥离损伤两个方面对混凝土的浇筑质量进行分析。各腔体分布如图 4-38 所示。

1）M 腔水平横隔板下界面黏结性能监测结果与分析

图 4-36　巨型试验柱横截面图

图 4-37　试验柱内部构造图

在 M 腔水平横隔板下界面处未设置人工模拟界面剥离损伤。采取横隔板上表面的 PZT 发射信号，位于横隔板下表面的压电功能块作为传感器，采取上下对测的方式进行。

对各个压电功能块的测量结果的幅值进行分析，对各测量位置的测量结果用最大幅值进行归一化，结果如图 4-39 所示。图中 x 轴代表接收信号的传感器编号（下同），y 轴代表钢管柱的监测次数（下同），z 轴是传感器接收信号的归一化幅值（下同）。扫频激励下信号归一化能量如图 4-40 所示。

由图 4-39、图 4-40 均可知，各测点接收信号相差不大，较为接近，说明各测点部位界面黏结性能较好。这与 M 腔的横隔板下表面未设置人工模拟界面剥离的实际情况相符，测试结果能够较好反映横隔板的界面黏结性能。

2）M 腔水平横隔板下模拟混凝土缺陷监测结果与分析

在 M 腔的水平横隔板下一定距离设置了用于模拟混凝土缺陷的木质盒子，本试验通过对处于同一水平位置但分设于模拟混凝土缺陷损伤上下的两个压电功能块分别作为激励

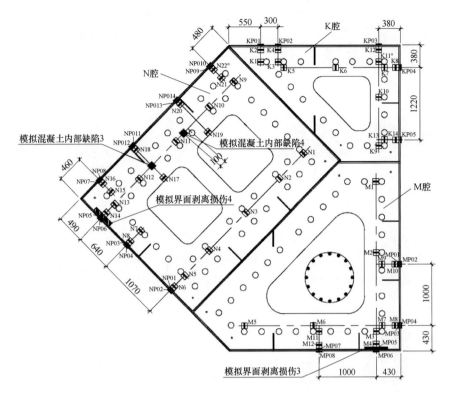

图 4-38　各腔体分布

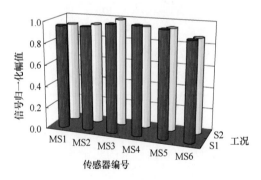

图 4-39　正弦激励下信号归一化幅值（一）

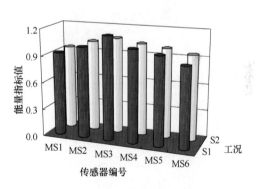

图 4-40　扫频激励下信号归一化能量（一）

器和传感器进行对测，对测量结果进行分析，运用测量信号对人工模拟的混凝土缺陷损伤进行识别监测。

由图 4-41、图 4-42 综合可知，MSA2 接收信号较其他部位测点明显偏小，其他部位测点接收信号相差不大，说明 MS2-MSA2 间存在混凝土内部缺陷，其他收发信号测点间混凝土浇筑质量较好。而事实上 MS2-MSA2 间设置了 50mm×100mm×200mm 的模拟混凝土内部缺陷 1，缺陷正确识别。

3）M 腔截面 4 处竖向钢管壁界面剥离损伤监测结果与分析

对 M 腔截面 4 处竖向钢管内壁与混凝土的黏结状况的监测，采取钢管外壁压电陶瓷片激励对应位置的压电功能块接收信号的方式进行。

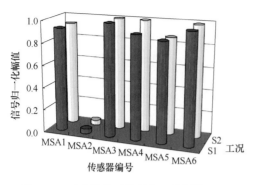

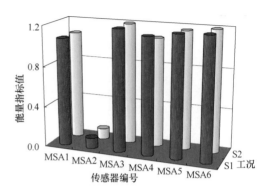

图 4-41　正弦激励下信号归一化幅值（二）　　图 4-42　扫频激励下信号归一化能量（二）

由图 4-43、图 4-44 分析可知，M4 接收信号较其他测点明显偏小，其他部位测点接收信号相差不大，在同一个数量级内，说明 M4 处存在界面剥离损伤，其他测点部位界面黏结性能较好。而事实上 M4 处设置了 200mm×200mm×3 mm 的模拟界面剥离损伤 3，损伤正确识别。

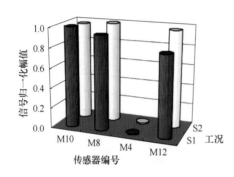

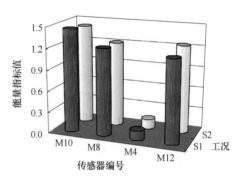

图 4-43　正弦激励下信号归一化幅值（三）　　图 4-44　扫频激励下信号归一化能量（三）

4）M 腔核心混凝土浇筑质量监测结果与分析

对于 M 腔核心混凝土缺陷的监测，采用内部压电功能块发射信号对应具有同样传播距离的压电功能块进行接收的方式进行测量。正弦激励和扫频信号下的测量信号的幅值和小波包能量谱的分析结果如图 4-45 和图 4-46 所示。

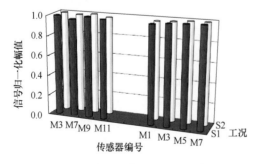

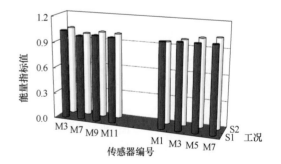

图 4-45　正弦激励下信号归一化幅值（四）　　图 4-46　扫频激励下信号归一化能量（四）

由图 4-45、图 4-46 均可知，监测组 A、B 的各测点部位信号相差不大，都在同一个数量级内，说明各收发信号测点间混凝土浇筑质量较好。

采用与 M 腔相同的监测手段，对 N 腔及 K 腔混凝土浇筑质量进行监测，监测结果显示，N 腔及 K 腔横隔板与混凝土界面黏结性能良好，无脱空现象；竖向钢管壁与混凝土界面黏结性能良好，无脱空现象；核心混凝土自密实性能良好，无缺陷。说明 N 腔及 K 腔混凝土体积稳定性好，自密实性能良好，浇筑质量良好。

2. 破坏性剖切多腔混凝土钢管柱角部验证

针对异型多腔巨型柱结构特点，对多腔混凝土钢管柱的角部及横隔板下重点关注，模拟试验柱进行剖切试验，验证 C70 大体积自密实混凝土的自密实性能，试验结果如图 4-47 所示。

图 4-47　剖切试验结果

通过异型多腔混凝土模拟试验钢管柱剖切试验，可以清楚看到，横隔板以下、竖向钢管壁及角部混凝土界面黏结牢固，硬化混凝土无缺陷，混凝土自密实性能良好。

4.5.4　工程应用效果

巨型柱 C70 自密实混凝土在整个过程中的相关性能指标统计见表 4-7～表 4-10，包括坍落扩展度、主系统压力、搅拌压力、排量等指标。

表 4-7　C70 自密实混凝土工作性能统计结果

坍落扩展度（mm）	频次（次）	占总频次比率（%）	数量（m³）	占总数量比率（%）
<700	0	0	0	0
700～720	1	6.2	1925	5.5
720～750	15	93.8	33075	94.5

据统计，C70 自密实混凝土坍落扩展度全部大于 700mm，坍落度 720mm 以上混凝土占统计次数的 93.8%，占总泵送量的 94.5%，混凝土自密实性能良好。

表 4-8　C70 自密实混凝土泵机系统压力统计结果

主系统压力（MPa）	频次（次）	占总频次比率（%）	数量（m³）	占总数量比率（%）
8～11	2	12.5	3745	10.1
12～16	7	43.7	15365	41.5
17～20	6	37.5	13370	36.1
＞20	1	6.3	4550	12.3

表 4-9　C70 自密实混凝土搅拌统计结果

搅拌压力（MPa）	频次（次）	占总频次比率（%）	数量（m³）	占总数量比率（%）
2	11	68.8	22715	64.9
3	2	12.5	4060	11.6
4	3	18.7	8225	23.5

表 4-10　C70 自密实混凝土泵送排量统计结果

排量（%）	频次（次）	占总频次比率（%）	数量（m³）	占总数量比率（%）
＜60	1	6.3	3465	9.9
60～69	6	37.5	11235	32.1
70～80	7	43.7	14805	42.3
100	2	12.5	5495	15.7

对 C70 自密实混凝土泵送主系统压力、搅拌压力及泵送排量进行统计。主系统压力表征混凝土的泵送难易程度，主系统压力越高，混凝土越不易泵送，反之，越容易泵送；搅拌压力表征混凝土的黏度大小，搅拌压力越大，混凝土黏度越大，反之，混凝土黏度越小；而泵送排量大小关系到泵送速度快慢，也可以表征混凝土泵送难易程度，混凝土容易泵送，泵送排量就可以设置较大值，泵送速度越快，混凝土越不易泵送，泵送排量就必须设置较小值，泵送速度较慢。异型多腔巨型柱 C70 自密实混凝土主系统压力主要集中在 12～20MPa 之间，占总统计次数的 81.2%。泵送设备搅拌压力为 2MPa 的次数占总统计次数的 68.8%，占总泵送量的 64.9%。泵送排量在 60% 及以上的占总统计次数的 93.7%，占总泵送量的 90.1%。从以上统计数据可以看出，C70 自密实混凝土泵送压力适中，易于泵送，混凝土黏度小，泵送速度快，大大节约了施工时间。

5 超高层建筑中的钢板剪力墙混凝土应用技术

前面的章节对超高层中的外框架做了分析，在超高层结构体系中的另外一部分就是核心筒结构，钢板剪力墙是其主要组成部分，它在超高层结构中发挥着类似骨架的作用。随着当前超高层建筑设计高度的增加，人们对建筑使用面积和功能化等提出了更高的要求，传统的钢筋混凝土剪力墙虽侧向刚度大、整体性能好，但在较小层间的抗侧移性将劣化剪力墙板的侧向刚度和承载力，能耗较高，且较大的自重特征增加了地震作用与基础工程造价，因此为减小核心筒墙体厚度，增加有效使用空间，降低其轴压比，提高建筑抗震等级，超高层建筑目前均采用钢板混凝土剪力墙这类新型结构形式。

5.1 超高层建筑中钢板剪力墙

超高层建筑结构设计中最重要的难点之一在于控制与限制侧向位移，在超高层结构设计体系中核心筒钢板剪力墙能有效提高结构抗侧移刚度，直接决定建筑设计高度和安全性，目前国内建成的高度超 400m 的超高层建筑中，设计人员为了提高建筑抗震等级和满足安全设计要求，建筑结构设计体系中均采用了钢板剪力墙结构，使底部核心筒、加强层等关键结构部位能充分发挥钢板剪力墙结构中混凝土与钢两种材料各自的优势，从而改善建筑抗震性能。

5.1.1 超高层建筑中钢板剪力墙的分类及特点

钢板剪力墙结构由钢板、竖向边缘构件（柱）和水平边缘构件（梁）等构成，具有用钢量小、承载力大、延性与稳定性好，对结构抗火性能和耐久性能要求较低等特点。组合钢板剪力墙是以钢板剪力墙为依托，通过抗剪栓钉以及内外纵横分布筋与混凝土相互作用，最后形成钢与混凝土协同受力的复合型墙体。钢板混凝土组合剪力墙中混凝土为钢板提供面外支撑，防止钢板过早受力屈曲的同时，又为钢板提供了防火保护；同时，在混凝土的保护下，钢板能够提高结构的整体侧向刚度及位移延性。

钢板-混凝土剪力墙（图 5-1）根据钢板摆放的位置分为内置钢板-混凝土组合剪力墙（简称内置钢板剪力墙）和外包钢板-混凝土组合剪力墙（简称外包钢板剪力墙）两种。

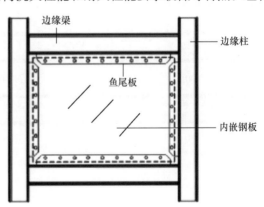

图 5-1　钢板-混凝土剪力墙示意图

5.1.1.1 内置钢板剪力墙

内置钢板剪力墙是指将钢板置于剪力墙内部，周围采用高性能混凝土进行包裹、填充形成的结构墙体，混凝土和钢板通过预先在钢板上焊接的抗剪栓钉来共同受力，如图 5-2 所示。该结构能够很好地发挥混凝土和钢材的优势，因此既具有较好的抗侧移刚度，又能降低界面尺寸和结构自重，尤其适用于抗震级别设计较高的高层建筑中。内置钢板墙相较于传统钢筋结构剪力墙具有一定优势，但目前仍存在相关问题：①钢板与混凝土膨胀系数相差较大，浇筑后由于温度效应，其变形量不同因而产生应力差；②内置钢板剪力墙结构复杂，需要钢筋捆扎和焊接，且在墙体侧面需要额外安装模板；③墙体外侧面混凝土暴露，缺乏约束力，表层混凝土易发生开裂；④由于钢板和硬化后的混凝土均为刚性材料，结构在发生较大形变时，混凝土与钢板间易发生剥落，导致两者相互约束力降低。

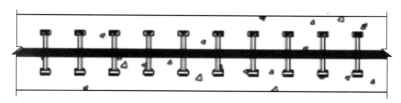

图 5-2 内置钢板剪力墙

5.1.1.2 外包钢板剪力墙

外包钢板剪力墙（图 5-3）是指在墙体外侧安置钢板并在其内部填充混凝土而形成的结构墙体，同时为保障钢板和混凝土之间相互约束，在结构内部采用栓钉、对位螺栓、加劲肋、隔板和混合等方式加强钢板与混凝土的连接。外包钢板剪力墙相对于纯钢板剪力墙和内置钢板剪力墙具有如下优点：①混凝土填充于两侧钢板之内，两侧钢板对混凝土具有约束作用，同时由于栓钉等连接作用，混凝土对钢板也存在约束，使整个墙体结构的延性和稳定性大幅度提升；②外包钢板剪力墙结构简单，外侧平整，便于运输和安装，且其钢板可作为模具使用，大幅度缩短工期；③钢板内侧对混凝土表面起到约束作用，避免混凝土暴露和裂缝产生；④外包钢板剪力墙由于内部有栓钉、加劲肋、隔板等结构连接，可根据需要少配或不配置钢筋。

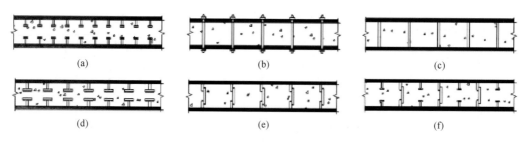

图 5-3 外包钢板剪力墙

（a）栓钉连接；（b）对拉螺栓连接；（c）隔板连接；（d）T 形加劲肋连接；（e）缀板连接；（f）混合连接

5.1.2 钢板剪力墙混凝土的特点

虽然钢板混凝土组合剪力墙由于具有承载能力大，延性良好以及施工便利等优点，备受现代超高层建筑人员的青睐，但钢板剪力墙的结构特点、组合形式、施工方法等都与普通钢筋混凝土剪力墙有着较大的差别，因此对混凝土材料提出了一些新的要求，这些也是目前钢板剪力墙混凝土的研究热点方向。

1. 强度高

超高层建筑由于承载力较大，因此下部混凝土整体强度都较高，钢板剪力墙混凝土常见的强度等级为 C60，有些超高层建筑的剪力墙混凝土甚至达到了 C80 以上，强度高是其与普通剪力墙结构混凝土的典型特点。

2. 低温升

为了避免钢板发生屈曲破坏，目前大部分超高层钢板剪力墙厚度都超过 1m，属于大体积高强混凝土，胶凝材料水化热高，混凝土温度控制难度大，温差变形大，对结构抗裂不利，因此要求混凝土具有较低的温升。

3. 可泵性好

钢板剪力墙是核心筒的主要组成部分，在超高层建筑中其泵送高度较高，因此需要良好的可泵性来满足超高层混凝土的泵送施工要求。

4. 高匀质自密实性

目前超高层混凝土建筑一般采用顶升钢平台模架技术，顶模系统下挂高度差较大，混凝土泵送到平台后需自由下落到成型面进行填充，且钢板剪力墙外围钢筋分布较为密集，混凝土振捣较为困难，因此混凝土需要良好的匀质性和自密实性能。

5. 低收缩、高抗裂

钢板剪力墙是通过抗剪栓钉以及内外纵横分布筋与混凝土相互作用，最后形成协同受力的构件。混凝土通常受到钢板和抗剪栓钉的约束，特别是混凝土强度高，收缩过大的话极易在约束的位置产生集中应力，而导致墙体开裂，因此混凝土需要降低收缩，提高抗裂性能。

综合来说钢板剪力墙中的混凝土宜采用低热、低收缩、高强混凝土，良好的混凝土性能够充分发挥钢-混凝土两种材料的性能，保证剪力墙结构的整体受力性能和耐久性能。

5.1.3 钢板剪力墙在超高层中的应用分析

超高层建筑中钢板混凝土剪力墙的应用最经济、安全、环保及广泛；单层钢板剪力墙运用较多，如天津高银 117 大厦、武汉绿地中心、北京中国尊、深圳平安金融中心等多个超高层项目均采用这种形式。本节主要对国内外超高层建筑中的钢板剪力墙应用实例进行具体分析，以期让读者对钢板剪力墙的应用特点有更加直观的了解。

5.1.3.1 内置钢板剪力墙的应用

2017 年中国尊大厦结构封顶，它是全球第一座在地震裂度为 8 度设防区超过 500m 的摩天大楼，结构体系主要为巨型框架支撑外框筒与钢板组合剪力墙核心筒共同组成的双重抗侧力结构。由于墙厚减小较多且考虑到鞭梢效应，在核心筒内外混凝土墙内设置了 8mm 厚钢板，形成内置钢板混凝土剪力墙。核心筒周边墙体厚度由底部 1200mm 均匀减小至顶部 400mm；筒内墙体结构厚度主要为 500～400mm。中国尊结构示意图如图 5-4 所示，中国尊钢板剪力墙如图 5-5 所示。

2015 年，天津高银 117 大厦结构封顶，其建筑高度为 597m，建筑结构体系采用巨型支撑框架＋核心筒钢板混凝土剪力墙的抗侧移力的体系。经过合理的设计，钢板混凝土剪力墙改善了结构的延性，缩小了墙身的厚度，剪力墙混凝土的强度等级为 C60。天津高银 117 大厦剪力墙结构示意图如图 5-6 所示，天津高银 117 大厦剪力墙施工图如图 5-7 所示。

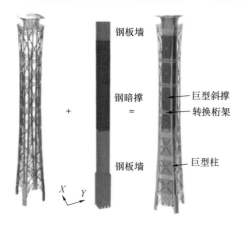

图 5-4　中国尊结构示意图

图 5-5　中国尊钢板剪力墙

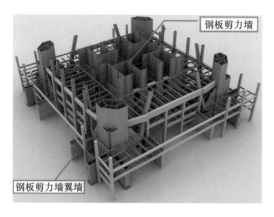

图 5-6　天津高银 117 大厦剪力墙结构示意图

2015 年武汉中心大厦正式封顶，总高度为 438m，结构形式为巨型框架-核心筒-伸臂桁架结构。受使用空间的限制，塔楼核心筒墙体采用了内置单层钢板 C60 混凝土组合剪力墙。内置钢板后，钢筋混凝土剪力墙的轴压比既满足了规范要求，同时也使结构的层间位移角符合规范的限制条件，保障结构的整体稳定性。武汉中心钢板剪力墙如图 5-8 所示。

2013 年上海中心大厦结构封顶，建筑总高度为 632m，其结构采用巨型框架-核心筒-伸臂桁架的抗侧力结构体系。核心筒翼墙和腹墙中设置了钢板，形成内置钢板剪力墙，墙体中含钢率为 1.5%～4.0%。翼墙最大墙厚为 1.2m，腹墙最大墙厚为 0.9m，钢板剪力墙混凝土强度等级为 C60。上海中心

图 5-7　天津高银 117 大厦剪力墙施工图

图 5-8　武汉中心钢板剪力墙

大厦钢板剪力墙如图 5-9 所示。

　　2015 年深圳平安金融中心封顶，塔楼高度为 600m，采用的是巨型框架-核心筒-外伸臂抗侧力体系。核心筒采用内置钢板混凝土剪力墙，外墙最大厚度1500mm，混凝土强度等级为 C60。

　　在建中的成都绿地中心超高层主楼 T_1 规划主体建筑高度达到 468m，结构为高度 459m。T_1 主塔楼为外框外包混凝土巨型柱＋核心筒＋伸臂桁架＋环带桁架的结构形式。核心筒 45 层以下为钢板剪力墙结构，45 层以上为局部包含钢板，核心筒在 50 层、77 层、83 层有 3 次大的内

图 5-9　上海中心大厦钢板剪力墙

缩，对称的八边形变成正方形，外墙墙体厚度由 1100mm 经 4 次内缩至 400mm，混凝土强度由 C60 降至 C50。T_1 塔楼核心筒截面如图 5-10 所示。

5.1.3.2　外包钢板剪力墙的应用

　　双层钢板剪力墙在超高层建筑中使用较少，仅在广州东塔等少数项目中得到运用。

　　2016 年建成的广州东塔，其建筑高度为 530m；该建筑结构类型采用巨型框架＋核心筒＋伸臂桁架结构；其中核心筒结构为国内首次采用双钢板＋C80 高强混凝土的组合剪力墙组成，该结构充分发挥双钢板与高强混凝土的协同作用，大大提高结构的强度和刚度。双层钢板剪力墙最大截面尺寸为 14150mm ×6300mm×50mm，整个墙体的长度较长，属于超长钢板剪力墙结构，精度和变形控制难度增大。剪力墙示意图如图 5-11 和图 5-12 所示，剪力墙实体图如图 5-13 所示。

　　天津周大福金融中心是集购物、写字楼、酒店、公寓为一体的超高层建筑，总建筑面积为 39 万 m^2，地下 4 层，地上 100 层，建筑高度为 530m。塔楼结构采用钢框架＋核心

147

筒结构体系，核心筒内插有钢板、钢管柱。核心筒在 $B_2 \sim B_3$ 层和 $45 \sim 54$ 层分布有钢板墙，钢板最厚处为 100mm；地下室组合翼墙厚 3m，核心筒墙体最厚处为 2.4m，最薄处为 350mm，核心筒墙体混凝土强度等级为 C60，内插钢骨至 91 层顶。双层剪力墙示意图如图 5-14 所示。

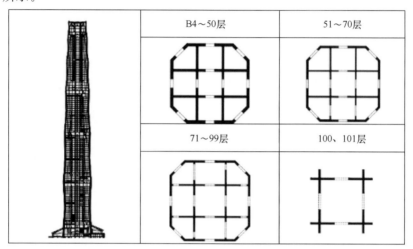

图 5-10　成都绿地中心 T_1 塔楼核心筒截面

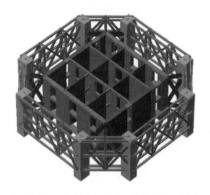

图 5-11　广州东塔钢板剪力墙示意图

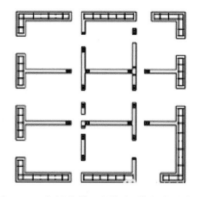

图 5-12　广州东塔双层钢板剪力墙示意图

图 5-13　广州东塔双层钢板剪力墙实体图

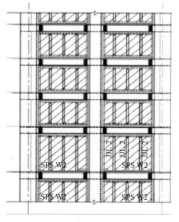

图 5-14　双层剪力墙示意图

5.2 钢板剪力墙裂缝控制技术

钢板剪力墙前期浇筑时有模板、钢板、栓钉、梁柱等对混凝土造成约束，后期服务时混凝土仍受钢板和栓钉的约束，即混凝土的变形自始至终是在约束条件下进行的，这意味着混凝土在早期浇筑和后期服务的过程中均有较大的应力，容易形成裂缝，设计、施工时应采取有效的控制措施。钢板剪力墙约束条件下的裂缝示意如图 5-15 所示。图 5-16 为某超高层建筑中钢板剪力墙施工期的开裂情况，可见组合墙体的裂缝多且宽，严重影响了结构的耐久性及整体性。

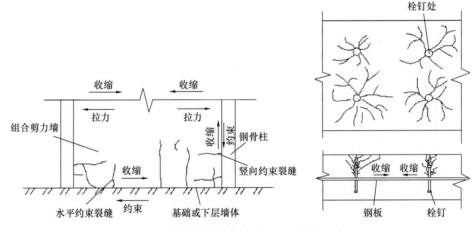

图 5-15　钢板剪力墙约束条件下的裂缝示意图

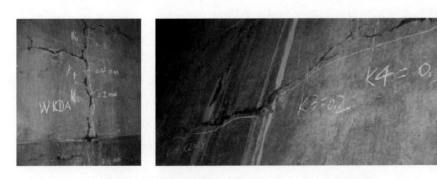

图 5-16　某超高层建筑中钢板剪力墙施工期的开裂情况

5.2.1 超高层建筑中钢板-混凝土组合剪力墙裂缝类型及开裂机理

5.2.1.1 超高层建筑中钢板剪力墙裂缝类型

钢板-混凝土组合剪力墙由钢板与混凝土两种特性相差较大的材料组合而成，钢板板面均匀分布着密集的栓钉、钢筋等，均对混凝土收缩产生约束作用，使混凝土收缩减小，其应力增大。其约束关系如图 5-17 所示。

钢板-混凝土组合剪力墙的裂缝很大一部分是在混凝土温升停止后的降温阶段产生的，温升阶段的混凝土处于黏性、弹塑性状态，弹性模量小，不容易产生裂缝；到了降温阶

149

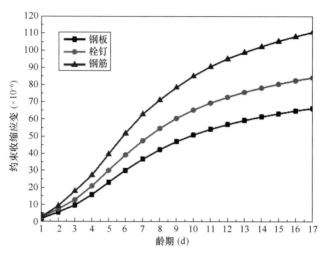

图 5-17　钢板、栓钉、钢筋接触混凝土的收缩应变趋势图

段，混凝土已趋于成型，弹性模量很高，在钢板、栓钉等约束下混凝土的变形会引起较大的应力，当应力超过其抗拉强度时，混凝土便会开裂。

钢板-混凝土组合剪力墙的早期开裂主要由混凝土的温度收缩、干燥收缩及自收缩造成。由于钢板和混凝土热容量、热传导速率、线膨胀系数、弹性模量等参数存在较大差异，混凝土在水化、硬化及服役过程中存在不同种类的收缩趋势，而钢材在恒温条件下缺乏变形能力，即使在温度变化条件下，由于线性膨胀系数不同，两者变形量也存在一定差异，因而使钢板对混凝土水化、硬化过程中的收缩产生约束作用，造成混凝土结构中出现应力分布不均和多点的应力集中，导致混凝土存在极大开裂，甚至与钢板产生剥落的风险。

5.2.1.2　超高层建筑中钢板剪力墙裂缝机理分析

基于变形协调原理，简化钢板-混凝土组合剪力墙受力模型，对混凝土受力进行理论推导，提出其受力理论计算公式，见表 5-1。混凝土受力由温度梯度应力、收缩约束应力和钢板与混凝土不一致变形应力组成。经计算，典型钢板-混凝土组合剪力墙，浇筑后 1d，温度梯度应力约为总应力的 12%，收缩约束应力约为总应力的 13%，不一致变形应力约为总应力的 75%，不一致变形是导致混凝土应力增加的主要原因。

表 5-1　钢板-混凝土受力理论计算公式

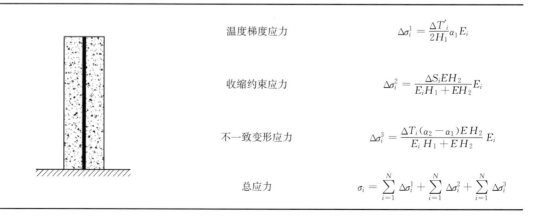

	温度梯度应力	$\Delta\sigma_i^1 = \dfrac{\Delta T'_i}{2H_1}\alpha_1 E_i$
	收缩约束应力	$\Delta\sigma_i^2 = \dfrac{\Delta S_i E H_2}{E_i H_1 + E H_2} E_i$
	不一致变形应力	$\Delta\sigma_i^3 = \dfrac{\Delta T_i(\alpha_2 - \alpha_1) E H_2}{E_i H_1 + E H_2} E_i$
	总应力	$\sigma_i = \sum\limits_{i=1}^{N}\Delta\sigma_i^1 + \sum\limits_{i=1}^{N}\Delta\sigma_i^2 + \sum\limits_{i=1}^{N}\Delta\sigma_i^3$

基于典型钢板-混凝土组合剪力墙建立有限元模型，分析复杂条件下钢板-混凝土组合剪力墙早期应力，结果表明，不一致变形应力≫收缩约束应力≈温度梯度应力，不一致变形应力为其余两类应力之和的2～3倍，龄期越短，不一致变形应力在总应力中所占比率越高。对素混凝土、钢筋混凝土、钢板-混凝土三类剪力墙缩尺模型进行实测，结果显示，钢板-混凝土组合剪力墙混凝土拉应力远大于其他两类墙体，开裂风险增加。分析和试验表明，钢板与混凝土升温阶段的不一致变形是导致钢板-混凝土组合剪力墙结构开裂的主要原因。混凝土应力示意如图5-18所示。

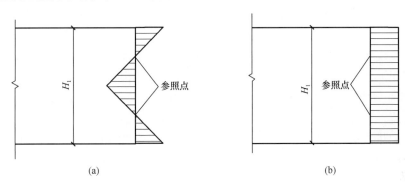

图5-18　混凝土应力示意图
（a）温度梯度应力；（b）变形差异应力

钢板-混凝土组合剪力墙开裂机理表明，通过减小混凝土收缩、增强混凝土抗裂性能不能完全避免混凝土开裂，需以控制钢板与混凝土协调变形为主，提高混凝土早期抗拉强度、减少早期收缩。混凝土的温度应力、收缩、裂缝与钢板连接以及钢板混凝土内部不密实有孔洞、约束条件下应力集中及裂缝发展或钢板与混凝土分离等情况内部混凝土应力主要由自约束温度应力、线差应力和自收缩应力组成，其中线差应力和自约束应力均占较大比率；表面混凝土应力由自约束温度应力和总收缩应力组成，其中，自约束温度应力始终占有较大比率，收缩造成的拉应力虽然数值较小，但所占比率在不断增长，也促使混凝土的开裂。

5.2.2　基于钢板控温法的混凝土裂缝控制技术

5.2.2.1　降低钢板与混凝土线膨胀系数差异

根据王铁梦提出的工程结构裂缝控制"抗"与"放"理论，结构受到均匀的温差 ΔT 作用时，其产生的应变如式（5-1）所示：

$$\varepsilon_1 = \varepsilon_2 + \alpha \cdot \Delta T \tag{5-1}$$

式中　ε_1——结构产生的总应变；

ε_2——约束作用对结构产生的应变；

α——结构在无约束状态下的线膨胀系数。

从式（5-1）可以看出，若钢板与混凝土线膨胀系数相差较大，即使受同一温差 ΔT 作用，各自产生的应变也存在较大差异，从而造成两者之间存在较大应变差。因此，为降低钢板与混凝土之间的应变差，应尽可能缩小两者线膨胀系数差值，使其趋近于零。

5.2.2.2 钢板控温法

钢板控温法主要通过对钢板温度进行调节控制，是通过不同的加热或冷却方式，在所浇筑混凝土达到初凝时间之前，将钢板整体温度调节在特定的范围内，并能实现温度补偿。结合混凝土水化温升和钢板膨胀系数，通过协调钢板温度变化，实现控制钢板与混凝土之间的变形差，从而达到降低钢板-混凝土组合剪力墙应力集中造成的开裂风险。钢板控温法按照混凝土水化温升特征、钢板温度以及环境温度的高低，可分为预热法和预冷法两种。

目前常用的经济可行的处理方法有：工频感应模板加热法、电热毯加热法、导水管控温法。

工频感应模板加热法采用电磁感应原理将剪力墙钢板改造为工频感应钢板。通过高频交变电流实现钢板发热升温，达到调节钢板温度的目的。根据电磁感应原理，当交流电在钢管内通过时，管壁上产生感应电流，这种感应电流是自成闭合回路的环流，且为旋涡状，称为涡流。涡流产生的热效应使钢管发热，热量传递给钢模板。

电热毯加热法是一种片状的、柔性的电热元件，可设置在钢模板的区格内，适用于钢包混凝土剪力墙结构，在外面再用保温材料覆盖保护。电热毯通电后发热，对钢模板温度进行调节，达到过程中控制温度的目的。

导水管控温法是将传热导管合理分布于钢板上，通过通入不同温度和流速的水，实现热传导，达到钢板温度调控的目的。

5.2.2.3 基于预热法的钢板剪力墙裂缝控制技术

基于电磁感应原理和安全原则，采用工频感应模板加热法制备低压高功率电涡流加热装置，满足部分加热效率、高加热速率快、安全性高的要求。该加热装置由控制器、线圈和控温装置组成，各部分均经过特殊设计，控制器将工频电流转为频率为 30kHz 的高频交变电流，线圈直径为 40cm，通入交变电流后产生交变磁场，通过钢板切割磁场产生涡流，达到高效加热的效果。

低压电涡流加热装置能从根本上解决压电陶瓷、电热圈等传统的电阻式通过热传导加热方式效率低下的问题，节电效率达 40%～80%。控制器通过特殊电路设计，避免传统涡流加热方式的高电压，线圈供电电压低于 100V，添加保护装置，保障现场安全。通过匹配合适的线圈，功率达到 3kW 以上，加热速度快，对现场施工的干扰小，0.5m×0.5m 常规钢板加热 20℃仅需 7min。低压高功率电涡流加热装置原理图如图 5-19 所示。低压高功率电涡流加热装置试验如图 5-20 所示。

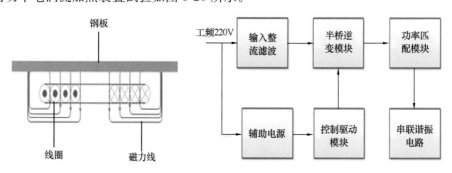

图 5-19　低压高功率电涡流加热装置原理图

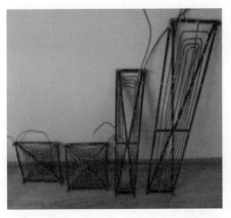

图 5-20　低压高功率电涡流加热装置试验

根据不同项目的需求，可调整多种形式的电涡流加热装置。加热装置应满足的原则有易安装、可设置温度、温度精度满足 2℃、加热效率高、安全，且对混凝土和钢板性能无影响。

低压高功率电涡流加热装置在钢板混凝土不同阶段的控温示意图如图 5-21 所示。通过计算钢板-混凝土组合剪力墙水化热温升，设定钢板预热温度；通过对钢板进行加热产生预膨胀，浇筑混凝土，混凝土墙体形成合理温度梯度；混凝土水化放热温升过程中，逐

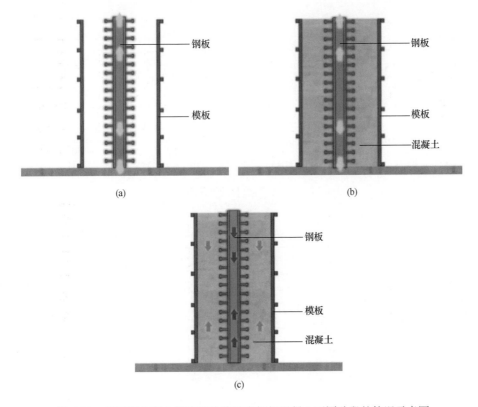

图 5-21　低压高功率电涡流加热装置在钢板混凝土不同阶段的控温示意图
（a）钢板预热；（b）浇筑混凝土；（c）降温阶段收缩

步调整供热控制钢板温升，消除升温阶段钢板与混凝土不一致变形产生的裂缝；降温阶段降低加热装置功率或停止钢板加热，实现钢板与混凝土同步降温，钢板收缩大于混凝土，进一步降低混凝土后期收缩而导致的开裂风险。

通过超高层钢板混凝土剪力墙足尺结构试验验证预热钢板控制钢板-混凝土组合剪力墙裂缝的技术方案，最终效果表明预热钢板控温法能够有效减小钢板与混凝土变形差。钢板预热法用于钢板剪力墙足尺结构试验如图 5-22 所示。足尺结构试验应变数据监测分析结果（图 5-23～图 5-27）表明，升温阶段钢板与混凝土变形差可由 $250\mu\varepsilon$ 减小为 $-30\mu\varepsilon$；且降温阶段变形差由 $210\mu\varepsilon$ 减小为 $-70\mu\varepsilon$，有效解决了钢板与混凝土不一致变形而产生的裂缝问题。本技术在天津高银 117 大夏、武汉中心等钢板-混凝土组合剪力墙中成功实施，取得良好效果。

图 5-22　钢板预热法用于钢板剪力墙足尺结构试验

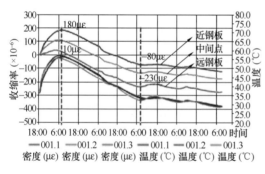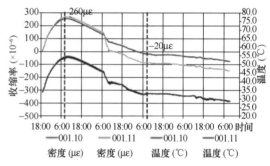

图 5-23　未预热钢板与外侧混凝土变形差

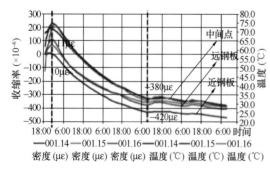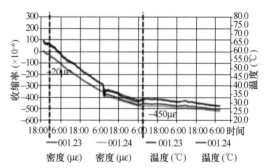

图 5-24　预热钢板与外侧混凝土变形差

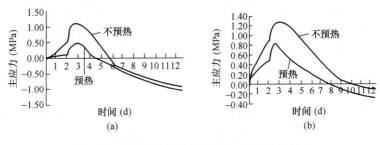

图 5-25 预热钢板对混凝土第一主应力的影响
(a) 参考点 1 应力；(b) 参考点 2 应力

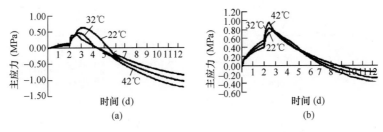

图 5-26 温度对钢板-混凝土第一主应力的影响
(a) 参考点 1 应力；(b) 参考点 2 应力

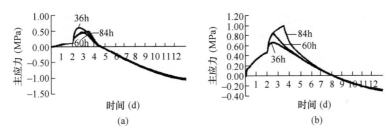

图 5-27 加热时间对钢板-混凝土第一主应力的影响
(a) 参考点 1 应力；(b) 参考点 2 应力

5.2.2.4 基于预冷法的钢板剪力墙裂缝控制技术

预冷法是指冷却后钢板的温度低于或者等于环境温度。不考虑热传递的影响，冷却钢板对裂缝的控制机理与预热钢板类似，混凝土由于自身水化放热膨胀，钢板温度保持不变，不产生变形，从而对膨胀的混凝土产生预压力，使混凝土拉应力减小。同时，冷却水管会降低中心混凝土的温度，减小温度梯度，从而降低温度梯度应力，进一步减少钢板墙开裂的风险。停止冷却后，墙体中心的温度上升比外表面的小，钢板相对混凝土膨胀，同时混凝土的收缩会进一步加大两者之间的变形差，使混凝土外表面应力加大，但此时混凝土已有一定的强度，开裂风险较小。

下面通过比较预冷钢板与否情况下参考点的第一主应力，检验预冷钢板控制降低混凝土开裂风险的效果，同时讨论钢板冷却适宜的温度和时间。图 5-28 中冷却的温度与环境温度相同，冷却时间为 120h。由图 5-28 可知，冷却钢板能大幅度减小墙体外表面早期的应力，后期混凝土外表面应力会缓慢增加，但是最大值仍略小于不冷却前混凝土最大应力，并且由于后期混凝土强度比较高，因此冷却钢板方法能减少墙体外表面的开裂风险。图 5-29 是冷却温度与环境温度相同情况下，冷却时间不同参考点应力的对比，冷却停止后，参考点应力都有一个快速增长的时期，冷却时间越晚，增长幅度越小，但是最终的应力越大。由此可以以混凝土抗拉强度为指标，当混凝土抗拉强度达到一定程度后，停止冷却。

图 5-30 是不同冷却温度下参考点第一主应力，在冷却停止之前，不同温度是没有差别的，但是当钢板停止冷却后，冷却温度越高，应力增加越多。由于将钢板保持在环境温度更容易实现，并且后期应力更小，因此推荐冷却钢板到环境温度。

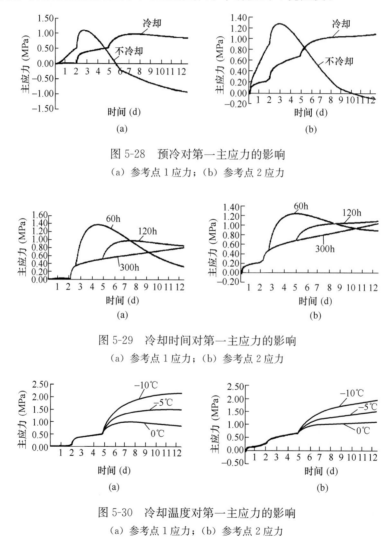

图 5-28　预冷对第一主应力的影响
（a）参考点 1 应力；（b）参考点 2 应力

图 5-29　冷却时间对第一主应力的影响
（a）参考点 1 应力；（b）参考点 2 应力

图 5-30　冷却温度对第一主应力的影响
（a）参考点 1 应力；（b）参考点 2 应力

5.2.3　模板处理及养护方式的裂缝控制技术

本节研究通过模板等施工措施降低钢板-混凝土组合剪力墙开裂风险。这里制备了嵌蜡保温饰面模板，通过在模板内表面嵌固高熔点石蜡脱模层，在模板外侧嵌低熔点储能保温石蜡层，利用石蜡相变吸热，调节混凝土与外界环境之间的温差，提升混凝土表面拆模效果，降低开裂风险；开发了钢板-混凝土组合剪力墙结构快速养护技术，通过在混凝土表面喷涂低透气性快速成膜养护剂，有效提高混凝土保水性、抗压强度及抗裂性能，减小体积收缩，降低墙体开裂风险；研发了超高层内嵌钢板外包混凝土组合结构防裂技术，通过调整外包混凝土施工时间，降低混凝土开裂风险；开发了钢板-混凝土组合剪力墙成套施工技术，将加热装置的实施与常规施工有机结合，实现高效、协同作业。

5.2.3.1　嵌蜡保温饰面模板制备

模板体系的保温、保湿性能对降低混凝土温度梯度、减小收缩、控制开裂具有重要作用。这里针对现有钢模板、铝膜板存在的弊端，结合地域特点研制了嵌蜡保温饰面模板。通过对嵌固层及石蜡的改性研究，在模板内表面形成熔点为70℃以上的高熔点石蜡脱模层，在模板外侧嵌固熔点20～30℃的低熔点储能保温石蜡层，利用石蜡相变吸热调节混凝土与外界环境之间的温差，提升混凝土表面拆模效果，降低开裂风险。嵌蜡模板工艺如图5-31所示，表贴模板工

图 5-31　嵌蜡模板工艺

艺图如图5-32所示，模板现场加工制作图如图5-33所示，嵌蜡保温饰面模板现场使用及拆模效果如图5-34所示。

图 5-32　表贴模板工艺图　　　　图 5-33　模板现场加工制作图

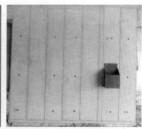

图 5-34　嵌蜡保温饰面模板现场使用及拆模效果

通过计算分析及现场应用可以看出，在混凝土升温阶段，石蜡可以在一定程度上降低水化温升，降温阶段可以减缓降温速率，降低温度梯度。尤其是针对北方地区冬期施工效果更为明显，从天津高银117大厦项目的现场使用来看，嵌蜡储能控温模板起到很好的温度调控作用。

5.2.3.2 钢板-混凝土组合剪力墙结构快速养护技术

针对超高层建筑多风、干燥的环境下，钢板-混凝土组合剪力墙养护面积大、操作时间短、外框与核心筒穿插工序繁多的特点，采用可与混凝土表层硅氧键交联结合的水玻璃为无机基体，复合提高膜液黏度及隔水性的有机多组分，协同形成刚性憎水膜层的机理，制备了高混凝土亲合性的低透气性快速成膜养护剂，封堵表层孔隙阻止水分蒸发，起到渗透养护、保水自养的作用，解决了竖向覆膜养护易遗损的弊端，实现了钢板-混凝土组合剪力墙的快速养护，并在高温条件下的养护效果更好，能有效提高混凝土保水性、抗压强度及抗裂性能，减小体积收缩。与 C60 混凝土自然敞露养护相比，3d 减缩率约为 20%，在实际工程（武汉中心、武汉绿地）竖向结构的养护时，养护剂喷洒作业后成膜速度快，雨后膜层防水性能无改变，保证了混凝土结构良好的耐久性。

养护剂减缩效果如图 5-35 所示，施工过程养护如图 5-36 所示，喷洒后的结构表面如图 5-37 所示，硬化后的结构表面如图 5-38 所示。

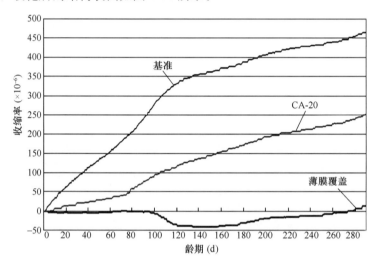

图 5-35　养护剂减缩效果

 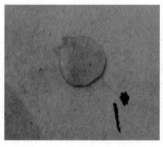 

图 5-36　施工过程养护　　　图 5-37　喷洒后的结构表面　　　图 5-38　硬化后的结构表面

5.3　低热低收缩高抗裂混凝土制备技术

由于大部分超高层钢板混凝土剪力墙为 C60 混凝土，因此本节将以 C60 混凝土为例，为钢板剪力墙混凝土的制备提供参考。

5.3.1 总体思路

（1）在强度优化方面，利用超细粉体的活性及粉体紧密堆积的技术；采用粒形较好、级配合理的骨料，降低骨料间的空隙率，从而提高混凝土的密实度；通过高性能聚羧酸减水剂，降低水胶比，提升混凝土的强度。

（2）在工作性能方面，采用高性能减水剂和矿物掺和料的复合技术来配制自密实高强混凝土，高性能减水剂与优质矿物掺和料能在降低水胶比的同时显著改善混凝土的工作性能，达到自密实效果。

（3）在水化热方面，控制胶凝材料总量，合理选择矿物掺和料占比，通过引入不同尺寸分布、低水化放热源的超细粉体颗粒代替相应尺寸分布的高放热组分的颗粒，在保证水泥浆体的强度和工作性能的情况下，尽可能降低胶凝材料的水化热；另外在征求设计和施工方面的意见的条件下，可以按照60d评价混凝土强度，来进一步优化胶凝体系，降低水化温升。

（4）在低收缩高抗裂方面，在有抗剪栓钉、密集钢筋的强约束条件下，高强混凝土极具开裂风险。因此，对高强混凝土收缩的控制，应重点控制自收缩、干燥收缩、塑性收缩、温度收缩。对干燥收缩和塑性收缩，可通过加强现场养护手段进行有效控制，自收缩和温度收缩控制应从配合比设计、低热胶凝体系上进行优化，并引入膨胀剂、自养护材料补偿收缩，改善混凝土内部温度环境，提高其抗裂性能。

5.3.2 低热胶凝体系关键技术

矿物掺和料的使用被认为是降低水化放热量和水化放热速率的理想办法，低热胶凝体系在大体积混凝土章节已做过介绍，具体过程和方法可参考相关章节。

5.3.3 不同超细粉制备技术

超细粉体能够对混凝土的工作性能强度、水化热、收缩、耐久性等各方面性能有较大的改善作用，常作为重要的技术手段用在高强混凝土中，以满足相关性能的要求。由于资源地域性的差别，各地方可获得的超细粉体种类和经济性都不一样，因此本节选取常用的超细粉进行制备，对各种超细粉体的制备低热低收缩混凝土的可行性和特点进行分析。

1. 微珠制备

采用超细粉体微珠配制低热C60自密实混凝土，微珠掺量为胶凝材料总量的30%，水泥用量占胶凝材料质量的50%以下，水胶比固定为0.23，设计密度为2450kg/m³。试验配合比见表5-2，试验结果见表5-3。

表5-2 微珠配制C60混凝土试验配合比   kg/m³

编号	胶凝材料	水泥	微珠	S95矿粉	河砂	碎石	水	聚羧酸减水剂
C60-1	600	240	180	180	720	980	138	12.0
C60-2	600	150	180	270	720	980	138	12.0
C60-3	580	230	175	175	720	1000	133	11.6

编号	胶凝材料	水泥	微珠	S95矿粉	河砂	碎石	水	聚羧酸减水剂
C60-4	580	145	175	260	720	980	133	11.6
C60-5	560	220	170	170	720	1000	129	11.2
C60-6	560	140	170	250	720	1000	129	11.2
C60-7	540	250	162	128	710	1060	125	10.8
C60-8	540	230	162	148	710	1060	125	10.2
C60-9	520	250	156	114	720	1070	120	8.8
C60-10	520	230	156	134	720	1070	120	8.8
C60-11	500	250	150	100	740	1070	115	9.0
C60-12	500	230	150	120	740	1070	115	9.0

表5-3 微珠配制C60混凝土试验结果

编号	T/K (mm/mm)	倒筒时间 (s)	U形箱填充高度 (mm)	抗压强度（MPa）	
				7d	28d
C60-1	250/680	5	340	65.6	88.3
C60-2	250/680	6	340	53.7	75.3
C60-3	250/660	5	340	65.2	87.4
C60-4	250/670	4	340	50.8	72.7
C60-5	250/640	6	340	60.9	78.5
C60-6	240/640	6	340	50.4	72.3
C60-7	250/680	5	340	57.8	78.7
C60-8	250/680	6	340	55.5	71.8
C60-9	250/650	6	320	64.7	87.6
C60-10	250/660	6	310	61.0	82.5
C60-11	250/630	6	300	66.3	86.1
C60-12	240/600	6	290	62.3	75.8

从表5-2和表5-3中可见：（1）胶凝材料总量直接影响混凝土的自密实性能，胶凝材料总量在600~540kg/m³时，可以顺利通过Ⅱ型U形箱，如图5-39所示；胶凝材料总量低于540kg/m³时，随着胶凝材料总量的降低，难以实现混凝土的自密实性能，即使能通过Ⅱ型U形箱，混凝土的包裹性也会显著降低。（2）低热混凝土在水胶比固定、微珠掺量为30%时，强度随着水泥掺量的提高有所增加；在表5-3中的C60-7、C60-9、C60-11中，虽然水泥均为250kg/m³，但是由于胶凝材料总量的差异，实际水泥掺量是逐渐变大的，表5-3中C60-8、C60-10也符合该规律。（3）微珠掺量30%时，在低水胶比0.23下，倒筒时间保持在6s以内，混凝土的黏度和工作性能均较好。（4）在水胶比为0.23、胶凝材料总量为560kg/m³的微珠-矿粉二元体系中，当微珠掺量为30%时，可用140kg/m³的水泥配制出28d强度满足要求的低热C60自密实混凝土，混凝土的工作性能良好，但早期强度偏低，随着微珠活性的激发，28d强度可增长22MPa。早期强度和拆模时间对施工

脱模等影响较大，因此，在 C60 自密实混凝土配合比设计生产中，不能仅仅追求低热效果，必须结合早期强度及工程特性综合考虑。C60-10 配合比 U 形箱试验如图 5-40 所示。

图 5-39　C60-6 配合比 U 形箱试验　　　　　图 5-40　C60-10 配合比 U 形箱试验

2. 硅灰制备

由上节可知微珠配制 C60 基本可以满足要求，但是由于微珠自身特性，在搅拌站生产应用时，从料罐中下料困难，下料效率低，且微珠的采购存在较大困难；故利用产量丰富、易于采购的硅灰进一步开展低热 C60 自密实混凝土的试验工作。

鉴于上节中胶凝材料总量对混凝土强度和自密实性能的影响，这里设计了 7 个配合比，探讨硅灰体系下水泥、粉煤灰和矿粉对混凝土工作性能和强度的影响，配合比见表 5-4。本次试验中 C60-1～C60-6 配合比胶凝材料总量为 570kg/m³，硅灰掺量为胶凝材料总量的 7%，水泥用量从 320kg/m³ 变化到 200kg/m³，其他掺和料为 I 级粉煤灰和 S95 矿粉；配合比 C60-7 将水胶比进行了调整，胶凝材料总量为 580kg/m³，并适当提高了粉煤灰掺量；考虑到高水泥用量及 7% 硅灰掺量下，混凝土强度富余偏高，配合比 C60-8 对水胶比、粉煤灰掺量、硅灰掺量进行了调整。试验结果见表 5-5。

表 5-4　硅灰配制 C60 自密实混凝土配合比　　　　　　　　　　　　　　　　kg/m³

编号	胶凝材料	水泥	I 级粉煤灰	S95 矿粉	硅灰	河砂	碎石	水	减水剂
C60-1	570	320	110	100	40	710	1025	135	12.5
C60-2	570	300	130	100	40	710	1025	133	12.0
C60-3	570	280	150	100	40	710	1025	133	11.4
C60-4	570	250	160	120	40	710	1025	133	11.4
C60-5	570	225	170	135	40	710	1025	133	11.4
C60-6	570	200	190	140	40	710	1025	133	11.4
C60-7	580	190	250	100	40	710	1025	125	12.0
C60-8	600	290	210	70	30	710	1025	134	10.0

表 5-5　硅灰配制 C60 自密实混凝土试验结果

编号	T/K (mm/mm)	倒筒时间 (s)	U 形箱填充高度 (mm)	抗压强度（MPa）			
				3d	7d	14d	28d
C60-1	250/700	10	290	58.2	73.8	81.0	88.3
C60-2	250/680	10	300	53.8	73.4	89.1	93.5
C60-3	250/670	9	310	48.4	70.5	87.7	89.4
C60-4	250/680	9	310	45.4	71.4	82.5	84.6
C60-5	250/680	8	340	34.5	62.3	71.6	83.4
C60-6	250/700	7	340	31.5	56.6	67.8	74.6
C60-7	260/710	6	340	33.7	52.3	69.5	76.4
C60-8	260/710	6	340	46.7	68.7	84.2	86.0

从表 5-4 和表 5-5 中可见：（1）胶凝材料总量调整为 570kg/m³ 后，除了 C60-1～C60-4 组配合比的 U 形箱填充高度略低外，C60-5 和 C60-6 配合比均能满足自密实混凝土的要求。（2）在胶凝材料总量保持 570kg/m³ 不变、单方用水量保持 133kg/m³ 时，随着水泥用量的降低，混凝土各龄期强度也随之降低。C60-2～C60-6 组符合该规律，虽然 C60-1 组的水泥用量最大，但是其单方用水量比其余各组高 2kg/m³，该差异的原因为水胶比的影响。（3）采用硅灰配制低热 C60 自密实混凝土的倒筒时间略高于采用微珠配制的，说明采用硅灰配制该混凝土，黏度较微珠体系略大，但倒筒时间均低于 10s，黏度适宜。（4）采用低水泥用量，即胶凝材料总量为 580kg/m³，水泥用量为 190kg/m³ 时（胶凝材料总量的 33%），混凝土早期强度和 28d 强度均能满足 C60 要求。（5）对比 C60-3 和 C60-8，降低硅灰掺量，适当提高粉煤灰掺量，有利于混凝土自密实性能的提高。调整后，混凝土黏度适中，能轻松通过Ⅱ型 U 形箱。

从超细粉体的制备来看，水泥用量即使降到 200kg/m³ 以下，也能制备出 28d 强度和工作性能满足要求的混凝土，但为了提高混凝土的早期强度和保证体系内部具有一定的碱性环境，满足施工进度及后期耐久性的要求，且考虑到实际生产的质量控制，水泥的用量不宜过低，因此在选择合适的配合比前，还需要用正交试验进行系统的制备和验证工作。

5.3.4 低收缩性能优化

1. 膨胀剂

对比两个厂家的硫铝酸盐膨胀剂在低热 C60 混凝土中降低自收缩的效果。自收缩测试配合比见表 5-6，自收缩测试结果如图 5-41 所示。

表 5-6　低热 C60 自收缩测试配合比　　　　　　　　　　　　　kg/m³

编号	水泥	矿粉	粉煤灰	硅灰	HCSA 膨胀剂	河砂	碎石	减水剂	用水量
1	290	70	198	30	12（J厂家）	710	1040	11.2	134
2	290	70	198	30	12（B厂家）	710	1040	10.64	134
3	290	70	210	30		670	1020	11.76	134

从表 5-6 和图 5-41 中可见：（1）掺入膨胀剂对降低自收缩有一定效果，不同厂家的膨胀剂的膨胀效能存在差异。（2）掺 2% 膨胀剂对降低低热 C60 混凝土的自收缩效果较为

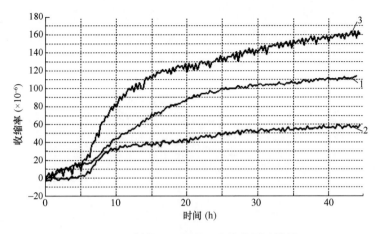

图 5-41　低热 C60 混凝土自收缩测试结果

明显，其中 B 厂家的 HCSA 膨胀剂降低自收缩效果最佳，40h 龄期的自收缩率为不掺膨胀剂的 1/3。（3）从测试曲线看，40h 后自收缩率逐渐趋于平缓，不掺膨胀剂的低热 C60 混凝土的自收缩率约为万分之 1.6，相对普通 C60 而言，自收缩率也有大幅下降，说明采取低热 C60 技术即使不掺膨胀剂也可以大幅度降低高强混凝土的自收缩。

2. 自养护材料

大量研究表明自养护混凝土在降低自收缩方面效果明显，通常采用的自养护材料包括高吸水树脂（SAP）、陶粒、陶砂等，该类自养护材料具有吸水释水功能，从而影响混凝土体系内部相对湿度，实现降低自收缩的功能。由于陶粒、陶砂的应用会削弱混凝土的强度，因此，在高强混凝土中采用 SAP 作为自养护材料可行性更强。本节采用外掺 SAP 研究其对低热 C60 自收缩率的影响。低热自养护 C60 混凝土配合比见表 5-7，低热自养护 C60 混凝土自收缩测试结果如图 5-42 所示。

表 5-7　低热自养护 C60 混凝土配合比

编号	原材料用量（kg/m³）										抗压强度（MPa）	
	C	SL	SF	FA	SAP	PC	S	G	B	W	7d	28d
1	190	100	39	240	0.001	11	740	1000	570	130	55	77.6
2	340	100	—	110	0.001	6	680	1040	550	145	66.5	79.0
3	190	100	39	240	0.002	11	740	1000	570	130	56	75.3

注：表中 C、SL、SF、FA、SAP、PC、S、G、B、W 分别为水泥、矿粉、硅灰、粉煤灰、超吸水树脂、聚羧酸减水剂、河砂、碎石、胶凝材料总量、用水量。

从表 5-7 和图 5-42 中可见：（1）总体而言，普通 C60 掺 0.001kg/m³ SAP 的自收缩最大，低热 C60 混凝土无论 SAP 掺量为 0.001kg/m³ 或 0.002kg/m³，均远小于掺 0.001kg/m³ SAP 的普通 C60。（2）低热 C60 混凝土的自收缩随着 SAP 掺量的增加自收缩率在前期降低明显，后期自收缩率差异减小，这是因为随着 SAP 掺量的增加，相当于引入更多的吸水-释水因子，在混凝土早期，随着水化反应的进行，SAP 补充水化消耗的自由水，延缓内部相对湿度下降速率，从而降低混凝土的自收缩。

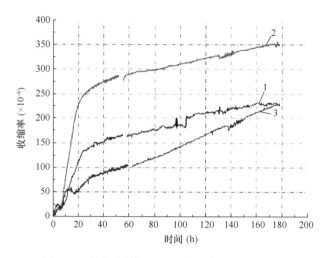

图 5-42　低热自养护 C60 混凝土自收缩测试结果

5.4　钢板混凝土剪力墙浇筑施工技术

采用巨型框架-核心筒结构的超高层建筑一般会采用顶升钢平台模架技术，顶升钢平台模架依附于核心筒竖向结构之上，随着核心筒结构施工而逐层上升，这样模板既不占用施工场地，又无需其他垂直运输设备，特别适用于在较狭小场地上建造超高层建筑，但顶升钢平台模架技术对核心筒混凝土泵送施工产生如下负面影响：

（1）顶模平台内钢结构纵横交错，空间狭窄，不宜直接布置泵管；

（2）顶模系统下挂高差大，混凝土自由下落高度大，布料机前端标准软管长度有限，无法将混凝土输送至作业面，一般的串筒也不适用；

（3）混凝土落差大，易离析形成缺陷。

通过顶升钢平台内置固定大落差组合式串筒＋移动式溜槽施工技术有效解决了混凝土输送的问题，降低了因布料机长距离输送混凝土时，前端承受弯矩太大导致布料机倾覆的风险，最大限度地保证混凝土的匀质性，降低因混凝土不匀质导致结构出现孔洞、空腔、蜂窝、疏松等缺陷的概率，提高建筑结构的安全性。顶升钢平台内部结构如图 5-43 所示，顶升钢平台内部核心筒钢筋如图 5-44 所示。

图 5-43　顶升钢平台内部结构

图 5-44　顶升钢平台内部核心筒钢筋

5.4.1 顶升钢平台内置固定大落差组合式串筒及移动式溜槽施工技术

通过对普通串筒施工工艺进行改进，确定内置固定大落差组合式串筒＋移动式溜槽的施工工艺，内置固定大落差组合式串筒由带截止扣钢管（图4-45）、料斗（图4-46）、带固定扣钢管（图4-47）、变径管（图4-48）、标准软管（图4-49）组成。带截止扣钢管与布料机前端标准软管通过泵管管卡连接，料斗、带固定扣钢管、变径管依次通过螺栓两两连接，变径管与标准软管通过泵管管卡连接。内置固定大落差组合式串筒通过钢管上的固定扣固定于顶模平台顶面角钢钢梁上，用于与布料机配合，将混凝土输送至核心筒作业面。移动式溜槽将内置固定大落差组合式串筒导流出的混凝土导流至核心筒墙体内。

图 5-45　带截止扣钢管

图 5-46　料斗

图 5-47　带固定扣钢管

图 5-48　变径管

图 5-49 标准软管

5.4.2 顶升钢平台内置固定大落差组合式串筒及移动式溜槽的布置

（1）根据超高层建筑核心筒结构特点及布料机的位置，规划内置固定大落差组合式串筒点位的布置，实现核心筒全覆盖，同时检查组合式串筒布置安装的适用性，保证其在布料机工作区域内。直墙处保证每根串筒浇筑半径控制在 1.75m 以内，墙两端靠梁位置需布置串筒，墙与墙交叉处、墙拐角处需加密串筒布置，串筒浇筑半径控制在 1.00m 以内。以成都绿地中心·蜀峰 468 超高层项目（图 5-50）为例，其核心筒由八边形外框和十字形内墙组成，近 790m² 的核心筒共布置串筒 132 根，平均每根串筒覆盖面积近 6m²，覆盖半径为 1.40m。

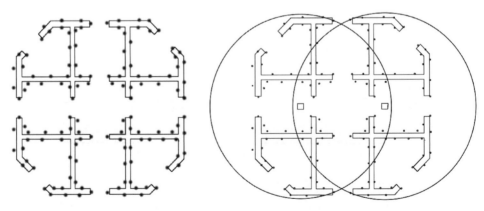

图 5-50 成都绿地中心·蜀峰 468 核心筒示意图

（2）在顶升钢平台上按内置固定大落差组合式串筒布置图预留洞口，洞口上焊接角钢钢梁，用于放置并固定带固定扣的内置固定大落差组合式串筒。

（3）移动式溜槽将内置固定大落差组合式串筒导流出的混凝土导流至核心筒墙体内，具体根据核心筒墙体需要浇筑的部位变化进行移动。

5.4.3 顶升钢平台内置固定大落差组合式串筒及移动式溜槽的使用

混凝土浇筑前，应由专人负责对顶升钢平台内置固定大落差组合式串筒及移动式溜槽连接的牢固性、管路的畅通性、固定的有效性、防护结构的安全性进行检查，确认其完好，方可使用。

5.4.4 顶升钢平台内置固定大落差组合式串筒及移动式溜槽的清洁

内置固定大落差组合式串筒及移动式溜槽壁上黏结混凝土影响到混凝土输送时，及时将内置固定大落差组合式串筒及移动式溜槽吊至地面，对结块进行清理，清理完后吊装复位。

5.4.5 顶升钢平台内置固定大落差组合式串筒及移动式溜槽的提升

内置固定大落差组合式串筒固定于顶升钢平台上，并随顶升钢平台的顶升而提升，如内置固定大落差组合式串筒会影响到顶升钢平台的顶升，应在顶升钢平台顶升前临时进行移除。

5.5 典型案例分析

5.5.1 广州东塔

5.5.1.1 工程概况

广州周大福金融中心，规划名称为广州东塔。该项目主塔楼高度为530m，建筑面积约为50万m^2，塔楼结构体系为巨柱＋核心筒＋伸臂桁架，分为地下5层，地上112层；其核心筒剪力墙结构为双钢板剪力墙（图5-51），钢板腔内及外层均采用C80混凝土进行浇筑。该工程钢板剪力墙混凝土设计和制备存在以下难点：

（1）钢板墙面积较大，隶属大体积结构部范畴；

（2）钢板墙外表面栓钉密集，对外层包裹的混凝土形成约束作用，容易造成外层墙体开裂；

（3）由于使用高强混凝土，其水化热较高，浇筑后早期易发生自收缩，由于早期混凝

图 5-51 广州东塔双钢板剪力墙

土强度较低,在受到钢板、栓钉等约束作用时,容易产生大面积龟裂;

(4)由于采用双层钢板剪力墙形式,其内部栓钉、钢筋较为密集,混凝土浇筑振捣较为困难。

因此,实现高强度、低热、低收缩和自密实是该项目钢板剪力墙混凝土的核心要求。

5.5.1.2 工程应用

1. 原材料选择

水泥:选择广州市越堡水泥有限公司生产的金羊牌 P·Ⅱ 52.5R 水泥,其主要性能指标均符合现行《通用硅酸盐水泥》(GB 175)相关技术要求,具体指标数据见表 5-8。

表 5-8　水泥性能指标检测结果

项目	比表面积 (m²/kg)	标准稠度用水量 (%)	凝结时间 (min)		抗压强度 (MPa)	
			初凝	终凝	3d	7d
指标要求	≥300	—	≥45	≤390	≥27.0	≥52.5
检测结果	375	25.6	108	165	41.0	58.9

矿粉:采用广东韶钢嘉羊有限公司生产的 S95 磨细矿渣粉,各项指标均符合现行《用于水泥、砂浆和混凝土中的粒化高炉矿渣粉》(GB/T 18046),具体检测结果见表 5-9。

表 5-9　矿渣粉性能指标检测结果

项目	比表面积 (m²/kg)	流动度比 (%)	活性指数 (%)	
			7d	28d
指标要求	≥400	≥95	≥70	≥95
检测结果	452	105	80	101

微珠:采用云南昆明灰豹科技有限公司生产的微珠粉。微珠粉为细小的玻璃球体,代替水泥掺入时能够降低用水量,改善混凝土流动性,降低拌和物黏度,提高混凝土强度和耐久性。参照现行《用于水泥和混凝土中的粉煤灰》(GB/T 1596)进行性能指标测试,所得结果见表 5-10。

表 5-10　微珠性能指标

项目	比表面积 (m²/kg)	烧失量 (%)	含水量 (%)	需水量比 (%)	活性指数 (%)	
					7d	28d
检测结果	1255	1.2	0.4	88	79	91

粉煤灰:选用大唐宁德火电厂生产的Ⅰ级粉煤灰,性能指标均符合现行《用于水泥和混凝土中的粉煤灰》(GB/T 1596)相关要求,其指标检测结果见表 5-11。

表 5-11　粉煤灰主要性能指标

项目	细度 (%)	烧失量 (%)	含水量 (%)	需水量比 (%)	活性指数 (%)	
					7d	28d
指标要求	≤12.0	≤5.0	≤1.0	≤95	—	—
检测结果	9.3	1.9	0.3	93	64	72

骨料：粗骨料选用5～25mm碎石，细骨料选用细度模数为2.7～2.9的中粗砂，各项性能指标符合现行《普通混凝土用砂、石质量及检验方法标准》(JGJ 52)。

2. 配合比设计及应用

厚度为1500mm的剪力墙中由双层钢板隔开后，浇筑的混凝土分为内部核心区和外层包裹区，其内部墙体空间狭小，且存在栓钉加固，浇筑和振捣过程存在一定难度；同时，为避免浆体开裂，所制备的混凝土应具有低热、低收缩特性。因此在保证混凝土力学性能的前提下，优选掺和料的加入，能够改善混凝土的工作性能和耐久性能。

根据现行《普通混凝土配合比设计规程》(JGJ 55)计算，所设计混凝土配制强度应不低于92.0MPa；根据现场施工可行性，所设计配合比应具有较好的坍落度和扩展度，且2h内基本无损失。通过改变胶凝体系，探索不同配合比下混凝土性能，具体配合比和性能见表5-12和表5-13。

表5-12 C80混凝土试验配合比   kg/m³

编号	水泥	矿渣粉	微珠	粉煤灰	砂	碎石	水	外加剂
1	350	80	60	100	660	1035	135	8.85
2	320	80	60	130	660	1035	135	8.85
3	320	80	90	100	660	1035	135	8.26
4	300	80	90	120	660	1035	135	8.26
5	300	80	110	100	660	1035	135	7.97

表5-13 C80混凝土试配结果

编号	0h		2h		强度（MPa）		
	T/K（mm/mm）	倒筒时间（s）	T/K（mm/mm）	倒筒时间（s）	3d	7d	28d
1	260/670	5.8	250/650	8.9	72.6	84.5	97.8
2	255/680	4.5	250/660	7.3	69.3	83.2	96.5
3	255/680	3.5	245/650	6.8	70.1	84.8	97.2
4	260/690	3.4	250/650	6.9	65.5	78.6	92.2
5	250/660	3.1	240/630	6.5	66.4	79.1	93.7

从上述试配结果可以看出，在水胶比和胶凝材料用量保持不变时，微珠掺量越高，混凝土外加剂掺量越低，倒筒时间也越低，各配合比28d强度均满足配制强度要求。由于该项目单次施工C80混凝土，供应量较大，综合混凝土性能和微珠供应情况，实际应用过程中选用第2组混凝土配合比进行生产。

3. 混凝土浇筑、振捣及养护

为保障混凝土施工过程质量及后期力学性能和耐久性能，施工过程中应对浇筑和振捣工艺进行优化，并加强对浇筑后混凝土的养护工作，主要措施如下：

（1）夏季高温施工时，混凝土搅拌时加入冰块制冷，控制混凝土入模温度；

（2）浇筑前做好管道巡查工作，检查管道畅通性和连接处密封性，防止因管道内杂物或漏浆等现象造成管道堵塞；

（3）浇筑双层钢板剪力墙时，先浇筑内部核心结构，后浇筑钢板外层混凝土，尽可能使内部混凝土热量释放；

（4）核心筒竖向结构中单层高度为 4.5m，采用一次性浇筑，为避免过程中产生施工冷缝，浇筑时每层混凝土厚度不超过 50cm；

（5）需振捣时，采用"行列式"振捣，振动棒每次移动距离不超过 300mm，过程中应保持振点均匀分布，振捣时间为 20～30s，避免振捣不足或过振；

（6）混凝土浇筑成型后进行及时养护，由于广州地区气温较高，对于成型后的混凝土应覆盖薄膜并对表面洒水，混凝土终凝后进行喷洒，防止混凝土因早期失水过快而产生塑性收缩，养护时间不得少于 14d。

剪力墙施工现场如图 5-52 所示。

图 5-52　广州东塔剪力墙施工现场

5.5.1.3　实施效果

该项目自 2009 年 9 月 28 日正式动工至 2014 年 10 月 28 日成功封顶。通过原材料优选、配合比优化设计、施工过程控制及浇筑后期养护一系列质量保障措施，该项目 C80 混凝土供应正常，工作性能满足施工泵送，规定龄期结构实体强度满足施工方要求；其钢板剪力墙未见明显裂缝，低热、低收缩混凝土在该项目中得到了很好的应用。

5.5.2　武汉中心

5.5.2.1　工程概况

武汉中心工程位于武汉市王家墩财富核心区，总建筑面积为 35.93 万 m^2，地下 4 层（局部 5 层），地上 88 层，塔楼建筑高度为 438m，建筑层数为 88 层，建筑层高 3.35～8.4m，主要为 4.2～4.4m，是集智能办公区、全球会议中心、VIP 酒店式公寓、五星级酒店、360°高空观景台、高端国际商业购物区等多功能为一体的地标性国际 5A 级商务综合体。

武汉中心工程主体结构为核心筒-巨柱-伸臂桁架结构体系，巨柱与核心筒均为钢-混凝土组合结构，巨型伸臂桁架为钢结构，楼板体系为钢结构-混凝土楼板体系。主体结构为核心筒-巨柱-伸臂桁架结构体系，塔楼核心筒墙体采用内置单层钢板 C60 混凝土组合剪力墙。武汉中心钢板剪力墙浇筑前照片如图 5-53 所示。

图 5-53　武汉中心钢板剪力墙浇筑前照片

5.5.2.2 实施效果

2012年7月开始浇筑混凝土，至2015年4月武汉中心工程项目成功封顶。内置钢板混凝土组合剪力墙采用C60自密实混凝土，混凝土配合比见表5-14。

表 5-14 混凝土配合比   kg/m³

水泥	粉煤灰	S95矿粉	硅灰	河砂	碎石	水	减水剂
290	210	70	30	710	1020	134	9.6

现场浇筑时，对到场混凝土进行多次抽检，抽检项目涵盖混凝土的工作性能、强度、现场坍落度、扩展度、U形箱，合格率均达100%。生产取样强度统计结果见表5-15。现场工作性能测试如图4-54所示，施工效果图如图5-55所示。

表 5-15 生产取样强度结果统计

工作性能		混凝土尺寸（mm）	3d抗压（MPa）	7d抗压（MPa）	28d抗压（MPa）
坍落度	260mm		40.5～48.6 均值45.0	54.5～65.8 均值57.1	67.5～74.0 均值70.7
扩展度	700mm	150×150			
倒筒时间	5.0～7.0s				

图 5-54 现场工作性能测试

图 5-55 施工效果图

5.5.3 成都绿地468

5.5.3.1 工程概况

该工程汇集五星级酒店、企业CEO行政公馆、超甲级写字楼、公寓、精品商业、会议中心等多功能超高层的城市综合体，由编号为T₁、T₂、T₃的3栋超高层塔楼和局部地上3层的裙房及4层地下室组成。其中超高层主楼T₁规划主体建筑高度达到468m，结构高度为459m。

T₁主塔楼为外框外包混凝土巨柱＋核心筒＋伸臂桁架＋环带桁架的结构形式。核心筒45层以下为钢板剪力墙结构，45层以上为局部包含钢板，核心筒在50层、77层、83层有三次大的内缩，对称的八边形变成正方形，外墙墙体厚度由1100mm经四次内缩至

400mm，混凝土强度由 C60 降至 C50。T₁ 塔楼核心筒剪力墙外墙概况见表 5-16，剪力墙内墙概况见表 5-17。

表 5-16　T₁ 塔楼核心筒剪力墙外墙概况

楼层	B₄～LG	LG～7F	7～15F	15～26F	26～62F	62～70F	70～77F	77～83F	83～99F
外墙厚（mm）	1100	1000	1000	1000	900	700	700	550	400
强度等级	C60	C60	C60	C60	C60	C60	C50	C50	C50

表 5-17　T₁ 塔楼核心筒剪力墙内墙概况

楼层	B₄～LG	LG～15F	15～26F	26～51F	51～70F	70～77F	77～84F	84～100F
内墙厚（mm）	800	800	800	600	450	400	400	400
强度等级	C60	C60	C60	C60	C60	C50	C50	C50

5.5.3.2　工程应用

1. 混凝土性能要求

（1）本工程混凝土强度等级较高；核心筒为 C60、C50，对混凝土工作性能、体积稳定性及强度要求极高。

（2）工程施工周期长，跨越冬夏等施工季节，需根据施工气候条件实时调整配合比。

（3）需通过有效手段控制高强混凝土的收缩和水化热，预防发生危害裂缝。

（4）核心筒混凝土落差较大，浇筑混凝土具有一定的难度。

2. 配合比设计

通过对项目结构墙体分析，确定绿地 468 混凝土设计要求：坍落度≥240mm，扩展度≥650mm，倒坍时间（3±1）s，V 形漏斗排空时间≤20s，7d 强度≥85%，28d 强度合格。为满足上述要求，配合比设计采用以下思路：

（1）基于紧密堆积原理，建立复合胶凝材料体系。

（2）采用高层泵送高强混凝土、高性能外加剂和矿物掺和料的复合技术，配制高层泵送高强混凝土。高性能减水剂与矿物掺料的复合增塑减水作用，削弱离子间的联系力，降低浆体的黏聚性，使混凝土处于饱和状态，混凝土的水胶比进一步降低，同时水泥石结构更加均匀，强度更高。

（3）采用直径 5～16mm 连续级配粒形较好的碎石，提高混凝土填充性能。

（4）选用优质细骨料并通过合理搭配，有利于提高混凝土拌和物的工作性能。

根据试配验证，C60、C50 配合比见表 5-18 和表 5-19，混凝土试配工作性能测试现场如图 5-56 所示。

表 5-18　剪力墙混凝土配合比　　　　　　　　　　　　　　　　　　kg/m³

强度等级	水泥	Ⅰ灰	硅灰	细砂	粗砂	碎石	水	外加剂（%）
C60	360	190	40	200	600	900	155	15.3
C50	350	190	40	210	600	900	155	14.8

表 5-19 剪力墙混凝土性能

强度等级	初始性能				3h 损失			
	坍落度（mm）	扩展度（mm）	倒筒时间（s）	V 漏斗时间（s）	坍落度（mm）	扩展度（mm）	倒筒时间（s）	V 漏斗时间（s）
C60	260	700	2.8	17	260	680	3	18
C50	260	700	2.5	16	260	690	2.7	18

图 5-56 混凝土试配工作性能测试现场

3. 生产过程

在确定的开盘前 6h，站内带班组组长应立即组织所供应强度等级混凝土试生产，即中试。中试要求对机制砂含水率进行测定，计算出每立方米混凝土用水量在设计值±3kg 范围内，并做好中试的相关记录。中试要求每盘生产 3m³，每盘都要进行检测，直到所有指标满足施工要求。中试主要检测混凝土的和易性、倒筒时间、密度，同时留样测 3h 的坍损，与试配效果进行比对。

在混凝土生产前，由站内带班组组长组织质检组长、质检员、生产科长参加开盘鉴定。开盘发料顺序：一车水、一车净浆、一车砂浆、两车混凝土。第一盘混凝土专职质检员必须取样检测混凝土倒坍时间，满足技术要求后方可继续生产，同时监控取样经时损失，结合现场情况合理调整配合比。站内检测人员必须对每一车混凝土的进行检测，并将每车混凝土的详细数据进行上报。

4. 运输与浇筑

罐车司机进站前应主动将罐体反转，以确保车内无积水、杂物等，由调度员提醒并监督。当质检员要求对混凝土质量进行观察或取样时，罐车司机应积极配合，在入泵前应将罐体快速搅拌 30s 左右。

在浇筑过程中，现场技术服务人员需对浇筑过程进行全程监控，并及时将每一车混凝土的信息反馈至站内质检员，确保混凝土质量满足施工要求。其具体职责如下：

（1）根据项目要求，提前出具配合比报告。由前台提前送至项目，第一车混凝土出站时，技术人员携带坍落度筒和试模到现场，进行坍落度测试；

（2）记录每车混凝土出厂时间和入泵时间，测倒筒时间并记录，拍摄混凝土入泵状态视频、泵压及排量，通过微信群公布每车混凝土各项数据；收集混凝土施工过程中的影像资料，便于事后进行分析、总结。现场混凝土浇筑过程数据统计实施例见表 5-20。

表 5-20　现场混凝土浇筑过程数据统计实施例

强度等级	车次/车号	出站时间	入泵时间	初始倒筒时间（s）	入泵倒筒时间（s）	泵压（MPa）	排量（％）	累计数量（m³）
C60	2/53	8：20	9：10	2.6	2.6	15	50	24
C60	4/92	9：30	10：23	2.7	2.7	15	50	48

5. 现场养护

养护是混凝土构件的最终重要环节，及时、良好的养护能够使混凝土的强度正常、良好地增长，并可以减少混凝土的收缩，减少出现裂缝的概率。一般在混凝土初凝后应立即对混凝土构件进行覆盖、终凝后进行淋水养护，特别是高温、干燥、大风等天气下，混凝土表面的水分蒸发得非常快，如不及时补充足够的水分，很容易会由于表面失水收缩而导致开裂，严重时会贯穿整个墙面。根据配合比、浇筑部位和季节等具体情况，制订合理的施工养护方案，以降低混凝土收缩，减少混凝土结构裂缝，保证混凝土构件最终质量。根据项目特点，除按照现行《混凝土质量控制标准》（GB 50164）及《混凝土结构工程施工质量验收规范》（GB 50204）实施外，还应注意以下几点：

（1）加强墙体浇筑完后的保湿养护，墙浇筑完毕后在墙外侧用"小水慢淋"的方式洒水淋湿模板，保持相对湿润的环境（相对湿度在 80％以上），宜带模养护，养护时间不少于 14d，严禁用水管直接浇混凝土表面；

（2）在有"穿堂风"的地方，要防止墙面因为快速干燥而出现裂缝，必要时要有临时的挡风措施；

（3）环境大幅度降温时，用麻袋覆盖养护，注意保温；

（4）必要时在混凝土墙面涂刷养护剂养护。

5.5.3.3　实施效果

绿地 468 项目 T1 塔楼核心筒自 2015 年施工以来，严格控制混凝土质量，其剪力墙拆模后光洁平整，并无裂缝产生，施工效果良好。T₁ 塔楼施工效果图如图 5-57 所示。

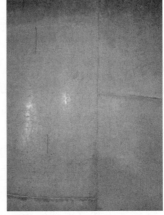

图 5-57　T₁ 塔楼施工效果图

6 超高层泵送机制砂混凝土应用技术

随着建筑行业的飞速发展，各种超高层建筑拔地而起，混凝土用量越来越大，而作为混凝土主材之一的砂资源形势不容乐观。自国家"十二五"规划以来，资源节约型、环境友好型建设理念随之推广，天然砂资源由于传统的破坏性开采已造成严重的环境破坏，许多采砂、制砂企业已被明令禁止，天然砂资源日益紧张，价格持续上涨，开发新砂源已势在必行。机制砂作为一种新型砂源，具有可就地取材、质量稳定等诸多优势，已是砂石行业结构转型升级的重要发展方向和产业主体。

超高层泵送机制砂混凝土是一种以机制砂为细骨料的具有大流动性、低黏度、高聚合性、高稳定性的混凝土，能同时满足 100m 及以上超高层建筑的耐久性设计要求和施工技术要求。本节在机制砂特性的基础上，对机制砂的精细选型、配合比优化设计、混凝土的制备等关键点进行分析，同时分析了国内部分机制砂混凝土超高层泵送的典型案例，以期为机制砂在超高层结构建筑中的推广应用提供参考。

6.1 超高层泵送机制砂混凝土

6.1.1 机制砂特性

根据现行《建设用砂》（GB/T 14684）的规定，机制砂定义为经除土处理、机械破碎、筛分制砂、粒径小于 4.75mm 的岩石颗粒称为机制砂，但不包括软质岩、风化岩石的颗粒。就目前普遍认知而言，机制砂由于母岩质地、生产加工设备、工艺的不同，其表现的特性也不尽相同，与天然砂相比有很大区别。

1. 颗粒形貌

与天然砂相比，机制砂多呈三角体或方矩体，部分颗粒呈针棒状，棱角较多，比表面积大，同时存在部分与母岩性质相同的石粉颗粒，这里有母岩岩性问题，但更主要的是破碎设备和制砂工艺造成的，通过选用专门的制砂机或增加整形设备增大制砂过程中颗粒碰撞频率，能够很大程度上优化粒形，得到与天然砂相近的球形度。机制砂不规则的粒形增大了水泥浆体界面的机械咬合力，对混凝土力学性能的提升有利，但和易性、保水性等能力存在负面作用，尤其易引起低强度等级的混凝土离析、泌水等现象，适量的石粉在一定程度上弥补了这一缺陷。机制砂与河砂颗粒形貌照片如图 6-1 所示。

2. 细度模数与颗粒级配

从现行标准来看，并未对机制砂细度模数进行特殊规定，从级配特征来看，机制砂往往表现为中间少、两端多，细度模数偏大，某产地普通机制砂与河砂的筛分结果与细度模数见表 6-1。

图 6-1　机制砂与河砂颗粒形貌照片

表 6-1　某产地机制砂与河砂的筛分结果与细度模数

类型	累计筛余（%）							细度模数
	4.75	2.36	1.18	0.6	0.3	0.15	<0.15	
普通机制砂	7.8	36.5	45.8	66.2	77.5	83.1	87.5	3.1
河砂	1.8	14.2	32.1	54.2	82.4	98.1	100.0	2.7

由表中数据可知普通机制砂细度模数为 3.1，属于粗砂范围，其中粗粒径区域 2.36mm 以上的颗粒达到 36.5%，而河砂仅有 14.2%，中粒径区域 0.3～1.18mm 的颗粒，普通机制砂仅有 31.7%，河砂这一指标为 50.3%，从筛余量来看，普通机制砂高达 12.5%。可见机制砂级配较为不合理，颗粒分布表现出中间少、两端多的特点，其中粒径大于 4.75mm 的颗粒较多，粒径 2.36mm 的颗粒筛余可以高达 40%，而粒径小于 0.075mm 的石粉颗粒可以高达 10%。只有经过级配调整或去粉处理才能保证质量，图 6-2 为级配调整后的机制砂与天然砂级配曲线。

由图 6-2 可见，经过级配调整的机制砂可以做到与河砂级配曲线基本一致，这正是机

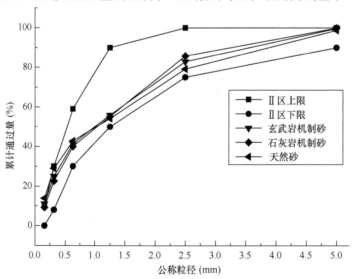

图 6-2　级配调整后的机制砂与天然砂级配曲线

制砂生产的优点之一，但在实际生产中为减少机械磨损，降低生产成本，很少有生产企业专门去进行级配调控，这里的原因还包括由于多年使用天然砂的影响，对砂级配的重要性认识不足。因此，提高机制砂生产企业素质，开展砂基本材性知识教育非常必要。

3. 石粉含量

与天然砂不同，机制砂粒径小于 $75\mu m$ 的颗粒被定义为石粉。石粉是机制砂生产中不可避免产生的"副产品"，与机制砂母岩质地相同，粒径与水泥颗粒为同一数量级，部分具有母岩性质的石粉可以参与水泥的水化进程，不完全属于惰性材料，适量的石粉对混凝土是有益的，对工作性能来说可以增加水泥浆体颗粒含量，增强浆体黏聚性，对力学性能来说可以填充骨料颗粒间的孔隙，提高颗粒堆积密实性，石粉含量的测试可按照现行《建设用砂》（GB/T 14684）进行。各国对机制砂石粉的界定范围以及混凝土中石粉含量的最高限值见表 6-2。

表 6-2　各国机制砂石粉的界定范围以及石粉含量的最高限值

国家或标准	界定（小于 μm）	石粉含量最高限值（%）
日本	75	9
印度	75	15～20
美国	75	5～7
澳大利亚	75	25
英国	63	15
法国	63	12～18
西班牙	63	15
欧洲	63	12～18
《建设用砂》（GB/T 14684）	75	≤10%（MB<1.4）
《公路工程水泥混凝土用机制砂》（JT/T 819）	75	桥涵结构：MB<1.4 时，5%（Ⅰ类）、7%（Ⅱ类）、10%（Ⅲ类） 路面结构：MB<1.4 时，3%（Ⅰ类）、5%（Ⅱ类）、7%（Ⅲ类）
《公路桥涵施工技术规范》（JTG/T F50）	75	MB<1.4 时：5%（≥C60）、7%（C30～C55）、10%（≤C20）
《普通混凝土用砂、石质量及检测方法标准》（JGJ 52）	75	MB<1.4 时：5%（≥C60）、7%（C30～C55）、10%（≤C20）

《普通混凝土用砂、石质量及检验方法标准》（JGJ 52）已将机制砂混凝土中的石粉含量放宽至 10%，但实际工程中机制砂石粉含量一般远超过标准中的规定。大量试验表明，在机制砂 MB<1.4 时，采用较高含量石粉对混凝土并没有明显的不利影响，因此可以适当放宽对石粉含量的要求，通过试验验证确定各强度等级混凝土中机制砂石粉的最佳掺量。

4. 含泥量

与天然砂定义的粒径小于 $75\mu m$ 的颗粒定义为泥不同，机制砂中的泥是指母岩矿石开采、运输及储存过程中混入的一些黏土类矿物，粒径一般小于 $2\mu m$，但也有粒径超过

$10\mu m$ 的大颗粒存在，其中膨胀性黏土矿物具有极大的比表面积，对水分子和外加剂产生较强的吸附作用，通常表现为混凝土用水量和外加剂掺量增加，并破坏混凝土和易性。目前亚甲蓝试验（MB 值试验）可以定性地表征机制砂中含泥量的高低，根据膨胀性黏土极大比表面积对亚甲蓝染料的吸附，而非黏土矿物几乎不吸收亚甲蓝染料的特性，亚甲蓝值与黏土含量乘以黏土比表面积的乘积成正比，可以定性检验石粉中是母岩破碎的同种粉末颗粒还是泥土颗粒。机制砂在生产过程中应严格控制石粉中的含泥量，采用除土工艺和水洗方式控制含泥量，并尽量保留和利用机制砂的石粉，避免造成资源浪费。

5. 母岩岩性

我国由于地域性差异，各地区生产机制砂的岩石岩性各不相同，其中石灰岩分布最为广泛，花岗岩主要分布在我国东南和东北，而玄武岩主要分布在西南地区。各地机制砂母岩不同，组成及构造也各不相同，目前对石灰岩研究最为深入，多项研究表明，骨料不仅在物理力学性质影响混凝土的性能，还在一定程度上通过其化学组成影响骨料表面结构及与水泥浆界面过渡区结构，进而引起混凝土性能的差异性。

6.1.2　机制砂混凝土特性

机制砂混凝土是指细骨料由部分或全部机制砂构成的混凝土，与天然砂混凝土相比，其特性由机制砂本身的特点所决定。

1. 配合比设计

与天然砂混凝土相比，机制砂混凝土配合比参数需要根据其特性进行相应调整，通常由于石粉的掺入，为保证混凝土工作性能，在胶凝材料用量不变的情况下，单位用水量要有所增加；石粉视为惰性矿物掺和料时，机制砂混凝土的配合比设计宜参考水粉比；由于中间少、两端多的级配特性，一般砂率也要相应提高，但由于石粉的存在，合理砂率有所降低，且在石粉含量较多（≥10%）的低胶凝材料用量混凝土配合比设计时，砂率的选择还要参考水粉比。

2. 混凝土性能

机制砂按照天然砂配合比设计规律制备的混凝土，通常表现为拌和物流动性能较差、黏度较高，但黏聚性较好、硬化混凝土抗压强度提高；如达到相同的拌和物性能，则需增加单位用水量，通常硬化混凝土抗压强度无明显降低，但需要注意的是，用水量的增大易导致胶凝材料用量较少的低强度等级混凝土离析、泌水，需要辅以其他控制手段。

3. 外加剂敏感性

与天然砂对外加剂相对稳定不同，不同母岩岩性导致机制砂对外加剂反应更为敏感，外加剂的选用除了考虑水泥适应性之外，还要考虑不同性质机制砂石粉、泥粉的影响。

通过合理利用机制砂中的石粉、调整机制砂的砂率、选择适宜的外加剂，根据机制砂的特点进行混凝土配比设计，完全可以配制出和易性、耐久性良好的混凝土。机制砂配制混凝土具有更好的黏聚性和稳定性，在泵送过程中不易堵泵，因此特别适于配制高性能混凝土，特别是高泵送混凝土。

6.1.3　超高层泵送机制砂混凝土应用情况

随着机制砂混凝土研究的深入，在交通桥梁等对混凝土要求更高的基础设施领域，机制砂混凝土同样取得了广泛应用，例如中铁大桥局集团公司在东海大桥工程中用30%~40%的机制砂代替天然砂生产C50高性能混凝土；重庆嘉陵江黄花园大桥主桥箱梁结构使用了机制砂和特细砂混掺的C50混凝土；培江三桥采用机制砂与天然砂混掺制备C50混凝土等。

近些年，随着超高层建筑的兴起，机制砂混凝土也逐渐向高性能、高强度、超高层方向发展，如在成都群光大陆广场、成都茂业中心成功应用C80机制砂高强超高层泵送混凝土，总立方量超过20000m³；云南时代广场工程中一次性大规模生产和应用了8000 m³机制砂和特细砂配置的C80高强泵送混凝土；昆明西山万达广场项目，完成了C80自密实机制砂混凝土的300m泵送及浇筑；阿尔及利亚嘉玛大清真寺项目，在自然、地理、施工标准与国内差别极大的情况下，以当地特有的石屑（机制砂）和天然矿砂复配成功制备可超高层泵送的C60高强超混凝土，最高泵送高度为250m，刷新北非地区高强混凝土泵送最高纪录。代表性的机制砂混凝土超高层建筑见表6-3。

表6-3 代表性的机制砂混凝土超高层建筑

序号	建筑名称	城市（国家）	高度（m）	层数	混凝土等级	最高泵送高度（m）
1	嘉玛大清真寺	阿尔及利亚	265	42	C60	250
2	西山万达广场	昆明（中国）	305	67	C30~C80	305
3	成都群光广场	成都（中国）	166	37	C80	166
4	茂业中心	成都（中国）	120	35	C80	—
5	贵阳花果园双子塔	贵阳（中国）	335	65	C30~C90	300

尽管国内外研究学者一致认可机制砂混凝土可以应用在高层、超高层建筑中，并且根据机制砂特性进行混凝土设计可以获得不逊色于天然砂甚至更好的包括可泵性在内的诸多性能，但工程上对是否能用机制砂制备高层、超高层泵送混凝土仍持不乐观态度，超高层泵送机制砂混凝土的相关研究及应用技术仍需进一步深入和推广。

6.2 用于超高层泵送中的机制砂

6.2.1 选型原则

1. 颗粒级配与细度模数

超高层泵送机制砂混凝土要求拌和物具有较低的黏度、大流动性与高黏聚性，如果选择细砂，则细砂较大的比表面积会增大包裹水的用量，在总用水量一定的情况下，自由水减少，拌和物黏度增大，不利于泵送；若选择用粗砂，则会降低混凝土拌和物黏聚性。因此超高层泵送机制砂混凝土宜选用质地坚硬、清洁、级配良好的中砂，细度模数宜在2.3~3.2。

2. 石粉含量

石粉是机制砂生产中不可避免产生的岩石细粉，与机制砂母岩矿物成分、化学成分相同，占机制砂总量的10%~15%。一般认为是一种惰性填充料，对超高层泵送机制砂混凝土来说，适量石粉的掺入可以有效改善骨料填充性，增加水泥砂浆颗粒数，一定程度上减低泵送阻力，对低强度等级混凝土，机制砂石粉含量不宜小于 5％，宜在 10％～15％，但不应大于 20％，而对高强度等级混凝土，由于胶凝材料掺量较多，水泥砂浆内颗粒足够，但当石粉含量过高时，除了充分填充在骨料颗粒间的石粉，多余的石粉会增大混凝土需水量，进而增大拌和物黏滞性，增大泵送压力，高强度等级混凝土机制砂石粉含量不宜高于 10％，因此对超高层泵送机制砂混凝土来说，需要充分考虑机制砂石粉含量。

3. 含泥量

由于生产工艺、设备、矿源等原因，机制砂中会含有一定量的泥粉，当泥粉含量过高时，由于其中膨胀性黏土的多层状结构，会严重吸附外加剂分子，降低外加剂使用效果，对超高层泵送机制砂混凝土来说，一般水胶比较低，混凝土保坍性主要靠外加剂调节，外加剂用量较高，当泥粉含量较高时，对外加剂吸附量增大，导致原来由于外加剂打散的胶凝材料粒子之间的立体网状结构重新凝聚，释放的游离水数量减少，混凝土拌和物变稠，工作性能经时损失提高，导致泵送压力损失。因此对与超高层泵送机制砂混凝土来说，应严格控制机制砂泥粉含量，应采用水洗碎石法制备机制砂，含泥量宜小于 0.5％。

4. 母岩质地

骨料母岩的性能决定其是否适用于混凝土骨料，母岩的力学性能直接影响骨料的物理力学性能，母岩的种类也决定骨料是否具有碱活性，配置超高层泵送机制砂混凝土用机制砂须用质地坚硬，母岩强度不低于混凝土设计等级的 1.5 倍，且不含对混凝土有害的化学成分，经机械轧制而成。

5. 其他要求

超高层泵送机制砂混凝土用机制砂除符合上述选型原则外，其他性能指标应符合现行《建设用砂》（GB/T 14684）、《普通混凝土用砂、石质量及检验方法标准》（JGJ 52）、各地方关于机制砂使用标准等相关标准和规范要求。

6.2.2 质量控制

超高层泵送机制砂混凝土对机制砂质量要求较高，而目前机制砂的生产普遍存在级配不良、石粉含量超标、颗粒棱角多等质量问题，对超高层泵送机制砂混凝土性能影响较大。事实上，机制砂的品质是可控可调的，采用合理的生产工艺，严格控制机制砂的各项指标，机制砂的品质不仅不会低于天然砂，甚至优于天然砂。

1. 母岩品质控制

决定机制砂质量最根本的就是母岩品质，在母岩选择上要做好以下几点：①矿山选择上要注意山皮覆盖厚度、植被状况、夹层泥土含量以及矿石整体性，宜选择植被较少、夹层含泥少、山皮覆盖薄、岩性均一的矿山；②母岩品质要注意岩石类型、质地、清洁程度、抗压强度、有无潜在碱骨料反应等，宜选择干净、质地坚硬、无软弱及风化颗粒、无潜在碱骨料反应的石灰岩、白云岩、花岗岩、玄武岩等，并符合表 6-4 的检测指标。

表 6-4　母岩检验项目

检验项目	岩石抗压强度	碱活性（％）	硫化物及硫酸盐含量（％）	氯离子含量（％）	石料等级
技术要求	≥1.5 倍混凝土抗压强度等级	快速砂浆棒法，<0.20	≤0.50	≤0.02	三级或三级以上

2. 含泥量控制

超高层泵送机制砂混凝土对机制砂含泥量有较高要求，在实际生产中，机制砂含泥量一般通过以下几个方法进行控制。

（1）母岩清洗：在母岩开采过程中，会不可避免地带入一些植被根茎、泥土等杂质，还会有大量软弱风化的细小岩石颗粒附着于大块矿岩表面（图6-3）。因此，在进入喂料机前，如有比较明显的泥土等杂质，应进行清洗。

图6-3　含有杂质的母岩

（2）振动除泥：在粗碎前通过喂料机底部增加钢板式条筛网结构有效筛除石块中部分泥土，根据需要可在中碎前对骨料进行第二次振动除泥，剔除细小颗粒。

需要注意的是，具体除泥方法应根据机制砂生产具体环境、条件选择，可以采用一种或两种除泥方式，来降低机制砂中泥粉的含量。

3. 颗粒级配控制

通常影响机制砂级配的主要因素有两个，破碎方式是其内在因素，筛分环节是其外在因素，需要从这两个因素同时入手。

近年来，从制砂效率、运行成本等原因考虑，应用范围比较广的破碎方式有反击式破碎与冲击式破碎两种，两种破碎方式对比见表6-5。

表6-5　反击式破碎与冲击式破碎机制砂对比

破碎方式	影响因素	生成机制砂的方法	机制砂特点
反击式	破碎机转子转速、板锤间隙	石块经过粗碎和中碎后通过振动筛粒径小于5mm的物料，是料场生产碎石的副产品	机制砂级配良好，曲线平滑，但棱角性强，颗粒形貌较差
冲击式	破碎机转子的线度、物料含水量、给料量、入料粒径	将某一粒径碎石经过立式冲击破碎机进行破碎，经过筛分得到的机制砂	机制砂级配不良，两端颗粒占比较多，中间颗粒较少，但粒形接近天然砂

由表6-5可以看出，反击式破碎生产的机制砂级配良好但粒形较差，而冲击式破碎生产的机制砂级配不良但粒形良好。对超高层泵送机制砂混凝土而言，机制砂同时需要良好

的级配曲线和粒形，因此实际生产中应采用反击式和冲击式联合制砂，获得级配、粒形良好的机制砂。

控制机制砂产品级配的另一个重要因素就是筛分环节，其中振动筛的筛孔形状、尺寸以及筛面倾角大小是影响机制砂质量的关键性参数；对筛孔形状，为控制机制砂级配以及较大石粉颗粒通过率，不宜选择长方形和圆形，一般采用正方形；筛孔尺寸的选择会直接影响机制砂的质量和产量，一般而言，筛网尺寸越大，机制砂越粗，石粉含量越低，尺寸越小，机制砂越细，石粉含量越大；筛面倾角的选择会影响机制砂筛分效率。对超高层泵送机制砂混凝土，机制砂不宜过粗，宜选用正方形孔筛，振动筛最小级筛网尺寸宜控制在3.5mm及以下，筛面倾角一般控制在20°左右为宜，以满足超高层泵送需求。

4. 石粉含量控制

机制砂在生产过程中会产生10%～20%的石粉，对低强度超高层泵送机制砂混凝土来说，由于胶凝材料用量较少，需要石粉含量较高的机制砂来补充浆体颗粒含量，改善混凝土黏滞性和保水性，而对高强超高层泵送机制砂混凝土来说，胶凝材料用料较多，较多的石粉反而会使浆体内部碰撞颗粒增多，增大混凝土塑性黏度和屈服应力，不利于混凝土泵送，因此需要通过有效措施较为精确地控制机制砂中的石粉含量。目前机制砂石粉含量控制主要有两种方式，即湿法控粉和干法控粉。常见控粉工艺的设备及特点见表6-6。

表6-6 常见控粉工艺的设备及特点

工艺名称	设备名称	控粉方法	机制砂特点
干法控粉	干法制砂分离机	物料由进料系统进入分级室，利用转子的旋转离心力将粉体颗粒抛出，通过不同的结构形式改变含粉气流的速度、方向、惯性将粉体颗粒按粗细程度分离出来	石粉含量合适，级配良好，产量高，过程用水少，不受季节影响，但粉尘较大，易对环境造成污染
湿法控粉	螺旋式洗砂机	根据固体颗粒在液体中由于大小、相对密度等原因带来的沉降速度不同的原理，细颗粒悬浮在水中，由溢流管排出，粗颗粒沉降在底部，实现粗细颗粒分离	耗水量大，机制砂级配破坏较严重，细度模数偏大，石粉较少
	轮式洗砂机	砂石由给料槽进入洗槽中，在叶轮的带动下翻滚，相互摩擦，除去砂石表面的杂质；同时加水，形成水流，将杂质及相对密度小的异物带走，从溢出口排出。干净的砂石由叶片带走，最后砂石从旋转的叶轮倒入出料槽	细颗粒流失少，机制砂级配稍有破坏，细度模数偏大，石粉较少

干法控粉工艺生产的机制砂石粉含量一般较高，需要降低石粉含量以满足工程需求，一般在控粉工艺上采取湿式生产洗去部分石粉或用风选设备吸出部分石粉，以满足标准要求。对天气寒冷、干燥、水资源缺乏地区，宜采用干法风选工艺，但需要注意的是干法控粉易造成过多扬尘，污染环境，应在制砂机与振动设备外围增加密封设施，同时在入仓传送带上设置喷雾装置减少入仓下落过程中的扬尘。

湿式控粉工艺生产的机制砂石粉含量一般较低，需要经过增加石粉回收工艺，满足工程需要。目前石粉回收方式主要分为两种，既机械回收法和人工回收法，视制砂生产规模和场地面积进行选择。一般在生产规模较大或场地面积较小时采用机械回收，将筛分车间和制砂车间螺旋分级机溢流水中带走的石粉通过集流池，然后通过脱水设备脱水后回收。在生产规模较小或砂石堆放场地面积较大时，可以采用人工回收方式，即将制砂过程中含有石粉的溢脱水自然存放脱水，若存在团聚状或粗颗粒较多，可用简易设备进行辅助分离，也可通过压滤干化后的石粉经双辊破碎机加工成松散粉末状，防止石粉成团，控制机制砂中的石粉含量。

还可通过以下方式控制石粉含量：（1）通过不断工艺组合试验，有效控制石粉的添加量。（2）在石粉添加斗的斗壁附有振动器，斗下安装一台螺旋分级机，通过螺旋分级机均匀地添加到成品砂仓入仓胶带机上，使石粉得到均匀混合。（3）在施工总布置中要考虑一个石粉堆存场。堆存场既可以调节添加量，又可以通过自然脱水降低含水率，在一定程度上调节成品砂的含水率。

6.3　基于机制砂特性的超高层泵送混凝土配合比设计

合理的配合比设计是保证超高层泵送机制砂混凝土良好泵送施工性能、力学及耐久性能的关键因素。机制砂不同于普通河砂，其级配不稳定、细粉颗粒多，对混凝土性能影响较大，为保证超高层泵送机制砂混凝土的大流动性、低黏度、高黏聚性以及较低性能经时损失，配合比设计原则和设计参数应根据机制砂特性进行调整。

6.3.1　超高层泵送机制砂混凝土配合比设计原则

与天然砂混凝土相比，超高层泵送机制砂混凝土的关键是根据机制砂特性对泵送性能的影响进行设计。

（1）考虑到机制砂大棱角性、表面粗糙和一定的石粉含量，机制砂颗粒需要更多浆体包裹，为达到与天然砂混凝土相同的泵送性能，机制砂混凝土在水胶比不变的情况下应提高胶凝材料用量和单位用水量。

（2）机制砂混凝土合理砂率的选择要充分考虑石粉含量的影响，不能仅考虑机制砂级配曲线、细度模数大小等因素，对将石粉作为惰性粉料的机制砂混凝土，宜结合水粉比进行相应试验，确定合理砂率。

（3）对骨料堆积密实性，除了粗骨料的多级配组合，宜将机制砂细骨料级配考虑在内，采用骨料全粒级最紧密堆积方式，使其堆积密度最大、空隙率最小，骨料最大粒径应根据泵送高度以及泵送管道管径进行选择。

（4）对矿物掺和料选型及掺量，考虑到机制砂超高层泵送混凝土拌和物大流动性与黏聚性的矛盾，在保证混凝土强度和耐久性的前提下，应根据机制砂石粉含量，尽量降低水泥熟料用量，单掺或复掺适量的矿物掺和料，如粉煤灰或矿渣粉，掺量宜大于20%。

（5）对外加剂的选用，由于机制砂颗粒粗糙，石粉含量高，削弱混凝土流动性，并带来较高的黏度，制备大流动性混凝土宜优先选用性能良好的具有适量引气组分的聚羧酸高性能减水剂及其他外加剂，同时格外注意要与水泥、机制砂石粉的适应性。

（6）应严格控制机制砂级配、石粉、泥粉含量，保证机制砂质量稳定，并不断优化配合比参数，在保证良好的工作性能的前提下适当降低水胶比，提高混凝土强度。

6.3.2 基于机制砂特性的混凝土配合比参数调整

1. 单位用水量

机制砂为机械破碎而成，其颗粒多为棱角，表面粗糙，因此一般来讲，为达到同样工作状态，机制砂混凝土需要更多的用水量。在相同混凝土工作性能需求时，超高层泵送机制砂混凝土要比天然砂的混凝土单位用水量增加 $5\sim10kg/m^3$。表 6-7 对比了同配合比下的机制砂、天然砂的混凝土工作性能、抗压强度，以及同工作性能下的机制砂、天然砂的混凝土工作性能、抗压强度。其中，S1 是天然砂，S2、S3 是机制砂。从表 6-7 可以看出，S1、S2 同配合比下机制砂混凝土比天然砂混凝土工作性能较差、但抗压强度较高；而 S1、S3 同工作性能下机制砂混凝土尽管需水量比天然砂混凝土高，但抗压强度并未降低。

表 6-7 不同条件下 C30 机制砂、天然砂混凝土工作性能、抗压强度对比

序号	C30 混凝土配合比（kg/m³）						坍落度/扩展度（mm/mm）	倒筒时间（s）	拌和物状态描述	28d 抗压强（MPa）
	水	水泥	粉煤灰	砂	石	外加剂（%）				
S1	160	240	110	915	915	1.5	220/540	4.1	流动性、包裹性良好	35.2
S2	160	240	110	915	915	1.5	210/515	6.5	流动性较差、较黏	37.8
S3	167	240	110	915	915	1.5	220/545	4.2	流动性、包裹性良好	35.4

单位用水量的增大将导致混凝土极易发生泌水现象，因此在保证混凝土工作性能的前提下，还要适当控制混凝土的用水量，可以采取调整外加剂用量或提高外加剂减水率的方式进行配合比优化。

2. 矿物掺和料选择

矿物掺和料是配制超高层泵送机制砂混凝土必需的原材料。由于机制砂级配一般较差，掺和料的选用要着重考虑对混凝土颗粒堆积密实性、混凝土工作性能，尤其是流动性能的影响，因此，在胶凝材料堆积系统中掺入比水泥磨细程度细的矿物外掺材料，用于填充水泥颗粒之间的空隙，降低填充水含量，使在总用水量一定的情况下，多余的填充水变成表面层水，增大水膜的厚度，增加混凝土流动度。目前，常用的矿物掺和料包括粉煤灰、矿渣粉、硅灰等。

粉煤灰掺入混凝土中，可包裹在骨料的表面形成浆体层并填充在骨料之间的空隙，使拌和物的流动性增加。粉煤灰也可以对水泥颗粒起到分散作用，使水泥均匀地分散到骨料的四周，进一步提高混凝土的泵送性能；磨细矿渣粉用于改善和保持超高层泵送机制砂混凝土泵送性能，提高超高层泵送机制砂混凝土硬化后的强度；硅灰用于改善超高层泵送机制砂混凝土的流变性能和黏聚性（抗离析性）。

3. 机制砂石粉含量和砂率的选择

与天然砂混凝土相比，机制砂级配一般较差，需要较高的砂率，但随着机制砂中石粉含量的增加，砂率相应降低。因此在采用机制砂制备混凝土时，其砂率的选择不仅要考虑机制砂细度模数的大小，还要充分注意其石粉含量的影响。石粉含量的增加会使合理砂率降低，用高石粉含量的机制砂配制混凝土的砂率，应参考最佳水粉比，或由最佳水粉比决定砂率。

　　在中低强度的超高层泵送混凝土中，较高的石粉含量具有正作用，比天然砂更适合搭配高等级水泥制备低强度等级混凝土，机制砂石粉含量宜在 10％～15％，最高限值为 20％；同时，由于机制砂混凝土普遍比同配合比天然砂混凝土强度高、但拌和物黏度较大，可以利用外加剂解决强度富余过多与拌和物黏度之间的矛盾，提高可泵性；而对高强混凝土，机制砂石粉含量不宜超过 10％，在水胶比较小、胶凝材料较多的情况下，过多的石粉具有反作用，降低拌和物可泵性。

　　图 6-4 和图 6-5 分别给出了石粉含量对 C30、C90 超高层泵送机制混凝土性能的影响。先将试验用机制砂进行筛分，把 0.075mm 以下部分的石粉筛出，然后将得到的石粉与筛分后的机制砂（无石粉）进行复配，C30 混凝土石粉含量分别为 0％、7％、9％、11％、13％，C90 混凝土石粉含量分别为 0％、1％、3％、5％、7％。

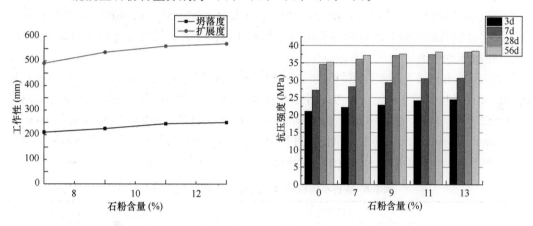

图 6-4　石粉含量对 C30 超高层泵送机制砂混凝土性能的影响

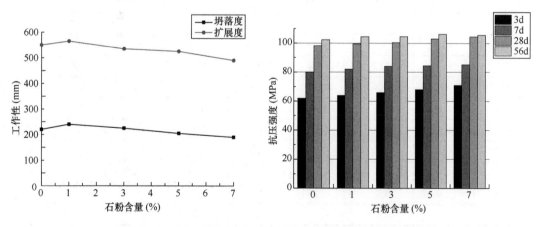

图 6-5　石粉含量对 C90 超高层泵送机制砂混凝土性能的影响

　　由图 6-4 可以看出，随着石粉含量的增加，C30 混凝土拌和物的坍落度、扩展度均呈逐渐增大趋势，这是由于石粉的掺入弥补了混凝土水泥浆体颗粒不足的缺陷，减少了粗细骨料之间的摩擦，拌和物性能得到改善，同时石粉的掺入填充和优化了硬化后混凝土的孔隙结构，提高了新拌混凝土的均匀性，不但使毛细孔得到细化，而且使孔隙率减小，从而使孔结构改善，改善了水泥石之间的界面过渡区，增加了混凝土强度；从图 6-5 中可知，随着石粉含量的增加，C90 混凝土拌和物的坍落度、扩展度均呈减小趋势，这是因为随着石粉含量增加，混凝土水泥浆体颗粒过多，黏度增大，但混凝土抗压强度不断提高（约提高 5MPa）。

对超高层泵送机制砂混凝土来说，机制砂石粉含量及砂率的选择应根据强度等级（胶凝材料用量）和机制砂细度模数（级配）综合考虑。

4. 骨料粒径及颗粒级配搭配

级配主要影响骨料的空隙率，空隙率越小，填充用砂浆越少，混凝土的匀质性越好，超高层泵送机制砂混凝土中粗骨料通常采用二级配或者三级配搭配，且随着泵送高度的增加，最大骨料粒径相应减小。

具体方法可以参考现行行业标准《公路工程沥青及沥青混合料试验规程》（JTG E20），先将不同粒径的骨料进行筛分，然后进行混合级配计算，得出各个粒径骨料的比率，使组合后骨料的筛分通过量接近现行行业标准《公路沥青路面施工技术规范》（JTG F40）中规定的中值。

如表 6-8 和图 6-6 所示，配制 C90 超高层泵送机制砂混凝土，泵送高度为 300m，选用的最大骨料粒径为 20mm，参考现行行业标准《公路工程沥青及沥青混合料试验规程》（JTG E20）的 AC-20 的矿料级配设计要求，将 5～20mm 连续级配的骨料筛分成 5～10mm、10～16mm、16～20mm 三级粗骨料和砂进行组合，其 5～10mm 骨料用量：10～16mm 骨料用量：16～20mm 骨料用量：砂的比例经计算为 12.5%：33.5%：12.0%：42.0%。

表 6-8　3 种不同粒径骨料的筛分结果及组合比率

筛孔尺寸（mm）	通过百分率（%）					JTG F40 规范中值（%）	AC-20 要求级配范围通过量（%）	
	骨料 1 16～20mm	骨料 2 10～16mm	骨料 3 5～10mm	砂	合成混合料			
31.5	100.0	—	—	—	—	—	—	—
26.5	98.3	—	100.0	100.0	99.8	100.0	100	100
19	31.5	100.0	100.0	100.0	91.4	95.0	90	100
16	16.3	92.9	100.0	100.0	87.1	85.0	78	92
13.2	8.3	54.2	100.0	100.0	73.2	71.0	62	80
9.5	3.0	16.4	95.9	100.0	59.4	61.0	50	72
4.75	0.0	2.0	11.8	96.2	42.5	41.0	26	56
2.36	0.0	0.0	0.9	73.0	30.7	30.0	16	44
1.18	0.0	0.0	0.0	52.7	22.1	22.5	12	33
0.6	0.0	0.0	0.0	34.0	14.3	16.0	8	24
0.3	0.0	0.0	0.0	22.5	9.4	11.0	5	17
0.15	0.0	0.0	0.0	10.4	4.4	8.5	4	13
0.075	0.0	0.0	0.0	4.8	2.0	5.0	3	7
筛底	0.0	0.0	0.0	0.0	0.0	—	—	—
合成混合料中各成分比率	12.5%	33.5%	12.0%	42.0%	—	—	—	—

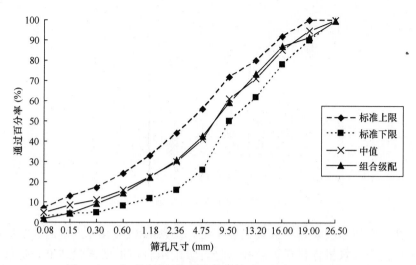

图 6-6　3 种不同粒径骨料的筛分结果及组合比率分布图

本节选用上述组合级配骨料和同材质的符合 JTG E20 要求的 5～20mm 连续级配的骨料，配制混凝土进行了性能比较，其配合比见表 6-9。

表 6-9　粗骨料级配对混凝土的影响试验配合比　　　　　　　　　　　　kg/m³

编号	水泥	矿渣粉	粉煤灰	硅粉	砂	石	水	外加剂
1	350	100	50	0	756	1044	150	
2	400	100	50	0	733	1013	154	
3	450	100	30	20	711	983	156	掺量为胶凝
4	350	100	50	0	756	1044	150	材料的 0.2%
5	400	100	50	0	733	1013	154	
6	450	100	30	20	711	983	156	

注：表中 1、2、3 组选用 3 种粒径（5～10mm、10～16mm、16～20mm）的组合骨料；4、5、6 选用 5～20mm 连续级配。

试验结果如表 6-10 和图 6-7 所示，在不同配合比条件下，采用组合级配骨料设计的混凝土工作性能和抗压强度比连续级配骨料试件的性能都要好，原因可能是其骨料级配较好，有更多水泥浆增加了拌和物工作性能，同时在受压破坏时，减少了应力集中，受力均匀，提升了整体强度。

表 6-10　粗骨料级配对混凝土的影响试验结果

编号	初始流动度（mm）	初始扩展度（mm）	抗压强度（MPa）			
			3d	7d	28d	56d
1	210	500	43.3	70.2	84.1	87.6
2	225	505	65.4	81.1	96.1	97.3
3	225	520	73.2	89.2	108.2	107.1
4	210	480	38.8	59.6	73.4	76.1
5	220	500	59.6	77.4	90.3	89.8
6	215	510	70.1	83.1	97.1	98.2

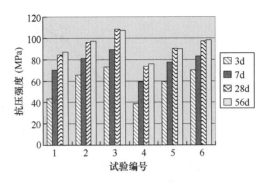

图 6-7　粗骨料级配对混凝土强度的影响

综上，在配制超高层泵送机制砂混凝土时，骨料级配对混凝土泵送性能影响极其重要，根据泵送高度选取粗骨料最大粒径并进行级配组合，根据试验结果确定最佳组合参数，保证混凝土泵送性能。

5. 外加剂选择

超高层泵送机制砂混凝土外加剂的选择除了要考虑与水泥的适应性之外，还要考虑与机制砂石粉的适应性，如表 6-11、图 6-8 所示。

表 6-11　外加剂与机制砂石粉的适应性试验结果

项目		水泥 (g)	石粉 (g)	水 (g)	外加剂 (g)	初始坍落度 (mm)	1h坍落度 (mm)
内掺	1	300	0	98	0.40	240	215
	2	290	10	98	0.40	245	205
	3	280	20	98	0.40	270	220
	4	270	30	98	0.40	280	225
	5	260	40	98	0.40	280	240
	6	250	50	98	0.40	285	240
	7	240	60	98	0.40	280	250
外掺	1	300	0	98	0.50	270	265
	2	300	10	98	0.50	250	220
	3	300	20	98	0.50	235	195
	4	300	30	98	0.50	220	160
	5	300	40	98	0.50	200	130
	6	300	50	98	0.50	170	—
	7	300	60	98	0.50	150	—

由图 6-8 可知，石粉内掺时，随着石粉用量的增加，水泥净浆的流动度在不断增加，说明石粉对外加剂的吸附低于水泥对外加剂的吸附，当石粉外掺时，随着石粉用量的增加，水泥净浆的流动度在不断下降，主要原因是外掺的石粉对外加剂进行了吸附。如把石粉用作胶凝材料，其对水泥浆体的流动性有益；如把石粉用作细骨料的一部分，则会降低浆体的流动性，而且会增加浆体的经时损失。因此，针对上述机制砂中的石粉对外加剂的

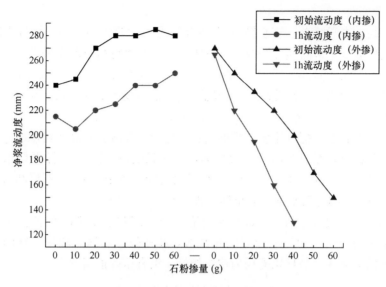

图 6-8 石粉含量对水泥净浆流动性的影响

影响，在超高层泵送机制砂混凝土选用外加剂时，应考虑石粉含量对外加剂的影响。

6.4 典型案例分析

6.4.1 阿尔及利亚嘉玛大清真寺项目

6.4.1.1 工程概况

嘉玛大清真寺项目（图 6-9）属于阿尔及尔海港新规划项目，拥有超大规模、超深基础，9 级抗震性能、500 年使用年限，超大规模干挂石材系统，超前绿色环保设计，为非洲高度最高、规模最大的建筑，也是世界第三大清真寺。其建筑面积为 40 万 m²，其中宣礼塔分为地上 42 层，地下 2 层，从地下 2 层到地上 37 层为标准层，38～42 层为观景平台，总高度为 265m，为世界宣礼塔之最。预计混凝土用量为 40 万 m³，其中核心筒-剪力墙混凝土等级为 C60，设计泵送最高高度为 250m，整个项目于 2018 年 9 月 5 日完成。

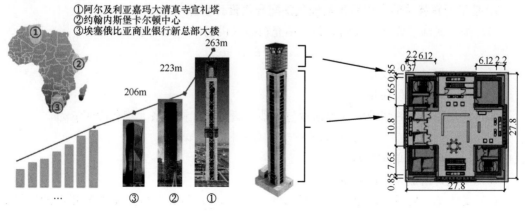

图 6-9 嘉玛大清真寺项目

6.4.1.2 技术难点

（1）强度高，物资匮乏：核心筒-剪力墙混凝土强度等级为 C60，超过当时阿尔及利亚实体结构应用混凝土最高强度等级；物资匮乏，且胶凝材料只能靠进口。

（2）高度高、泵送基础落后：C60 混凝土最高泵送高度为 250m，刷新了北非地区高强混凝土泵送最高纪录。当地混凝土泵送比率低，泵送技术落后，缺乏针对泵送施工的泵送剂、外加剂等产品。

（3）骨料资源有限，配合比设计难度高：当地细骨料分天然砂和机制砂，天然海砂具有良好的级配和粒形，然而氯离子含量超标，未达到欧洲 EN206-1 标准要求，天然矿砂粒径小，中位径小于 1mm，机制砂为生产粗骨料时颗粒小于 3mm 的石屑和石灰石粉，粒径范围为 0~3mm，细骨料基本性能指标见表 6-12、表 6-13。

阿尔及利亚基本没有运河，因此几乎没有卵石，配制混凝土时粗骨料需全部采用碎石。石子规格一般为 8/3、15/8、25/15 单粒级，粒径较小，划分较细，软弱颗粒含量较多。石子主要以洁净度、洛杉矶磨耗为控制指标，没有压碎值概念。

表 6-12 细骨料的基本物理性能

材料	密度（g/cm³）	细度模数	砂当量	含泥量（%）
天然矿砂	2.63	0.89	42.5	0.1
机制砂	2.63	3.84	70.5	0.2

表 6-13 细骨料的筛分结果 %

材料	8	6.3	5	2.5	1.25	0.63	0.31	0.16	0.063
天然矿砂	0	0	0	100	99.4	99.1	90.2	22.3	2.0
机制砂	100	99.4	95.8	57	33.1	20.6	13.9	10.5	7.9

6.4.1.3 基于欧标体系的混凝土配合比设计

由表 6-12、表 6-13 可以看出天然矿砂细度模数过低、而机制砂细度模数偏大，单独使用天然矿砂和机制砂均不能制备符合要求的高强超高层泵送混凝土，需要根据现有骨料特性，并结合超高层泵送机制砂混凝土配合比设计原则进行设计，提出基于骨料特性的全体系密实堆积法配合比设计方法。

1. 基于骨料特性的全体系密实堆积法配合比设计步骤

（1）按下式确定细砂（天然矿砂）填充粗砂（机制砂）的比率 α。

$$\alpha = w_f / (w_f + w_s)$$

式中　w_f——细砂单位质量；

　　　w_s——粗砂单位质量。

（2）以 α 为比率的细骨料（含细砂与粗砂）填充粗骨料的最大堆积因子 β 为

$$\beta = (w_f + w_s) / (w_f + w_s + w_a)$$

式中　w_a——粗骨料单位质量。

（3）由此得出最大单位质量 μ_w。

（4）最大单位质量中的粗骨料质量 $G=\mu_w(1-\beta)$；最大单位质量中的粗砂的质量 $S=\mu_w\beta(1-\alpha)$；最大单位质量中的细砂质量 $F=\mu_w\beta\alpha$。

(5) 最小空隙率 $V_v = 1 - (F/\gamma_f + S/\gamma_s + G/\gamma_a)$。其中，$\gamma_f$ 为细砂密度，γ_s 为粗砂密度，γ_a 为粗骨料密度。

(6) 混凝土中所需填塞空隙和润滑的水泥浆量 V_p 为

$$V_p = V_v + s \times t = N \times V_v$$

式中　N——水泥浆量的放大倍数（$N=1.1\sim1.5$）；

　　　s——骨料表面积；

　　　t——包裹于骨料表面的润浆厚度。

(7) 骨料的总体积 $V_{agg} = 1 - V_p$。

(8) 由于水泥浆量需要放大，则骨料质量做如下调整：

$$W'_s = \frac{V_{agg}}{\dfrac{1}{\gamma_s} + \dfrac{1-\beta}{\gamma_a \beta(1-\alpha)} + \dfrac{\alpha}{\gamma_f(1-\alpha)}}$$

$$W'_a = \frac{(1-\beta)W'_s}{\beta(1-\alpha)}$$

$$W'_f = \frac{\alpha W'_s}{1-\alpha}$$

式中　W'_s、W'_a、W'_f——调整后粗砂的质量、粗骨料的质量和细砂的质量。

(9) 欧洲标准中试验配合比强度等级、水胶比计算方式与我国标准一致，因此可参照现行行业标准《普通混凝土配合比设计规程》（JGJ 55）进行设计；单位用水量和胶凝材料总量可根据水胶比计算水泥浆体密度，并通过试验验证，结合水泥浆用量计算，需要注意设计的胶凝材料总量满足欧洲标准要求；外加剂用量根据试验确定合理比例。

2. 基础配合比参数确定

将 3/8 与 8/15 按不同比例混合得到不同的松散堆积密度，如图 6-10 所示。由图可知，当 3/8 与 8/15 的比例在 3∶7～4∶6 之间时松散堆积密度最高，即 3/8 与 8/15 的最佳搭配比例约为 3∶7。

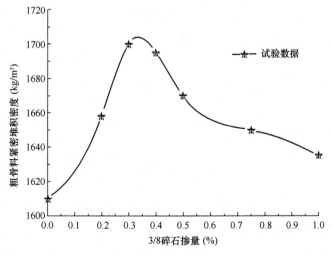

图 6-10　碎石 3/8 与 8/15 不同比例组合堆积密实度

将不同比例的细砂掺入粗砂中，得到不同的单位质量，如图 6-11 所示。将试验数据进行二次曲线拟合得到方程 $y=-9398x^2+2287x+1637$；对方程进行一阶求导得到方程 $y'=-18796x+2287$；令 $y'=0$，可求得最大的单位质量为 1777kg/m³，天然矿砂填充机制砂的最优比率为 $\alpha=12.2\%$。

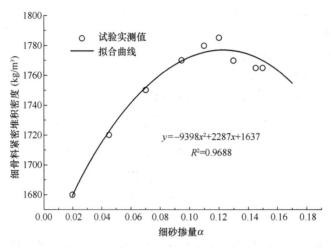

图 6-11　细砂密实堆积 α 图

将最佳掺量的细骨料按不同的比例掺入碎石中，得到不同的单位质量，如图 6-12 所示。将试验数据进行二次曲线拟合得到方程 $y=-6460x^2+5899x+799$；对方程进行一阶求导得到方程 $y'=-12920x+5899$；令 $y'=0$，可求得天然矿砂与机制砂的混合料掺入碎石中其最大的单位质量为 2145kg/m³ 及最优填充比率为 $\beta=45.6\%$。

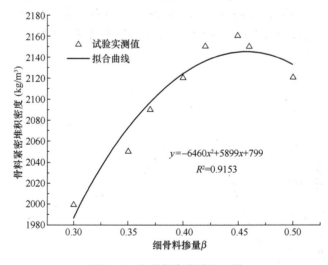

图 6-12　细骨料密实堆积 β 图

通过一阶求导得到了密实堆积参数 α 为 12.2%、β 为 45.6%，通过上述公式可计算出 C60 混凝土中密实堆积相关参数（表 6-14），可以得出 $w_f：w_s：w_{a3}：w_{a8}$ 质量比为 1：7.1：2.9：6.8，结合水胶比计算结果 0.3，净浆密度 $\rho_{浆}$ 为 2300kg/m³，混凝土设计密度 $\rho_{混凝土}$ 为 2460kg/m³，参数 N 设定为 1.4，可计算出混凝土基准配合比，见表 6-14。

表 6-14 密实堆积相关参数计算结果

强度等级	试验参数（kg/m³）				设定计算参数				配合比（kg/m³）				
	μ_w	$\rho_浆$	$\rho_{混凝土}$	水胶比	N	V_v	V_p	B	W_s	W_a	W_f	W_c	W_w
C60	2145	2300	2460	0.3	1.40	0.17	0.24	470	735	995	105	353	145

根据水泥净浆和混凝土试验，确定减水剂掺量为 1.2%，混凝土设计配合比及性能如表 6-15 和表 6-16 和图 6-13 所示。

表 6-15 高强混凝土初步设计配合比

强度等级	水（kg/m³）	水泥（kg/m³）	0-1 细砂（kg/m³）	0-3 粗砂（kg/m³）	3-8 细石（kg/m³）	8-15 中石（kg/m³）	外加剂（%）
C60	143	470	105	735	300	695	5.67

表 6-16 初步设计高强混凝土工作性能和力学性能

强度等级	坍落度（mm）	扩展度（mm）	倒筒时间（s）	R_1（MPa）	R_3（MPa）	R_7（MPa）	R_{28}（MPa）
C60	240	570	10.5	13.5	36.9	52.8	64.5

初步设计混凝土配合比砂石级配较为合理，混凝土坍落度/扩展度为 240mm/570mm，28d 抗压强度基本满足要求，但强度富裕率低，且浆体黏度稍大，超高层泵送施工困难，早期强度低，1d 抗压强度达不到 25MPa 的设计要求，故开展配合比优化试验。

3. 配合比优化

（1）进一步提高胶凝材料总量，增加混凝土强度；

（2）引入硅灰掺和料提高混凝土早期强度；

（3）引入超细粉煤灰提高混凝土和易性，降低混凝土黏度和水化热；

（4）引入缓凝剂降低水泥水化速率，延缓水化温峰出现时间；

（5）通过水泥-粉煤灰密实度试验确定超细粉煤灰最佳掺量为 25%（图 6-14），而硅灰比率为 5%。

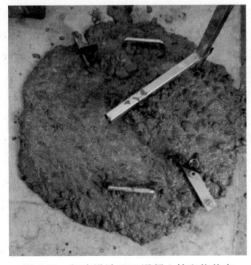

图 6-13 初步设计 C60 混凝土拌和物状态

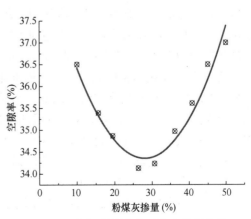

图 6-14 水泥-粉煤灰体系密实堆积曲线

调整后高强混凝土配合比见表 6-17，工作性能和力学性能测试结果见表 6-18。

表 6-17 调整后高强混凝土配合比

编号	配合比参数（kg/m³）								减水剂（%）	缓凝剂（%）
	水泥	微珠	硅灰	0-1 细砂	0-3 粗砂	3-8 细石	8-15 中石	水		
C60-1	550	0	0	100	710	290	660	138	9.1	2.2
C60-2	600	0	0	100	710	290	660	140	9.4	2.4
C60-3	460	140	0	100	710	290	660	140	6.2	2.4
C60-4	430	140	30	100	710	290	660	140	7.8	2.4
C60-5	390	150	30	120	690	280	640	140	7.2	1.7
C60-6	400	150	50	120	690	270	620	135	7.2	1.8
C60-7	410	130	30	270	540	270	620	153	9.1	1.7
C60-8	440	100	30	270	540	270	620	153	9.1	1.7

表 6-18 C60 混凝土工作性能和力学性能

配合比编号	新拌混凝土性能			抗压强度（MPa）			
	坍落度（mm）	扩展度（mm）	倒筒时间（s）	1d	2d	7d	28d
C60-1	230	530	12.1	19.9	26.7	51.8	62.0
C60-2	240	570	12.1	20.1	28.9	54.0	64.0
C60-3	245	690	6.2	15.3	22.2	45.9	65.7
C60-4	240	540	8.0	17.8	23.2	50.6	71.1
C60-5	250	650	4.2	—	11.6	37.8	63.0
C60-6	250	700	3.6	—	9.2	39.2	80.0
C60-7	245	680	3.0	17.9	36.2	61.0	80.6
C60-8	240	660	3.0	26.1	41.7	72.9	85.5

从表 6-17 和表 6-18 中的新拌混凝土工作性能数据可知：当胶凝材料仅为水泥时，提高胶凝材料用量，混凝土黏度也将提高，倒筒时间较长，很难满足超高层泵送需求；当采用 23.3％超细粉煤灰替代水泥时，混凝土黏度大幅度降低，倒筒时间降低约 50％，表明微珠具有较好的降黏效果；进一步采用硅灰替代水泥，混凝土倒筒时间进一步降低，表明硅灰也具有良好的降黏效果。但当超细粉煤灰掺量较高时，混凝土早期强度提升不明显，当硅灰掺量为 5.3％、微珠掺量为 17.5％时，混凝土黏度降至最低。

从表 6-18 中抗压强度数据可知：掺微珠混凝土早期强度较低，后期则有明显的提升，当采用 23.3％微珠替代水泥时，混凝土 1d 抗压强度降低了 23.4％，28d 抗压强度较基准组反而提高了 2.6％，表明微珠具有后期增强的效果。硅灰对混凝土早期强度和后期强度均有较大的贡献，对比配合比 C50/C60-2 和 C50/C60-3 可知，当采用 5％硅灰替代水泥时，1d 抗压强度提高 16.3％，28d 抗压强度增长 8.2％，但硅灰掺量不宜过高，否则可能因混凝土黏聚性变差导致抗压强度降低。

由于石粉质量波动明显，后期石粉微粉含量降低，通过增加细砂含量可明显提高混凝土和易性与保水性能，黏度也明显降低。

综合各组配合比工作性能和力学性能参数对比可知，当微珠掺量为 17.5％、硅灰掺量为 5.3％时，混凝土综合性能满足宣礼塔混凝土相应的技术要求，故选用 C60-7 作为优化配合比。

6.4.2 昆明西山万达广场

6.4.2.1 工程概况

昆明万达广场项目为城市综合体项目（包含大商业、超五星酒店、高端写字楼、城市商业街及配套设施），位于昆明市西山区前兴路云南妇产科医院南侧，前兴路前卫政府办事处北侧，隶属金产区 9 号、10 号、13 号、14 号的地块。其项目分为东西两个地块，建筑面积为 68.2 万 m²。A 地块占地 3.928hm²（1hm²＝10000m²），建筑面积为 25.42 万 m²（地上 16.92 万 m²，地下 8.50 万 m²），为综合性大商场，大商场上面为两栋 100m 高公寓楼；B 地块占地 3.097hm²，建筑面积为 43.29 万 m²（地上 35.64 万 m²，地下 7.65 万 m²）。场地内为两栋 300m 高的超高层甲级写字楼和一栋 100m 高的超五星酒店及裙房城市商业街。效果图如图 6-15、图 6-16 所示。

图 6-15 昆明西山万达广场效果图（一）　　　图 6-16 昆明西山万达广场效果图（二）

该工程建筑结构形式为桩基础、筏板基础，框架核心筒＋钢结构，设计使用年限为 50 年，结构安全等级为一级，抗震设防烈度为 8 度。

工程 B 区南北塔楼均为超高层建筑，混凝土采用强度等级为 C30～C60。9 号楼 67 层（含 66 层）洞口，设计高度为 292m；停机坪设计高度为 305m，两处实体浇筑采用 C80 低黏自密实机制砂混凝土。

6.4.2.2 技术难点及路线

1. 技术难点

昆明当地机制砂为山机砂：一方面，机制砂粒形和级配差，含粉量比率较大；另一方面，含泥量高，且其含泥量受其原材料毛石影响较大，对新拌混凝土的工作性能极为不利。过量的石粉和级配较差的机制砂会导致混凝土工作性能变差，再加上本身的胶凝材料用量比较大，水胶比低，混凝土黏度高，超高层泵送阻力大。

2. 技术路线

（1）机制砂的优选及砂率调整：通过调查昆明机制砂市场现状及预拌混凝土行业机制

砂利用现状，结合工程的具体要求，通过试验对比分析，确定机制砂应用过程中关键控制的是技术指标，同时为降低混凝土拌和物的黏性，减小泵送阻力，宜选用较高的砂率。

（2）多级配粗骨料紧密堆积技术：采用两种粒形较好的碎石，按一定比率搭配成连续级配使用，降低粗骨料间的孔隙率，节省填充砂浆用量，增加润滑砂浆量，降低泵送阻力。

（3）多元粉体堆积技术：根据各粉体理化特性及在混凝土中的作用效果，设计堆积体系，发挥各种材料特色，弥补其他材料缺陷，并遵循"强度设计为基础，耐久性设计为主导"的基本原则进行设计，提高混凝土力学性能、耐久性能，改善混凝土工作性能。

6.4.2.3 低黏度全机制砂混凝土配合比设计

1. 原材料

1）水泥

采用昆明某水泥厂提供的 P·O 42.5 水泥，该水泥质量稳定，与外加剂适应性良好，需水量较少，由新型干法窑生产，产量充足。其原材料检测代表性数据见表 6-19。

表 6-19　水泥主要物理力学性能指标

种类	标准稠度（%）	细度（%）	安定性	凝结时间（min）		3d 强度（MPa）		28d 强度（MPa）	
				初凝	终凝	抗折	抗压	抗折	抗压
P·O 42.5	25.3	1.4	合格	217	308	5.5	28.2	8.1	50.7

2）矿物掺和料

矿物掺和料的主要作用是减少水泥用量，提高混凝土体积稳定性，降低水化热，并可以改善混凝土拌和物和易性，减少泌水、离析现象。矿物掺和料性能指标见表 6-20。

粉煤灰：选用低碳、需水量少的优质粉煤灰，其 Cl^- 的含量不能超过 0.02%，SO_3^{2-} 含量不超过 3%，游离 CaO 不超过 1.0%。经多次试验验证，选用云南某Ⅰ级粉煤灰。

矿粉：Cl^- 的含量不能超过 0.02%；为避免混凝土拌和物的体积稳定性不良，矿粉中的 SO_3^{2-} 含量不超过 4%，MgO 不超过 14%；从减小混凝土收缩开裂的角度考虑，磨细矿粉的比表面积不宜太大。选某公司 S95 级粒化高炉矿渣粉。

硅灰：四川某品牌微硅粉，其质量稳定，应用成熟。

表 6-20　矿物掺和料性能指标

试验项目	指标	粉煤灰	微硅灰	S95 矿粉
化学指标	碱含量（%）	1.20	—	—
	游离氧化钙（%）	0.64	—	—
	安定性（mm）	0.00	—	—
	MgO（%）	11.00	—	—
	SO_3^{2-}（%）	0.40	—	—
	烧失量（%）	3.40	3.05	0.6
	Cl^-（%）	0.02	—	—
	SiO_2（%）	—	92.56	—

续表

试验项目	指标		粉煤灰	微硅灰	S95 矿粉
物理性能	堆积密度（kg/m³）		—	210	2880
	细度（45μm 筛余）（%）		4.50	1.08	—
	比表面积（m²/kg）		—	—	510
	含水率（%）		0.50	0.99	0.99
胶砂性能	需水量比（%）		92	—	96.6
	活性指数（%）	7d	—	—	64.6
		28d	—	—	92.0

3）外加剂

C80 超高层泵送机制砂混凝土对外加剂要求较为严格：一方面要求其具有较高的减水率；另一方面，考虑到要保证混凝土高压泵送下混凝土匀质性，要求其具有较长的保塑作用和降黏作用。通过试验对比，选用中建西部建设自产的超长保坍降黏型外加剂，由黏度调节剂和聚羧酸母液等复配而成。其性能指标见表 6-21。

表 6-21 外加剂主要性能指标

固体含量（%）	体积质量（g/mL）	pH	砂浆减水率（%）	水泥净浆流动度（mm）
25.5	1.034（29℃）	5	34.5	234

4）骨料

机制砂选用昆明某厂家生产的水洗机制砂（Ⅱ区中砂），主要性能指标见表 6-22。

表 6-22 砂主要性能指标

细度模数	颗粒级配	表观密度（kg/m³）	堆积密度（kg/m³）	泥块含量（%）	MB	石粉含量（%）	氯化物（%）
2.9	Ⅱ区	2705	1630	0.2	0.5	4	0.01

根据现行的行业标准和国家标准《普通混凝土用砂、石质量及检验方法标准》（JGJ 52）及《建设用卵石、碎石》（GB/T 14685）的规定，碎石选用昆明某厂家生产的 4.75～16mm 连续级配碎石，表观密度为 2720kg/m³，含泥量为 0.2%，针片状含量 2.0%，压碎指标为 6.5%，主要性能指标见表 6-23。

表 6-23 碎石主要性能指标

颗粒级配	表观密度（kg/m³）	堆积密度（kg/m³）	空隙率（%）	含泥量（%）	泥块含量（%）	针片状颗粒（%）	强度（MPa）	压碎指标（%）
Ⅱ区	2720	1690	39	0.2	0	2.0	102	6.5

5）水

拌和水为自来水，检测指标符合现行行业标准《混凝土用水标准》（JGJ 63）的要求，见表 6-24。

表 6-24 拌和用水检测指标

pH	不溶物（mg/L）	可溶物（mg/L）	Cl⁻／（mg/L）	SO₄²⁻（mg/L）	碱含量（mg/L）
7.3	600	300	100	120	400

2. 初始配合比设计

1）多元粉体最大密实堆积曲线

胶凝材料中不同粒径颗粒的组合会引起体系空隙率变化。图 6-17 为水泥、粉煤灰及硅灰按不同质量比混合后压实体的空隙率曲线。从图 6-17（a）中可以明显看出，掺入不同掺量的粉煤灰均不同程度地降低了水泥粉体的空隙率，且空隙率随粉煤灰掺量的增加先降低后增大。当水泥和粉煤灰质量比为 75∶25 左右时压实体的空隙率最低，此时粉煤灰能充分填充水泥大颗粒之间的空隙，当进一步增加粉煤灰的掺量时反而会由于附壁等效应影响大颗粒之间的堆积，使固体颗粒体系整体的堆积密实度下降，空隙率增加。

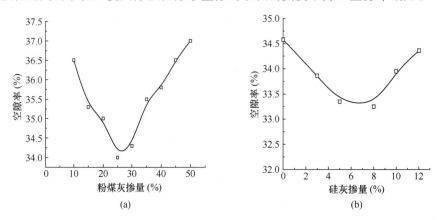

图 6-17 不同掺和料掺量对复合胶凝材料体系空隙率的影响曲线
（a）水泥-粉煤灰体系；（b）水泥-粉煤灰-硅灰体系

硅灰颗粒尺寸明显小于粉煤灰，在水泥-粉煤灰体系紧密填充的基础上引入硅灰，能进一步填充体系中的微小空隙，提高复合胶凝材料体系堆积密实度。从图 6-17（b）中可知，当硅灰取代水泥量为 8％，即水泥、粉煤灰和硅灰三者间的比例为 75∶17∶8 时，复合胶凝材料体系的空隙率最低，这基本符合颗粒组合引起的堆积物最大密实理论。

2）多级配粗骨料紧密堆积曲线

图 6-18 为 5～10mm 碎石对复合粗骨料体系松散堆积密度的影响曲线。复合粗骨料体系的堆积密度随 5～10mm 碎石复合比率的提高而呈先增大后降低的趋势。当 5～10mm 碎石与 10～16mm 碎石的复合比例为 7∶3 或 6∶4 时，复合粗骨料体系的堆积密度最高。

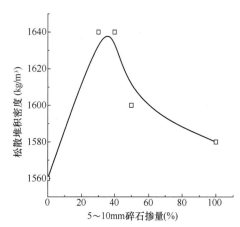

图 6-18 5～10mm 碎石与 10～16mm 碎石体系的松散堆积密度变化曲线

3）初始配合比

水泥基复合材料中颗粒材料的堆积方式对宏观力学行为有很大的影响，颗粒结构堆积越紧密，空隙率越小，理论上应能获得较高的强度和较好的工作性能。基于紧密填充试验，采用体积法进行配合比设计（计算结果换算成各组分质量比），配合比及试验结果见表 6-25 和表 6-26，胶凝材料总量为 650kg/m³。

表 6-25　C80 机制砂自密实混凝土配合比

编号	水胶比	砂率（%）	胶凝材料（%）			5～10mm 碎石（%）	10～16mm 碎石（%）	减水剂（%）
			水泥	粉煤灰	硅灰			
1	0.25	54	80	15	5	40	60	2.2
2	0.25	54	75	17	8	40	60	2.2
3	0.25	54	70	20	10	40	60	2.3
4	0.25	54	80	15	5	30	70	2.2
5	0.25	54	75	17	8	30	70	2.2
6	0.25	54	70	20	10	30	70	2.3
7	0.25	54	80	15	5	20	80	2.2
8	0.25	54	75	17	8	20	80	2.2
9	0.25	54	70	20	10	20	80	2.3

表 6-26　C80 机制砂自密实混凝土工作性能和抗压强度结果

编号	工作性能				抗压强度（MPa）			
	坍落度（mm）	扩展度（mm）	倒筒时间（s）	过 U 形箱高度（mm）	3d	7d	28d	56d
1	250	610	8.1	290	53.4	64.7	94.6	102.7
2	260	660	6.7	310	56.7	68.7	94.2	106.7
3	260	640	12	300	59.8	74.8	99.7	108.2
4	260	630	10.5	300	54.1	70.7	97.2	104.5
5	260	680	8.1	320	66.6	76.7	100.6	106.0
6	260	670	11.5	310	63.2	73.8	107.2	112.9
7	255	620	9.7	—	62.8	74.1	94.4	105.3
8	255	650	6.4	—	65.4	72.0	98.5	112.4
9	250	670	12.5	—	65.6	77.9	109.2	114.9

从表中可以明显看出，混凝土的抗压强度与复合胶凝材料体系的堆积状态具有较好的一致性。在一定掺量范围内，随着复合矿物掺和料掺量的增加，复合胶凝材料体系越接近于最紧密堆积状态，超高强混凝土的抗压强度也越高。当复合矿物掺和料中粉煤灰掺量为17%，硅灰掺量为8%时，混凝土试件的抗压强度达到最高值，这与图 6-17（b）中的粉体压实体试验结果一致。值得注意的是，随着硅灰掺量的增加，特别是当硅灰掺量提高至10%时，不仅混凝土胶凝材料体系偏离了最紧密堆积状态，而且混凝土拌和物的黏度陡增，拌和物的工作性能明显下降。因此，在制备 C80 机制砂自密实混凝土时应控制硅灰

掺量。

综合试验结果可知，粗细骨料堆积状态对混凝土的工作性能和抗压强度的影响也极为显著。与试验结果显著不同的是，当 5～10mm 碎石掺量为 20％时，复合粗骨料体系偏离了紧密填充状态，但混凝土试件的 56d 抗压强度达到最高值 114.9MPa。在高强混凝土中，其砂浆基体的强度都得到增强，此时，混凝土试件承受荷载时，应力往往集中在基体-骨料界面薄弱区，不利于混凝土抗压强度提高。表 6-25 中，随着 5～10mm 碎石掺量的提高，基体-骨料界面增加，界面薄弱区增多，混凝土抗压强度下降。然而，当 5～10mm 碎石的掺量降低后，混凝土匀质性略差，此时，混凝土的工作性能会降低，难以通过 U 形箱，不能达到自密实效果。因此，应在不降低混凝土工作性能前提下尽量降低 5～10mm 碎石的掺量。

综上，采用紧密填充原理可以得到混凝土胶凝材料与骨料体系初步优化配合比（表 6-27），即水泥与粉煤灰、硅灰的质量比为 75：17：8，5～10mm 碎石与 10～16mm 碎石质量比为 3：7。

表 6-27 初步优化后的 C80 全机制砂自密实混凝土配合比

胶凝材料（％）			5～10mm 碎石（％）	10～16mm 碎石（％）
水泥	粉煤灰	硅灰		
75	17	8	30	70

3. 配合比参数调整

1）胶凝材料总量

不同胶凝材料总量混凝土工作性能和抗压强度分别见表 6-28 和图 6-19。在相同砂率、水胶比条件下，提高胶凝材料总量可改善新拌混凝土工作性能，当胶凝材料总量为 630kg/m³ 时，混凝土的坍落度和扩展度得到明显提高，倒筒时间大幅缩短；继续增大胶凝材料总量，混凝土工作性能虽有一定提高，但并不明显。

表 6-28 胶凝材料总量对混凝土工作性能的影响

水胶比	砂率（％）	胶凝材料总量（kg/m³）	胶凝材料（％）			5～10mm 碎石（％）	10～16mm 碎石（％）	坍落度（mm）	扩展度（mm）	倒筒时间（s）
			水泥	粉煤灰	硅灰					
0.25	54	600	75	17	8	30	70	250	610	8.1
		630						260	670	5.1
		650						260	680	4.8
		680						265	680	5.3
		700						260	670	6.1

与新拌混凝土工作性能变化趋势类似，混凝土的抗压强度随胶凝材料总量增加而提高。当胶凝材料总量从 650kg/m³ 提高至 700kg/m³ 时，混凝土抗压强度值增加并不明显，其 28d 抗压强度最高值达到 109.6MPa，56d 抗压强度最高值为 112.6MPa。

2）水胶比

表 6-29 为不同水胶比下 C80 超高层泵送机制砂混凝土的工作性能。可以看出，在胶凝材料总量和砂率一致时，水胶比从 0.20 提高至 0.25，新拌混凝土的黏度明显降低，流

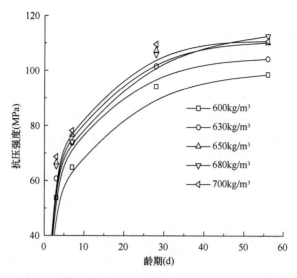

图 6-19　胶凝材料总量对混凝土抗压强度的影响曲线

动性显著提高。当水胶比为 0.23 以上时，新拌混凝土坍落度/扩展度高达 260mm/650mm 以上，倒筒时间仅为 5.3s 左右，具有较好的工作性能。

表 6-29　水胶比对混凝土工作性能的影响

水胶比	砂率（%）	胶凝材料总量（kg/m³）	胶凝材料（%）			5~10mm 碎石（%）	10~16mm 碎石（%）	坍落度（mm）	扩展度（mm）	倒筒时间（s）
			水泥	粉煤灰	硅灰					
0.20	54	650	75	17	8	30	70	260	625	8.7
0.23								260	690	6.4
0.25								260	680	5.3

　　图 6-20 为不同水胶比下 C80 超高层泵送机制砂混凝土抗压强度曲线。从图 6-20 中可知，水胶比在 0.20~0.23 时，混凝土各龄期抗压强度无明显差异，其 56d 抗压强度均在

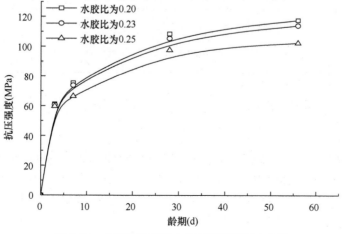

图 6-20　水胶比对混凝土抗压强度的影响曲线

114.0MPa 以上；水胶比进一步提高至 0.25，抗压强度下降明显。这说明在高强混凝土中，混凝土的抗压强度并不完全受控于水胶比，这与已有的研究结果相似。一般认为，在混凝土原材料体系充分密实的条件下，混凝土强度受控于水胶比，水胶比越低，混凝土的强度越高。然而，在高强混凝土中，随着水胶比进一步降低，混凝土黏度陡增（表 6-29），内部气泡难以消除，大大增加了混凝土内部缺陷存在的概率，进而导致混凝土强度下降。

3）砂率

砂率是影响混凝土性能的重要因素，尤其对采用机制砂制备的超高层泵送混凝土，砂率直接影响其强度和工作性能。有研究表明，使用细度模数为 2.7 的机制砂配制高强泵送混凝土的最优砂率在 50%~54%，以 52% 的效果性能最佳。结合试验用机制砂技术指标，选取砂率在 48%~56% 作为变量进行试验，结果见表 6-30。

表 6-30　砂率对混凝土性能的影响

砂率（%）	扩展度（mm）	倒筒时间（s）	工作性能描述	28d 强度（MPa）
48	680	6.2	黏聚性稍差	105.4
50	700	6.3	和易性良好	103.1
52	740	5.3	和易性良好	104.3
54	730	6.2	和易性良好	98.7
56	700	7.5	和易性良好	95.0

从表 6-30 中的试验结果可以看出，砂率为 48% 时，混凝土黏聚性较差，随着砂率的增加，倒筒时间先缩短后增大，在 52% 时达到最短，随着砂率的持续增加，混凝土强度降低明显，因此，52% 为最佳砂率，混凝土和易性良好，且 28d 强度与基础配合比基本一致。

4. 配合比优化

从上述试验结果可知，采用"水泥-粉煤灰-硅灰"三元胶凝材料体系，通过配合比设计及优化胶凝材料总量、水胶比、砂率等配制出了匀质性和力学性能较好的 C80 超高层泵送机制砂混凝土，具体配合比见表 6-31。

表 6-31　C80 超高层泵送机制砂混凝土基础配合比

胶凝材料总量（kg/m³）	水泥（%）	粉煤灰（%）	硅灰（%）	砂率（%）	水胶比（%）	外加剂（%）
630	75	17	8	52	0.23	2.3

6.4.3　贵阳国际金融中心双子塔

6.4.3.1　工程概况

贵阳国际金融中心一期商务区项目（1、2 号楼）即双子塔项目位于贵阳市未来城市中心金阳新区最重要的金融 CBD，如图 6-21 所示。作为贵阳金融中心片区最重要的中心位置，建筑的外立面设计总体设计意图为表达并强调建筑的几何造型，两栋塔楼一高一低，最高点分别为 401m（含地下室 21.7m 的总高度为 422.7m）及 275m（含地下室 21.7m 的总高度为 296.7m）。

图 6-21 贵阳国际金融中心双子塔项目

该项目混凝土最高等级为 C120 等级，泵送高度为 400m，且该项目位于贵阳金融城核心地段，交通管制严格，不利于车辆的通行与停靠，混凝土单程运输时间在 60min 以上，考虑现场施工和组织的时间，混凝土须确保在出厂后 3h 内满足超高层泵送施工的要求，因此，对混凝土工作性能要求高。

6.4.3.2 技术难点

（1）超高强混凝土强度等级较高，因此其特性和有关技术要求与常规的普通混凝土有所不同，原材料性能、混凝土性能、配合比设计和施工的控制要求也比常规的普通混凝土严格，目前还没有统一的简易的超高性能混凝土配合比设计方法。

（2）超高性能混凝土具有超高强度、超高耐久性，但是水胶比低，拌和物黏度高，不利于超高层泵送，尤其是使用机制砂作为细骨料，机制砂本身颗粒级配不良，颗粒形貌差的固有缺陷，使机制砂混凝土易离析泌水，泵送性能较差，因此如何实现机制砂超高性能混凝土的超高层泵送也是本项目需解决的技术问题。

6.4.3.3 基于 DE 响应面分析的混凝土配合比设计

1. 基于 DE 响应面分析的胶凝材料体系设计

采用 Design-Expert 8.0 软件中 Mixture 的 Optimal 程序，各组分掺量范围取 P·O 52.5 水泥 50%～70%，硅灰 5%～15%，粉煤灰微珠 10%～20%，超细矿粉 10%～30%，总掺量设为 100%，具体配比及各胶凝材料组分对胶砂试样的强度影响结果见表 6-32。

表 6-32 胶凝材料组分试验配比

编号	A［P·O 52.5 水泥掺量（%）］	B［加密硅灰掺量（%）］	C［微珠掺量（%）］	D［超细矿粉掺量（%）］	Y［28d 抗压强度（MPa）］
M1	55.4	10.3	14.9	19.4	49.7
M2	61.6	8.4	20.0	10.0	46.2
M3	68.2	5.0	10.9	15.9	55.6

编号	A［P·O 52.5 水泥掺量（%）］	B［加密硅灰掺量（%）］	C［微珠掺量（%）］	D［超细矿粉掺量（%）］	Y［28d 抗压强度（MPa）］
M4	50.0	15.0	10.0	25.0	52.9
M5	63.3	5.0	10.0	21.7	55.3
M6	58.9	14.7	10.0	16.4	51.4
M7	51.8	5.2	13.0	30.0	53.7
M8	56.7	15.0	18.3	10.0	44.5
M9	50.0	5.0	20.0	25.0	48.8
M10	50.5	10.0	15.0	24.5	48.9
M11	56.9	7.8	10.0	25.3	54.0
M12	50.0	15.0	10.0	25.0	51.1
M13	70.0	10.0	10.0	10.0	53.2
M14	70.0	5.0	15.0	10.0	51.8
M15	50.0	15.0	20.0	15.0	42.0
M16	50.0	5.0	20.0	25.0	50.0
M17	70.0	10.0	10.0	10.0	52.3
M18	51.8	5.2	13.0	30.0	52.3
M19	61.6	8.4	20.0	10.0	44.8
M20	63.5	15.0	11.5	10.0	48.1

通过 Design-Expert 8.0 软件中 ANOVA 方差分析对 4 个因素以及响应值 Y 进行分析，得到方差分析，见表 6-33。

表 6-33　28d 抗压强度方差分析

来源	平方和	自由度	均方差	F	P
模型	249.49	3	83.16	87.61	＜0.0001
残差	15.19	16	0.95		
失拟项	10.48	11	0.95	1.01	0.5322
绝对误差	4.71	5	0.94		
总离差	264.68	19			

$P＜0.0001$，可认为此模型极为显著；失拟项 $P＝0.5322＞0.05$，表明试验数据与模型不相关的情况不显著，模型可信；$R^2＝0.9426$，说明模型拟合较好；校正系数 Adj. R^2 ＝0.9319，说明模型可以解释 93.19% 的响应值变化；变异系数 C. V＝1.94%，说明试验结果可靠。综上，该回归模型可靠性高，可用于对试验结果进行分析。

利用 Design-Expert 8.0 的 Numerical 功能可求解模型的最优化值，如图 6-22 给出的最大值优化方案，第一组为最优化值。

2. 配合比参数设计

1）水胶比

水胶比对混凝土强度和工作性能影响极为显著，低水胶比是高性能混凝土的配制特点

序号	A	B	C	D	R2	R3	满意度
1	0.550	0.050	0.100	0.300	40.5212	56.4254	0.424
2	0.500	0.100	0.100	0.300	39.0309	53.8898	0.356
3	0.500	0.050	0.150	0.300	37.4666	52.4483	0.303

图 6-22 响应面设计最优结果

之一，高性能混凝土的强度与水胶比倒数之间的关系仍近似线性。本试验胶凝材料组成为
P·O 52.5 水泥∶加密硅灰∶微珠∶超细矿粉＝55∶5∶10∶30，胶砂比＝3∶4，试验结
果如图 6-23 所示。

试验中 0.16、0.15 水胶比试样成型困难，多次振捣依然不能密实模具，放弃成型，
从图 6-23 中可以看出 0.19 的水胶比试样兼具良好的流动性和力学性能，胶砂实测强度与
水胶比近似为线性关系，所以在超高性能混凝土中，鲍罗 m 公式所确定的定性趋势仍然
是适用的。

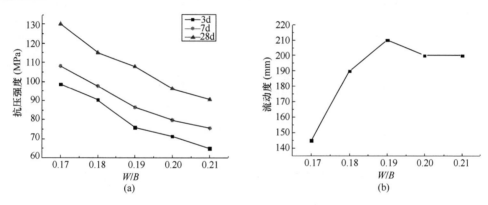

图 6-23 水胶比对胶砂抗压强度及流动度的影响

2) 浆集比

浆集比主要影响混凝土的工作性能，浆集比减小，混凝土薄弱界面数量增多，抵抗腐
蚀性介质侵蚀的能力下降；浆集比加大，混凝土的弹性模量下降，混凝土收缩增加。要想
具体确定混凝土的浆集比，需要精确地计算出混凝土的体积，同时计算出胶凝材料的具体
用量。

混凝土中水泥浆体体积为

$$V = \alpha + \beta \tag{6-1}$$

式中　α——骨料的空隙率（％）。

　　β——浆体的富余量（％），富余量一般为 8％～15％。

高性能混凝土一般采用最大密实度的配合比设计方法，将不同的砂率进行粗细骨料混
合，从而确定最小空隙率 α，试验选取的砂率为 34％～44％。具体的砂率对应的骨料空隙
率及相关规律见表 6-34 和图 6-24。

表 6-34　最小空隙率表

编号	砂率（%）	骨料平均表观密度（kg/m³）	骨料松堆积密度（kg/m³）	骨料空隙率（%）
1	34	2870	1850	35.5
2	36	2870	1880	34.5
3	38	2870	1900	33.8
4	40	2870	1910	33.4
5	42	2870	1910	33.4
6	44	2870	1890	34.1

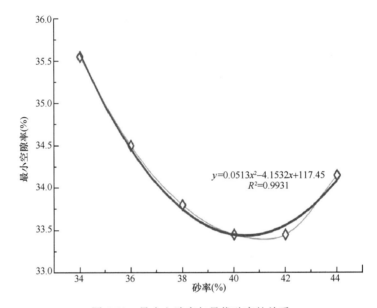

图 6-24　最小空隙率与最优砂率的关系

从表 6-34 和图 6-24 中可知，最小空隙率 α 的取值在 32.9%。而对应的最佳砂率的取值为 40.5%。为方便计算，这里取 α 为 33%，砂率取 40%，并根据试验经验取浆体富余量 β 为 10%，根据式（6-1）计算得浆体体积为 430L，即浆集比为 43∶57。

胶凝材料的密度采用加权平均值算法，计算公式为

$$\rho_c = \cfrac{1}{\cfrac{x_1\%}{\rho_{x_1}} + \cfrac{x_2\%}{\rho_{x_2}} + \cfrac{x_3\%}{\rho_{x_3}} + \cfrac{x_4\%}{\rho_{x_4}}} \qquad (6\text{-}2)$$

式中　x_1，x_2，x_3，x_4——胶凝材料中的 P·O 52.5 水泥、加密硅灰、微珠和超细矿粉的质量分数（%），考虑胶凝材料组分对混凝土工作性能和力学性能的影响，各组分取值分别为 55%、5%、20% 和 20%；

　　　　ρ_{x_1}，ρ_{x_2}，ρ_{x_3}，ρ_{x_4}——P·O 52.5 水泥、加密硅灰、微珠和超细矿粉的密度（kg/m³），取值分别为 3150kg/m³、1800kg/m³、2200kg/m³ 和 2700kg/m³。

浆体的密度公式根据胶凝材料与水胶比的关系推导：

$$\rho = \frac{1 + \dfrac{W}{B}}{\dfrac{1}{\rho_c} + \dfrac{W}{B} \cdot \dfrac{1}{1000}} \qquad (6\text{-}3)$$

胶凝材料用量公式根据浆体的密度和体积推导：

$$M_c = \frac{\rho V}{1 + \dfrac{W}{B}} \qquad (6\text{-}4)$$

根据式（6-1）～式（6-4），将试验原材料数据代入，$\dfrac{W}{B}$ 0.19，取整得胶凝材料的密度 ρ_c 为 2720kg/m³，浆体的密度 ρ 为 2160kg/m³，所以最后算得胶凝材料的用量 M_c 为 790kg/m³。

3）砂率

砂石用量由以下公式确定：

$$M_S = (1 - V) \times \bar{\rho} \times \beta_S \qquad (6\text{-}5)$$
$$M_G = (1 - V) \times \bar{\rho} - M_S \qquad (6\text{-}6)$$

式中 M_S——砂的用量（kg）；

$\quad\quad M_G$——石的用量（kg）；

$\quad\quad \bar{\rho}$——砂石的平均表观密度（kg/m³）；

$\quad\quad \beta_S$——砂率（%）。

砂石平均表观密度和砂率由表 6-33 和上文最小空隙率确定，即 2870kg/m³ 与 40%。

由此得出 C100 超高性能混凝土初步配比参数，见表 6-35。

表 6-35　C100 超高性能混凝土的基础配合比参数

水胶比	胶凝材料掺量（kg/m³）				砂（kg/m³）	石（kg/m³）	砂率（%）	减水剂掺量（%）
	P·O 52.5	硅灰	微珠	矿粉				
0.19	435	40	158	158	655	980	40	2.8

3. 基于 DE 响应面分析的超高性能混凝土配合比优化

由于考察的因素变化范围较大，因素水平较多，为提高配合比优化的准确性，采用 Design Expert 8.0.6 软件中 Central-Composite Design（CCD）中心试验设计法，以胶凝材料用量 A、砂率 B、减水剂用量 C 作为影响因素，扩展度、倒筒时间、28d 抗压强度作为响应因素，将试验结果进行回归拟合，分析单因素主效应和双因素交互效应，影响因素、代码符号、水平见表 6-36，响应面分析的方案设计与试验结果见表 6-37。

表 6-36　影响因素、代码符号、水平

影响因素	代码符号	水平				
		$-\sqrt{3}$	-1	0	1	$\sqrt{3}$
胶凝材料用量（kg/m³）	A	666	700	750	800	834
砂率（%）	B	32	34	37	40	42
减水剂用量（%）	C	2.6	2.7	2.85	3	3.1

超高层建筑高性能混凝土应用技术与典型案例分析

表 6-37 响应面分析的设计方案与试验结果

编号	胶凝材料用量 （kg/m³）	砂率 （%）	减水剂用量 （%）	扩展度 （mm）	倒筒时间 （s）	28d（MPa）
S1	750	37	2.6	580	8.0	106.5
S2	750	37	2.85	630	6.2	106.5
S3	700	34	3	605	7.0	120.7
S4	700	40	3	585	7.8	113.1
S5	800	40	2.7	660	4.0	113.5
S6	750	37	2.85	630	6.5	108.5
S7	700	34	2.7	575	8.5	105.8
S8	750	32	2.85	615	6.6	106.0
S9	800	40	3	695	3.2	110.3
S10	834	37	2.85	710	3.3	102.1
S11	700	40	2.7	560	8.5	107.1
S12	800	34	3	700	3.9	103.3
S13	750	42	2.85	645	5.2	115.2
S14	750	37	3.1	670	5.3	114.4
S15	750	37	2.85	635	6.2	108.0
S16	750	37	2.85	620	6.4	108.5
S17	750	37	2.85	630	6.5	105.5
S18	666	37	2.85	560	9.1	112.0
S19	800	34	2.7	670	6.0	99.1
S20	750	37	2.85	635	6.5	107.0

1）三因素对扩展度的影响及交互作用

对表 6-36 中扩展度数据进行回归拟合分析，得扩展度编码回归方程：630.50＋47.76A＋0.033B＋19.87C。扩展度回归方程进行方差分析，见表 6-38。

表 6-38 扩展度回归方程方差分析

来源	平方和	自由度	均方差	F	P
模型	36545.16	3	12181.72	118.14	<0.0001
A	31153.2	1	31153.2	302.12	<0.0001
B	0.015	1	0.015	1.46×10^{-4}	0.9905
C	5391.94	1	5391.94	52.29	<0.0001
残差	1649.84	16	103.11		
失拟项	1499.84	11	136.35	4.54	0.0536
绝对误差	150	5	30		
总离差	38195	19			

注：$R^2=0.9568$，Adj.$R^2=0.9487$，C.V=1.61%。

模型 $P<0.0001$，可认为此模型极为显著，失拟项 $P=0.0536>0.05$，表明试验数据与模型不相关的情况不显著，模型可信；$R^2=0.9568$，说明模型拟合较好；校正系数 Adj. $R^2=0.9487$，说明模型可以解释 94.87% 的响应值变化；变异系数 C.V$=1.61\%$，说明试验结果可靠。三因素扩展度等高线图及 3D 响应面图如图 6-25 所示。

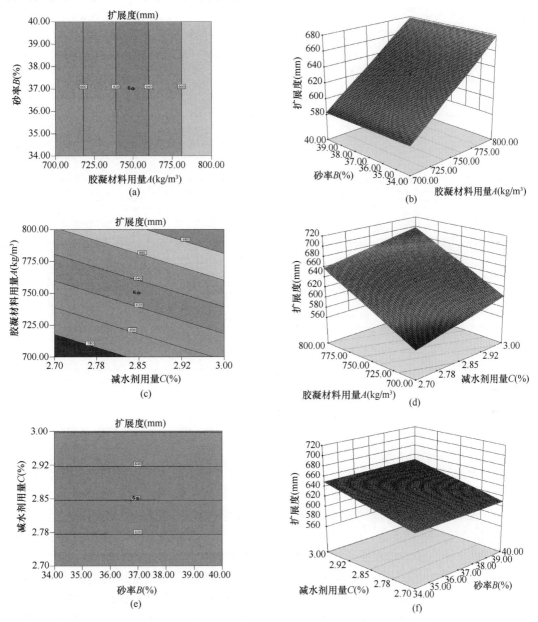

图 6-25 三因素扩展度等高线及 3D 响应面图

由图 6-25 可以看出三因素两两之间的等高线近似平行等距，且 3D 响应面呈平面，无扭曲，说明三因素两两交互作用不明显，等高线在横纵坐标的分布密集程度可代表三因素对扩展度的影响的显著程度大小，由图 6-25（a）可以看出胶凝材料用量 $A>$ 砂率 B，由图 6-25（c）可以看出胶凝材料用量 $A>$ 减水剂用量 C，由图 6-25（e）可以看出，减水剂

用量 $C>$砂率 B，同时可以看出等高线在以砂率 B 为横纵坐标的图中均没有分布，说明砂率 B 对扩展度影响不显著，表 6-38 回归方程中因素 B 的 $P>0.05$ 亦可证明这点。

综上，三因素对扩展度影响显著程度为胶凝材料用量 $A>$减水剂用量 $C>$砂率 B，两两交互作用不显著。

2）三因素对倒筒时间的影响及交互作用

对表 6-36 中倒筒时间数据进行回归拟合分析，得倒筒时间编码回归方程为 $6.39-1.79A-0.31B-0.71C-0.44AB-0.087AC+0.26BC-0.092A^2-0.20B^2+0.067C^2$，倒筒时间回归方程方差分析见表 6-39。

表 6-39　倒筒时间回归方程方差分析

来源	平方和	自由度	均方差	F	P
模型	54.83	9	6.09	141.1	<0.0001
A	43.79	1	43.79	1014.12	<0.0001
B	1.33	1	1.33	30.7	0.0002
C	6.81	1	6.81	157.62	<0.0001
AB	1.53	1	1.53	35.46	0.0001
AC	0.061	1	0.061	1.42	0.2612
BC	0.55	1	0.55	12.77	0.0051
A^2	0.12	1	0.12	2.83	0.1233
B^2	0.57	1	0.57	13.11	0.0047
C^2	0.065	1	0.065	1.5	0.2492
残差	0.43	10	0.043		
失拟项	0.32	5	0.065	2.99	0.1276
绝对误差	0.11	5	0.022		
总离差	55.27	19			

注：$R^2=0.9922$，Adj. $R^2=0.9858$，C. V$=3.33\%$。

模型 $P<0.0001$，失拟项 $P=0.1276>0.05$；$R^2=0.9922$，说明模型拟合较好；校正系数 Adj. $R^2=0.9858$，说明模型可以解释 98.58% 的响应值变化；变异系数 C. V$=3.33\%$，说明试验结果可靠。三因素倒筒时间等高线图及 3D 响应面图如图 6-26 所示。

由图 6-26（a）、图 6-26（b）可以看出，因素 A、B 的交互作用不显著，横坐标等高线分布多于纵坐标，3D 响应面曲线基本无扭曲，说明因素 A 的显著性大于 B；由 6-26（c）、图 6-26（d）可以看出，横坐标上等高线分布较于纵坐标密集，说明因素 A 对倒筒时间的影响显著程度大于 C，3D 响应面扭曲不明显，说明因素 A、C 交互作用不显著；由图 6-26（e）、图 6-26（f）可以看出纵坐标等高线分布密集程度大于横坐标，说明因素 C 对倒筒时间的影响的显著性大于 B，3D 响应面基本无扭曲，说明因素 B、C 交互作用不明显。

3）三因素对 28d 抗压强度的影响及交互作用

对表 6-36 中 28d 强度数据进行回归拟合分析，得 28d 强度编码回归方程为 $107.34-2.64A+2.16B+2.5C+3.33AB-2.62AC-1.90BC-0.15A^2+1.10B^2+1.05C^2$。回归方程进行反差分析见表 6-40。

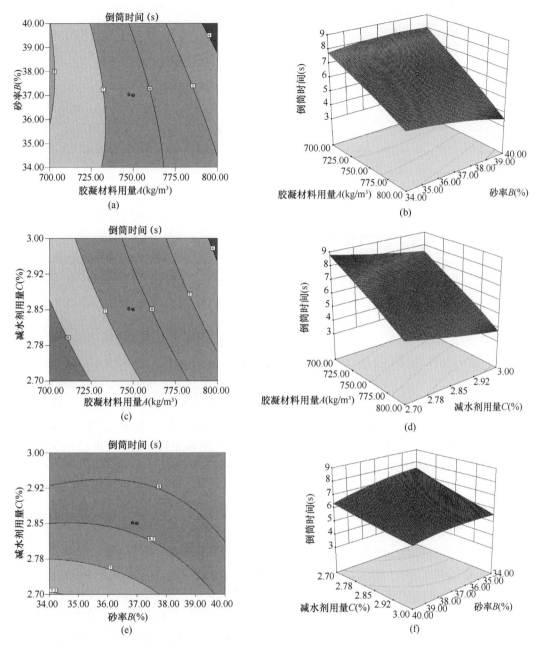

图 6-26　三因素倒筒时间等高线及 3D 响应面图

表 6-40　28d 抗压强度回归方程方差分析

来源	平方和	自由度	均方差	F	P
模型	448.52	9	49.84	39.31	<0.0001
A	95.16	1	95.16	75.06	<0.0001
B	63.6	1	63.6	50.17	<0.0001
C	85.08	1	85.08	67.11	<0.0001
AB	88.45	1	88.45	69.76	<0.0001

来源	平方和	自由度	均方差	F	P
AC	55.12	1	55.12	43.48	<0.0001
BC	28.88	1	28.88	22.78	0.0008
A^2	0.33	1	0.33	0.26	0.6221
B^2	17.57	1	17.57	13.86	0.004
C^2	15.93	1	15.93	12.56	0.0053
残差	12.68	10	1.27		
失拟项	5.34	5	1.07	0.73	0.6315
绝对误差	7.33	5	1.47		
总离差	461.2	19			

注：$R^2=0.9725$，Adj. $R^2=0.9478$，C. V$=1.04\%$。

模型 $P<0.0001$，失拟项 $P=0.6315>0.05$；$R^2=0.9725$，说明模型拟合较好；校正系数 Adj. $R^2=0.9478$，说明模型可以解释 94.78% 的响应值变化；变异系数 C. V$=1.04\%$，说明试验结果可靠。三因素 28d 抗压强度等高线图及 3D 响应面图如图 6-27 所示。

由图 6-27（a）、图 6-27（b）可以看出等高线在横坐标上分布多余纵坐标，3D 响应面扭曲，说明因素 A 对 28d 抗压强度影响的显著程度大于 B，因素 A、B 交互作用明显；由图 6-27（c）、图 6-27（d）可以看出，等高线在横纵坐标上分布近乎一致，曲率较大，3D 响应面扭曲，说明因素 A、C 交互作用明显，但不能看出因素 A、C 对 28d 抗压强度影响的显著程度高低，结合回归方程个系数绝对值，可认为因素 A 显著程度高于 C；图 6-27（e）、图 6-27（f）与图 6-27（b）、图 6-27（c）规律相似，两两交互作用明显，但无法判断因素 B、C 影响的显著程度高低，参考回归方程各因素系数绝对值，因素 C 的显著程度高于 B。

由图 6-27 结合该模型多元回归方程各因素系数绝对值，得到各因素影响的显著程度排序为胶凝材料用量 A>减水剂用量 C>砂率 B；三因素两两交互作用明显，由回归方程系数绝对值大小可得出各因素间交互作用的显著程度排序为 $AB>AC>BC$。

4）响应面最优化分析结果预测与验证

利用 Design-Expert 8.0.6 的 Numerical 功能对表 6-36 中扩展度、倒筒时间、28d 抗压强度进行回归拟合，可求解模型的最优化值，如图 6-28 第一组所示。最优化参数为：胶凝材料用量 800kg/m³、砂率 40%、外加剂用量 3.0%。在该参数下理论预测混凝土扩展度为 698mm、倒筒时间为 3.1s、28d 抗压强度为 110.2MPa。

以上述理论最优化参数作为试验条件，进行 3 组平行试验，取平均值作为验证结果，3D 响应面设计最优值验证结果见表 6-41。

表 6-41　3D 响应面设计最优值验证结果

项目	平均验证值	理论预测值	差值百分比绝对值
扩展度（mm）	692	698	0.8%
倒筒时间（s）	3.3	3.1	6.2%
28d 抗压强度（MPa）	111.6	110.2	1.3%

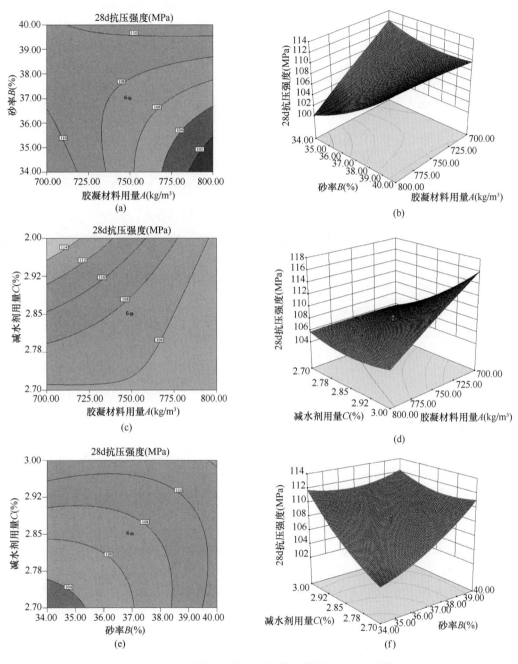

图 6-27　三因素 28d 抗压强度等高线及 3D 响应面图

序号	胶凝材料用量	砂率	外加剂用量	拓展度	倒筒时间	28d抗压强度	满意度
1	800.00	40.00	3.00	698.164	3.09357	110.16	0.765
2	799.36	40.00	3.00	697.55	3.12568	110.189	0.765
3	798.75	40.00	3.00	696.963	3.15629	110.216	0.764
4	798.03	40.00	3.00	696.282	3.19198	110.248	0.764
5	800.00	40.00	2.99	697.318	3.11064	110.159	0.763
6	800.00	39.97	3.00	698.164	3.10307	110.098	0.763
7	800.00	40.00	2.99	696.999	3.11711	110.159	0.763
8	800.00	40.00	2.99	696.708	3.12305	110.16	0.762
9	800.00	40.00	2.98	695.791	3.14197	110.166	0.761
10	800.00	40.00	2.97	694.726	3.16431	110.179	0.759
11	795.94	40.00	3.00	694.286	3.29652	110.338	0.758
12	800.00	40.00	2.93	688.696	3.29799	110.364	0.748
13	800.00	40.00	2.86	680.017	3.51201	110.97	0.736

图 6-28　3D 响应面设计最优结果

由表 6-41 可以看出，混凝土性能的验证结果与理论预测结果接近，说明该 3D 响应面分析设计合理、准确，可用于 C100 超高性能混凝土配合比优化。

7 超高层建筑中超高强混凝土技术探索

超高层建筑中的核心筒及钢管混凝土柱结构主要承受垂直荷载的作用，随着建筑高度的增加，承重部位混凝土结构的承压能力需要有相应的提升，强度等级≥100MPa 的超高强混凝土逐渐应用于超高层建筑的承重结构中。超高强混凝土的应用，一方面能缩小结构尺寸、减轻结构自重，提高建筑空间的使用面积和混凝土结构的有效荷载；另一方面因其具有较高的匀质性和致密性，在混凝土抗渗、抗化学腐蚀、抗碳化等耐久性方面均有优异的性能表现。然而，超高强混凝土在超高层建筑中的应用也面临着诸多技术难题，如混凝土黏度高、泵送施工困难，自收缩大、易开裂，耐高温、爆裂性能差等。

超高强混凝土中出现的上述性能问题，往往需要通过优选原材料、添加功能性外加剂、优化配合比参数、建立科学的性能评价体系来实现。本章将对超高强混凝土的制备技术，以及实现良好施工性能、收缩性能、韧性和耐火性能的技术途径进行详细的介绍，并结合典型工程案例进行了工程应用效果的评价。

7.1 超高强混凝土发展动态

7.1.1 超高强混凝土简介

混凝土是否被定义为"超高强"依据其在给定龄期的抗压强度。蒲心诚将超高强混凝土定义为 28d 抗压强度为 $100\sim147$MPa 的混凝土。迄今报道的超高强混凝土可分为两类：一类是不含粗骨料的超高强混凝土；另一类是含粗骨料的超高强混凝土。这里，超高强混凝土特指含粗骨料的超高强混凝土。

7.1.2 国内外超高层建筑中超高强混凝土应用现状与发展前景

由于超高强混凝土的制备技术相对困难，施工质量控制技术要求严格，特别是对超高强混凝土在不同静荷载和动荷载作用下的各强度性能、变形性能的研究尚不够深入，结构设计工程师对超高强混凝土应用于工程中的设计特点，尚未充分掌握。此外，更为重要的是，各国都还未制订出相应的超高强混凝土结构设计和施工标准（仅挪威于 1972 年颁布的《混凝土结构设计标准》（NS3473E）中含有 C105 的超高强混凝土的设计标准，德国钢筋混凝土协会于 1975 年颁布《高强混凝土指南》，最高强度等级也仅为 C115）。由于标准的缺乏，极大地限制了超高强混凝土的应用与推广。

尽管如此，具有探索精神的企业、研究工作者和工程技术人员还是孜孜不倦地推进着超高强混凝土在实际工程中的应用工作，并取得了显著的成就。

（1）国外超高强混凝土应用的典型工程见表 7-1。

表 7-1 国外超高强混凝土应用的典型工程

项目名称	施工年份	应用部位	强度等级	应用效果
加拿大特利亚 La Lanretienne 建筑	1983	混凝土柱	C100	$R_{28}=120MPa$
美国西雅图双联广场	1988	钢管混凝土柱	C120	$R_{28}=135MPa$
马来西亚吉隆坡双塔石油大厦	1978	钢管混凝土叠合柱	C100	$R_{28}=118MPa$
俄罗斯联邦大厦（欧洲第一高楼）	2008	混凝土柱	C100	泵送高度 360m
东京"读卖新闻大厦"	2012	钢骨混凝土柱	C150	泵送高度 200m

（2）国内超高强混凝土应用的典型工程，见表 7-2。

表 7-2 我国超高强混凝土应用的典型工程

项目名称	施工年份	应用部位	强度等级	应用效果
北京财税大厦	1976	混凝土柱	C100 以上	$R_{28}=127MPa$
沈阳富林大厦	2001	钢管混凝土叠合柱	C100	$R_{28}=116MPa$
北京国家大剧院	2002	钢管混凝土叠合柱	C100	$R_{28}=120MPa$
沈阳远吉大厦	2003	钢管混凝土叠合柱	C100	$R_{28}=116MPa$
沈阳皇朝万鑫大厦	2004	钢管混凝土叠合柱	C100	$R_{28}=118MPa$
广州保利国际广场	2004—2005	钢骨混凝土柱	C100	$R_{28}=118MPa$
广州西塔	2007—2008	试验性施工	C100	创世界超高强混凝土垂直泵送高度纪录（411m）
广州东塔	2012	试验性施工	C120	创世界超高强混凝土垂直泵送高度纪录（417m）
武汉中心	2015	试验性施工	C150	$R_{70}=167.7MPa$

随着世界人口的增加、土地资源的减少，人们的生活和生产空间向高空推移是必然趋势，超高层建筑则将大量涌现，性能优良、承载能力极大的超高强混凝土将具有广阔的市场需求。

7.1.3 技术难点

尽管超高强高性能混凝土的配制技术越来越成熟，但超高强泵送混凝土相关标准与规范仍需完善，以及在实际工程中广泛应用也还存在着一些问题有待解决，如黏度高泵送困难、体积稳定性差、脆性大、防火性能差等。

1. 黏度高、泵送困难

为达到超高强度的目的，超高强混凝土水胶比一般低于 0.3，胶凝材料用量一般高于 550kg/m³，新拌混凝土的流动性主要靠高效减水剂的强吸附分散作用来实现。在低用水量、高胶凝材料用量的情况下，新拌混凝土的黏度通常较高，再加上泵送高度高，造成泵送压力超过现有设备的可承受范围，致使泵送量十分有限，同时还会出现诸如堵管、爆管等泵送事故。

2. 体积稳定性差

超高强混凝土由于水胶比低、用水量少，能提供水泥水化的自由水少。与此同时，胶凝材料用量的提高、水胶比的降低使水泥水化过程中浆体相对湿度大幅降低，由此引起混凝土化学收缩率增大，进而加大了超高强混凝土的早期开裂风险。研究表明，超高强高性能混凝土的收缩值很大，特别是前 3d 的收缩发展很快，占 180d 收缩的 54.5%～71.6%。后期收缩并不大，一般为 500×10^{-6} 左右，在超高强混凝土的收缩中，自收缩占了很大比例，水胶比为 0.25 时，自收缩占 50% 左右。

3. 脆性大

所谓脆性破坏，是指结构在低于其设计强度时发生的塑性征兆不明显的破坏，在工程上表现为结构远没有达到设计强度时即突然断裂。混凝土结构的显著特点是非均质，多相多孔，骨料、骨料与胶凝材料之间含有大量微裂缝和微孔洞，这就使得混凝土在受荷时会产生局部的应力集中，导致混凝土易于发生脆性破坏。普通混凝土的脆性较低，在应力-应变曲线上，由于内部微裂纹的发展，产生一定的塑性变形（假塑性变形），随着强度的提高，塑性变形越来越小，脆性越来越高，超高强混凝土的脆性极高，应力-应变曲线呈直线，破坏时呈毫无先兆的突然爆炸式破坏。研究表明，在应力-应变曲线上，当普通混凝土的应变达到 3‰ 时，其承载能力仍能保持一半以上，但同样的应变值加于超高强混凝土时，则实际承载能力已近于零。

4. 耐火性能差

当遭受高温或火灾时，结构致密的超高强混凝土在蒸汽压力、温度梯度、内外约束、水泥浆体同骨料热膨胀的不匹配以及温度敏感性等因素作用下会出现爆裂性破坏，进而引发结构整体失效，造成灾难性后果。例如，1977 年，连接法国和意大利的 Mont Blanc 隧道发生火灾，其中的混凝土衬砌全部烧毁，导致隧道被迫关闭维修达 2 年之久。

7.2　超高强混凝土制备技术

7.2.1　超高强混凝土配制原则

1. 选择合适的水泥品种和水泥用量

配制超高强混凝土一般选用 P·O 42.5、P·O 52.5 等高强度等级、低需水比和低碱度水泥，低碱度水泥能够在较低水胶比下与高效减水剂较好相容，获得更优的流动性和更高的强度；然而，高水泥用量在保证强度的同时，高放热量带来的混凝土开裂风险不可小觑；同时，水泥比表面积大，水化快，配制混凝土黏度高，泵送困难，实际配制过程中应在保证混凝土强度下尽量减少水泥用量或使用高贝利特水泥。

2. 选用高强度粗骨料

对普通混凝土而言，粗骨料的强度远高于混凝土强度，因此无须对粗骨料的强度加以特别关注，而超高强混凝土的基体强度已经超过部分岩石的强度，且由于混凝土结构的不均匀性，骨料所受最大应力可能达到混凝土平均应力的 1.7 倍，粗骨料的强度成为超高强混凝土最终强度的决定因素。因此，就强度而言，混凝土粗骨料宜选用花岗岩、石英岩、安山岩、辉绿岩、坚硬的石灰岩、玄武岩、片麻岩、卵碎石等高强碎石作骨料。例如，从表 7-3 和图 7-1 所示数据中可以看出，超高强混凝土抗压强度大致随压碎值和针片状含量的降低逐渐下降。对超高强混凝土中粗骨料的最大粒径，有研究表明宜控制在 10～

14mm，而笔者通过研究表明当粗骨料最大粒径高达25mm时亦能制得超高强混凝土，且当粗骨料最大粒径为16mm时，混凝土28d和90d龄期强度最高，试验结果如图7-2所示。

表7-3 不同粗骨料性能指标

碎石品种	卵碎石	辉绿岩	玄武岩	石灰石
压碎值（%）	3.0	3.8	5.6	6.8
针片状含量（%）	0	5.8	6.7	4.7

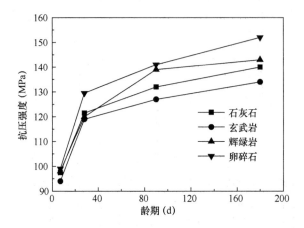

图7-1 粗骨料对超高强混凝土抗压强度的影响

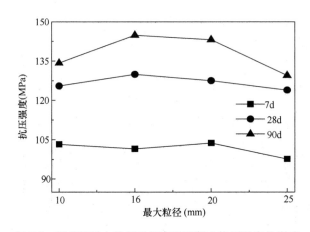

图7-2 粗骨料最大粒径对超高强混凝土抗压强度的影响

3. 优选性能稳定的细骨料

细骨料的细度模数、含泥量、粒径分布和洁净度对混凝土强度影响较大。有研究表明，配制高强混凝土的细骨料宜选用细度模数为3.0左右的连续级配粗砂，而蒲心诚等人的研究结果表明采用细度模数分别为1.2的特细砂和0.63的粉砂亦能制得C120超高强混凝土。此外，除了天然河砂可用作超高强混凝土的细骨料外，使用砾石以及陶瓷制品破碎制得的机制砂亦能配制出性能优良的C120超高强混凝土。由此说明，用于配制超高强混凝土的细骨料在细度以及来源方面具有较大的选择空间。当然，任何用于配制超高强混凝土的细骨料，都应确保具有尽可能低的含泥量和云母含量，并且具有较高的母岩强度。

4. 优选矿物掺和料

掺和料对超高强混凝土的配制具有重要的意义，比较常用的矿物掺和料有硅灰、矿粉、粉煤灰。这些矿物掺和料通过单掺或复掺的方式掺入混凝土中，一方面因其火山灰活性效应，生成更多水化产物填充于混凝土中的充水空间，可提高浆体以及浆体-骨料界面过渡区的密实度，优化孔结构；另一方面因其微骨料填充效应，可提高胶凝材料体系的堆积密实度，从而起到降低用水量、提高混凝土强度的作用。

现行行业标准《高强混凝土应用技术规程》（JGJ/T 281）规定了配制 C80 及以上高强混凝土用硅灰、矿粉及粉煤灰的性能指标要求，并规定钢渣粉和粒化电炉磷渣粉不宜用于高强混凝土的配制。除了上述矿物掺和料，研究表明，偏高岭土等亦可用于超高强混凝土的配制。

5. 选择适宜的水胶比

混凝土抗压强度与孔隙率密切相关，而水胶比对孔隙率的影响无疑是最为显著的，它直接影响着浆体和浆体-骨料界面过渡区的孔隙率。对超高强混凝土而言，抗压强度也随着水胶比的降低逐渐增大，且超高强混凝土的水胶比通常低于 0.3。但为了确保混凝土中具有足够数量的起胶结作用的水化产物，水胶比也不能无限下降。例如，从图 7-3 所示数据可以发现，当水胶比从 0.20 下降至 0.16 时，混凝土在各个龄期的抗压强度

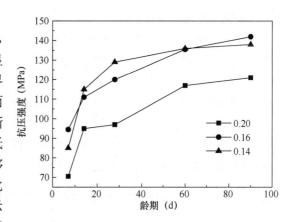

图 7-3　水胶比对超高强混凝土抗压强度的影响

均有提高；而当水胶比从 0.16 进一步下降至 0.14 时，混凝土抗压强度提升幅度并不明显，甚至在 7d 和 70d 等龄期时还有一定程度的下降。

7.2.2　超高强混凝土配合比设计方法

当前关于超高强混凝土配合比设计方法没有统一的规范，国内外学者提出的比较经典的设计方法如下：

1. Mehta 和 Aitcin 法

设计思路来源于大量实践，即根据混凝土中关键的体积参数提出假设，得到基准配比。首先，根据设计需要设定配制强度，查表得到最大用水量；根据经验确定浆集比为 35：65，含气量为 2%，故单方胶凝材料的体积为 0.35m³（用水量体积＋含气量体积）；保证单方骨料总体积为 0.65m³，以孔隙率最低为原则确定砂率；根据各组分所占体积及各自的密度计算各材料用量。

2. 基于最大密实理论的方法

Domone 等人的思路：以骨料空隙率最小为原则获得理论最佳砂率；控制浆集比，考虑自由浆体和包裹浆体所占比率对混凝土拌和性能的影响；最终以砂的细度模数对其流动性进行进一步优化。

Carbonari 认为：首先以最小空隙率确定最佳砂率，然后以强度和坍落度进行最佳砂率验证。改变浆体体积，以强度、工作性能确定最终浆体体积。

3. 美国混凝土协会

ACI211 委员会提出的掺粉煤灰配制高强混凝土的配合比方法，思路在于优化各矿物掺和料的比率和浆体体积，得到满足要求的配比。其步骤大致包括：采用一系列不同胶凝材料体系的配合比进行试验，测试强度和坍落度，与实际性能要求对比，确定最佳配合比，除粉煤灰掺量单独确定外，与 Mehta 和 Aitcin 法相近。

4. 全计算法

全计算法摒弃了传统的浆体体积概念，引入了干砂浆体积，从而使砂率公式与之形成联立方程组，实现了混凝土配合比设计的全面计算，对之前依照部分经验、部分计算的设计方法是一种创新和进步。

5. 系统化配合比设计法

在 Mehta 和 Aitcin 法的基础上，韩建国等人引入有效水胶比、水化活性因子的概念，通过建立混凝土强度与粗骨料松散堆积体积、有效水胶比和粉煤灰水化活性因子的关系，以及粗骨料的松散堆积体积与砂率的关系，建立了混凝土中粗骨料、细骨料、水和胶凝材料各组分之间的联系，构成基于混凝土中各组分间比率关系的计算方法。

综合以上设计方法，超高强混凝土的设计应基于最大密实理论，采用复合水泥粉体以及砂石最紧密堆积试验，并计算填充和包裹骨料所需浆体体积，通过工作性能和强度测试调整胶凝材料总量，确定超高强混凝土的配合比。

7.2.3 基于紧密堆积理论的超高强混凝土配制技术

基于紧密堆积理论，超高强混凝土的配制可通过调整胶凝材料粉体和砂石骨料最紧密堆积密实度的方法，进而大幅降低传统配制超高强混凝土胶凝材料中水泥用量的方法来实现。

7.2.3.1 复合水泥粉体的调整和优化

将矿物掺和料取代水泥，测试粉料体系的密实程度，初步确定矿物掺和料取代水泥的最佳掺量，并运用 Aim-Goff 模型计算得到的结果对超高强混凝土胶凝体系配比进行验证。

1. 复合水泥粉体的表观密度和比表面积

所用胶凝材料包括水泥、超细粉煤灰和硅灰，物理性能指标见表 7-4。

表 7-4 物理性能指标

原材料	表观密度（kg/m³）	比表面积（m²/kg）	平均粒径（μm）
水泥	3200	750	15.0
超细粉煤灰	2730	350	1.0
硅灰	2080	20000	0.1

将超细粉煤灰分别按质量分数 0%、5%、10%、15%、20%、25%、30%、35%、和 40%取代水泥，制得超细粉煤灰-水泥二元体系；将超细粉煤灰和硅灰总掺量维持在 30%不变，硅灰分别按质量分数 3%、5%、8%、10%取代超细粉煤灰，制得硅灰-超细粉煤灰-水泥三元体系。图 7-4（a）和图 7-4（b）为超细粉煤灰-水泥二元体系和硅灰-超

细粉煤灰-水泥三元体系的表观密度和比表面积。随着超细粉煤灰掺量的增加，超细粉煤灰-水泥二元体系的表观密度逐渐降低，比表面积逐渐增大；随着硅灰掺量的增加，硅灰-超细粉煤灰-水泥三元体系的表观密度进一步降低，比表面积进一步增大。

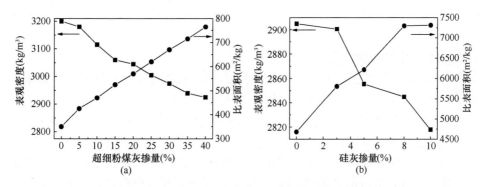

图 7-4　复合水泥粉体的表观密度和比表面积

（a）超细粉煤灰-水泥二元体系；（b）硅灰-超细粉煤灰-水泥三元体系

2. 复合粉体压实体空隙率

采用机械压力法制备复合水泥干粉压实体，并测试压实体空隙率来反映初始颗粒的堆积情况。定制的内腔直径为 76mm、高为 70mm 的圆柱形模具，精确称量 200.00g 粉体，填入模具中，压力机上以 0.5kN/s 的速度压至 200kN，保压 2min。然后取下压盖把模具反向放置于压力机上将试块挤出，称量压实试块的质量，测量压实体的高度。

粉体压实体空隙率按式（7-1）计算：

$$v = \left(\pi \times R^2 \times h - \frac{m}{\rho} \right) / \pi \times R^2 \times h \qquad (7\text{-}1)$$

式中　v——粉体压实体的空隙率；

　　　m——称量粉体的质量；

　　　ρ——粉体表观密度；

R、h——压实体的半径和高度。

图 7-5（a）和图 7-5（b）为超细粉煤灰-水泥二元体系和硅灰-超细粉煤灰-水泥三元体系粉体压实体的空隙率。由图 7-5（a）可以看出，超细粉煤灰的掺入能降低胶凝材料体

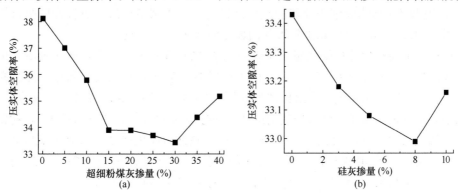

图 7-5　复合水泥粉体压实体空隙率

（a）超细粉煤灰-水泥二元体系；（b）硅灰-超细粉煤灰-水泥三元体系

系粉体压实体的空隙率、提高粉体堆积密实度，且当超细粉煤灰掺量为 30％时，超细粉煤灰-水泥二元体系压实体具有最高的堆积密实度；由图 7-5（b）可以看出，当超细粉煤灰和硅灰复掺总量为 30％时，硅灰-超细粉煤灰-水泥三元体系压实体空隙率随硅灰掺量在 0％～10％内呈先减小后增大的趋势，且当硅灰掺量为 8％时，三元体系压实体空隙率最小、密实度最大。

3. 模型验证紧密堆积效应

采用 Aim-Goff 模型进行超细粉煤灰-硅灰-水泥三元体系复合粉体紧密堆积效果的计算和论证，并对比研究二元粉体和三元粉体的紧密堆积效果。

首先进行三元粉体的简化：按模型分析得到超细粉煤灰-水泥二元体系达到最大堆积密实度状态时超细粉煤灰的体积分数；由于硅灰与水泥的平均粒径相差较大，假设硅灰只对密实体中超细粉煤灰有填充效果，采用模型得到超细粉煤灰-硅灰达到最大堆积密实度时硅灰的体积分数，最后得出超细粉煤灰-硅灰-水泥三元复合胶凝体系达到最大填充密度时矿物微粉的体积分数。

根据 Aim-Goff 模型，可以将掺有粉煤灰的复合水泥看成一个二元系统，此二元系统在最大填充密度时的矿物微粉体积分数和最大填充密度分别为

$$y_\rho = \frac{1 - (1 + 0.9d_m/d_c)(1 - \varepsilon_0)}{2 - (1 + 0.9d_m/d_c)(1 - \varepsilon_0)} \tag{7-2}$$

$$\varphi = \frac{1 - \varepsilon_0}{1 - y_\rho} \tag{7-3}$$

式中　　y_ρ——最大填充密度时矿物微粉的体积分数；

　　　　d_m——矿物微粉的平均直径；

　　　　d_c——水泥颗粒的平均直径；

　　　　ε_0——水泥单一材料堆积时的空隙率，假定为 0.50 和 0.53；

　　　　φ——二元系统的最大填充密度。

通过模型计算得到，当水泥的初始空隙率 ε_0 取 0.50 时，超细粉煤灰达到最紧密堆积时体积分数为 32.0％，掺量为 27.6％，最大填充密度为 0.74；当初始空隙率 ε_0 取 0.53 时，超细粉煤灰最佳体积分数为 33.4％，掺量为 30.0％，最大填充密度为 0.71。对比图 7-5（a）中超细粉煤灰-水泥复合粉体压实体试验数据，可以发现，当 ε_0 取 0.53 时，采用 Aim-Goff 模型计算所得超细粉煤灰的最佳掺量与压实体试验结果具有较好的吻合性，即超细粉煤灰-水泥二元体系中超细粉煤灰的最佳掺量在 30％附近。

同样按照上述模型计算得到超细粉煤灰-硅灰二元体系中，复合粉体达到最大堆积密度时硅灰的最佳体积分数为 32.8％；又由于在超细粉煤灰-水泥二元体系中，复合粉体达到最大堆积密度时超细粉煤灰的最佳体积分数为 33.4％，因而在超细粉煤灰-硅灰-水泥三元体系中，达到最大堆积密度时硅灰的最佳体积分数为 11.0％，掺量为 7.7％，超细粉煤灰的最佳掺量为 20.6％。对比图 7-5（b）中硅灰-超细粉煤灰-水泥三元体系试验数据，可以发现，采用 Aim-Goff 模型计算所得硅灰的最佳掺量与压实体试验测得的结果相吻合，即硅灰填充超细粉煤灰-水泥二元复合胶凝体系的最佳掺量在 8％附近。

7.2.3.2　砂石骨料紧密堆积最优组合的确定

基于最大密实理论，将砂石骨料按砂率在 38％～50％范围变化的不同配合比组合装

填于20L的铁筒中，称量不同砂率下砂石骨料的质量，计算不同砂率下砂石骨料的平均密度及空隙率，由此确定最优砂率。不同砂率下砂石骨料容重及空隙率如图7-6所示，在38%～50%的砂率变化范围内，砂石骨料混合物的容重呈先增大后降低的趋势，空隙率呈先降低后增大的趋势；当砂率为45%时，砂石骨料混合物的密度最大、空隙率最小，说明砂石骨料最低空隙率时的砂率为45%。

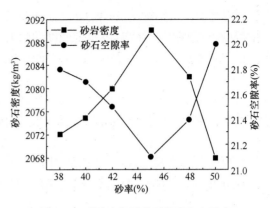

图 7-6 不同砂率下砂石密度和空隙率

7.2.3.3 超高强混凝土的配制

本节基于上述超高强混凝土的配制原则，以及胶凝材料体系和砂石骨料紧密堆积的优化结果，进行了不同胶凝材料用量下超高强混凝土的配制。超高强混凝土配合比见表7-5，胶凝材料用量为650～800kg/m³，超细粉煤灰和硅灰总掺量为30%，硅灰掺量为8%，砂率为45%，水胶比为0.16。

表 7-5 超高强混凝土配合比

| 编号 | 原材料用量（kg/m³） | | | | | | 水胶比 | 减水剂（%） |
	胶凝材料	水泥	超细粉煤灰	硅灰	河砂	碎石		
C1	650	455	143	52	780	750	0.16	2.70
C2	700	470	154	56	755	725	0.16	2.60
C3	750	525	165	60	735	875	0.16	2.50
C4	800	560	176	64	720	870	0.16	2.40

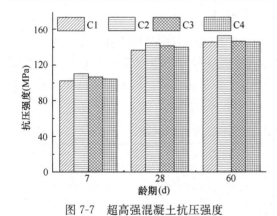

图 7-7 超高强混凝土抗压强度

超高强混凝土抗压强度如图7-7所示，该4组超高强混凝土的抗压强度在7d龄期时既已超过100MPa，在28d龄期时抗压强度增高至130MPa以上，此后抗压强度增高至140MPa以上；随着胶凝材料用量的增加，混凝土抗压强度呈先增高后减降低的趋势，且胶凝材料用量为700kg/m³时，抗压强度最高。由此说明，超高强混凝土中胶凝材料用量不宜过高，应控制在合适的范围以内。

7.3 超高强混凝土工作性能控制技术

7.3.1 超高强混凝土工作性能特点

在混凝土技术中，工作性能也是影响建筑结构质量和安全的重要性能。即使混凝土配合比设计考究，且兼顾了其他性能方面的要求，如果混凝土拌和物难以浇筑并捣实，硬化后的混凝土也难以满足设计要求的强度和耐久性。在超高层建筑中，混凝土通常采用泵送施工的方式进行浇筑，为了使施工易于操作且质量得到保证，混凝土拌和物应具有良好的泵送性能。现有的试验研究和工程实践经验表明，混凝土的工作性能在一定程度上可以反映混凝土的泵送性能，工作性能包括流动性、黏聚性和保水性，因此，人们往往通过坍落度、坍落扩展度、倒筒流空时间这几项技术指标在一定程度上来综合评价混凝土的泵送性能。

混凝土的超高强化，通常需要使用极低的水胶比和较高的水泥用量来实现，如此往往会造成黏度增高，影响混凝土泵送施工。如何在提升混凝土强度的同时降低其黏度，则是需要解决的技术难题。此外，超高强混凝土流动性的提高必须通过使用高效减水剂来实现，如此一来，混凝土拌和物常常会出现坍落度损失增大的现象。因此，在进行混凝土流动度的调控时，坍落度损失也是需要重点关注的对象。

7.3.2 超高强混凝土降黏技术

新拌混凝土的黏度与固体颗粒之间的水膜层厚度密切相关，颗粒表面水膜层厚度越大，混凝土黏度越低。超高强混凝土水胶比低、用水量少，致使颗粒表面水膜层厚度小，颗粒间相互作用力大，混凝土拌和物黏度高。

从上述原因分析入手，目前可采用的降黏方法主要包括有机外加剂和掺和料。

7.3.2.1 有机外加剂

有机外加剂主要指引气剂，引气剂会促使大量微小、封闭的球状气泡在混凝土拌和物中形成，如同滚珠一样的气泡可以减小固体颗粒间的摩擦力，进而降低拌和物的黏度。然而，对超高强混凝土而言，引气剂的掺入往往会造成强度的下降。表 7-6 为不同引气剂掺量下超高强混凝土的工作性能和力学性能。由表中数据可知，随着引气剂掺量的增加，混凝土倒筒时间逐渐降低，坍落度/扩展度增大，表明引气剂的确能提高混凝土工作性能，但由抗压强度数据可知，引气剂对超高强混凝土力学性能有着明显的劣化效果，由于引气剂引入气泡孔径在 $30\sim100\mu m$，该孔径范围已属有害孔径，不仅在受压下容易产生裂缝从而导致混凝土强度降低，而且会降低超高强混凝土抗渗透性能，故超高强混凝土外加剂配方中不掺入引气剂。

表 7-6 不同引气剂掺量下混凝土工作性能和力学性能

引气剂掺量（%）	坍落度/扩展度（mm）	倒筒时间（s）	R_{28}（MPa）
0.00	260/670	3.3	142.5
0.01	270/710	2.8	140.1
0.02	275/745	1.8	131.7

7.3.2.2 掺和料

对普通混凝土而言，粉煤灰具有较好的降黏效果，但是对超高强混凝土的降黏效果十分有限。微珠是一种球状玻璃体超细粉，平均粒径通常不超过 $1\mu m$，属超细粉煤灰。这种超细颗粒，能够很好地填充在混凝土颗粒之间，使絮凝体中包裹的水分释放出来，增加水膜层厚度，降低黏度。与此同时，这种正球状的微珠颗粒所具有的滚珠效应也能对混凝土拌和物起到较好的降黏效用。

在广州东塔 C120 混凝土的配制中，使用微珠按表 7-7 所示的配合比成功制得低黏度超高强混凝土，其工作性能和力学性能见表 7-8。由表 7-8 可知，降黏组分微珠的掺入，可以确保超高强混凝土拌和物具有适宜的塑性黏度。

表 7-7　掺微珠超高强混凝土配合比　　　　　　　　　　（kg/m³）

编号	水泥	粉煤灰	微珠	硅灰	矿粉	膨胀剂	沸石粉	砂	石	减水剂	保塑剂	水
C1	450	160	120	50	50	8.0	15	750	725	13.2	14.0	122
C2	600	—	175	70	—	8.8	15	720	880	15.3	7.0	128
C3	600	—	130	80	70	14.0	15	750	800	16.8	7.0	127

表 7-8　掺微珠超高强混凝土的工作性能和力学性能

编号	坍落度/扩展度（mm/mm）	倒筒时间（s）	28d 抗压强度（MPa）
C1	270/715	2.17	117.4
C2	270/730	3.03	130.7
C3	270/730	2.50	136.7

7.3.3　超高强混凝土流动性控制技术

为实现超高层泵送，所配制的超高强混凝土必须具有足够的流动度，但超过一定范围后就会产生离析泌水。因此，使超高强混凝土具有最大的流动性，且不离析，是超高层建筑中超高强混凝土配制的关键技术之一，而合适品种与掺量的高效减水剂则是实现上述目标的关键技术手段。

为此，中建西部建设股份有限公司自主研发了两种高效减水剂，固体含量为40%，编号分别为 SP-01 和 SP-02。图 7-8 为该两种高效减水剂在不同掺量下的混凝土坍落度。可以看出，随着减水剂掺量的提高，混凝土坍落度先快速增大，随后增速变慢。坍落度最高点时的掺量为减水剂饱和掺量。继续提高掺量，混凝土坍落度

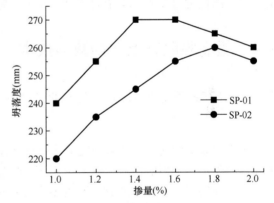

图 7-8　不同减水剂在不同掺量下的超高强混凝土的坍落度

反而有所降低，原因是混凝土开始离析。SP-01 的饱和掺量为 1.4%，对应坍落度为270mm，SP-02 减水剂饱和掺量为 1.8%，对应坍落度为 260mm，相比 SP-01 掺量更高，坍落度更小。

7.3.4　超高强混凝土保坍性能控制技术

由于施工场所和预拌混凝土搅拌站距离较远，混凝土从生产到浇筑时间有时长达 3～4h，这就要求混凝土具有良好的保塑性能。对超高强混凝土，由于胶凝材料用量大，坍落度降低快，若不能保持良好的工作性能，在超高层泵送过程中容易导致泵送困难，甚至

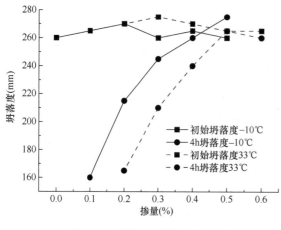

图 7-9 不同保坍剂掺量下超
高强混凝土的坍落度损失

堵泵。为解决混凝土坍落度损失的问题，中建西部建设股份有限公司进行了保坍剂的自主研发。该保坍剂的作用机理是，有机侧链在碱性环境下水解，与游离的 Ca^{2+} 生成不稳定的配合物，延迟 CH 的析晶，并通过提高空间位阻和立体水膜保护，抑制 C_3S 和 C_3A 水化，同时阻止水泥颗粒絮状结构的形成，将絮状聚集体中的自由水释放出来，增强混凝土的流动性，从而达到保塑目的。

图 7-9 为在减水剂掺量为 1.4%，冬（-10℃）夏（33℃）两季条件下保坍剂掺量对超高强混凝土 4h 坍落度/扩展度损失的影响结果。冬季（-10℃）时，随着保坍剂掺量的增加，混凝土 4h 坍落度不断增大，当掺量超过 0.4% 时，混凝土 4h 坍落度甚至超过初始坍落度，表明此时外加剂中保坍组分仍在持续发挥作用，可能导致混凝土离析，故保坍剂掺量应控制在 0.4% 以内；夏季（33℃）时，保坍剂掺量为 0.5% 可保证混凝土 4h 坍落度无损失。由于减水剂的最佳掺量为 1.4%，因此，外加剂中减水剂与保坍剂在夏季的比例为 2.8：1，在冬季为 3.5：1 左右。

7.4 超高强混凝土增韧减缩技术

7.4.1 超高强混凝土的脆性特征和收缩特性

7.4.1.1 脆性特征

关于混凝土的脆性，通常被定义为一种与塑性相反，直到断裂前只出现很小的弹性变形而不出现塑性变形的性质。从应力-应变曲线上来看，受压破坏时，高强混凝土的变形远小于普通混凝土，微小的应变即能导致明显的应力下降，说明混凝土的脆性随强度的增高而增强。从细观尺度来看，高强混凝土在断裂破坏时，微裂纹增生的数量相比普通混凝土明显减少，且断裂面由曲折的骨料拔出型逐渐转变成穿过骨料破坏的平滑型。

韧性是混凝土在荷载作用下直到破坏或失效为止吸收能量的性能，因而韧性是强度和塑性的综合表现。随着混凝土强度的提高，当其承受外界荷载作用时，所产生的微裂纹数量将逐渐减少，致使断裂面实际面积减小，进而导致混凝土在外界荷载作用下发生断裂破坏时所消耗的断裂能不随混凝土强度的增高而增多。由此说明，因脆性的增强，混凝土的韧性相比强度的增长幅度明显不足。

7.4.1.2 收缩特性

混凝土的收缩是指在凝结硬化过程中，因内部温湿度的变化以及水化反应引起的混凝土体积变小的现象，由塑性收缩、温度收缩、干燥收缩、自收缩和碳化收缩构成。在实际工程中，受基础、钢筋或相邻部位约束的混凝土结构，通常会因收缩而出现开裂的现象，影响结构物的正常使用和安全运行。

超高强混凝土的配制需大幅提高胶凝材料的用量和降低水胶比，因此其在凝结硬化过程中的温湿度状态以及微结构与普通混凝土甚至是高强混凝土都存在较大的差异。这些差异使超高强混凝土的收缩有其自身的特点，即收缩中自收缩占主导。

混凝土的自收缩是指在不与外界发生水分交换且恒温的条件下，表观体积或长度的减小。在塑性阶段，混凝土的自收缩由化学收缩（由水泥水化反应引起的混凝土绝对体积减小）引起，并与化学收缩近似相等。而当浆体结构形成以后，自收缩则小于化学收缩。在该阶段，混凝土的自收缩主要由自干燥引起，即因水泥进一步水化，浆体内部相对湿度降低，导致毛细孔中水分在不饱和情况下形成弯液面，产生毛细孔压力差，引起混凝土收缩。

普通混凝土的自收缩较小，仅占总收缩的 10%～20%，而超高强混凝土的自收缩则占到 50% 左右，是需要重点关注的问题。研究表明，超高强混凝土的自收缩主要发生在早期，且 3d 自收缩占到 180d 自收缩的 65%～70%；该自收缩值随水胶比的降低呈先增大后减小的趋势，且在水胶比为 0.25 时，自收缩最大，如图 7-10 所示。另外，

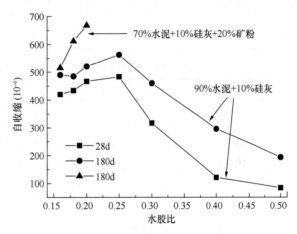

图 7-10 超高强混凝土与自收缩的关系

超高强混凝土的自收缩还与活性矿物掺和料、骨料、龄期等因素有关，此处不予详述。

7.4.2 超高强混凝土的增韧途径

根据上述对混凝土脆性本质及其对超高强混凝土韧性的影响的分析，可知增加断裂过程中的能量耗散是降低脆性、增强韧性的重要途径。增加混凝土断裂破坏过程中的能量耗散，可通过在混凝土中加入使裂缝扩展受阻和产生偏转的强分散相，从而耗散更多能量的方式来实现。因此，可通过往素混凝土中加入诸如钢纤维、聚丙烯纤维等分散性好的高强高韧性纤维等材料来增强混凝土韧性。

7.4.2.1 钢纤维增韧技术

素混凝土中通常存在很多的微裂缝，在外加应力作用下会迅速扩展，纤维的掺入能阻断微裂缝的扩展，吸收断裂能，从而增强混凝土韧性。纤维的种类和体积分数对纤维增强混凝土的性能也有明显的影响。例如，端钩型钢纤维和镀铜型钢纤维（性能指标见表 7-9）按表 7-10 的配合比（钢纤维按等质量取代砂的方式掺入）所得超高强混凝土的力学性能见表 7-11。

表 7-9 不同钢纤维性能指标

钢纤维品种	长度（mm）	当量直径（mm）	长径比	抗拉强度（MPa）
端钩型	35	0.75	47	1140
镀铜型	13	0.20	65	2850

表 7-10 不同钢纤维种类和掺量下超高强混凝土配合比

编号	原材料用量（kg/m³）								水胶比	减水剂（%）
	胶凝材料	水泥	微珠	矿粉	硅灰	钢纤维	砂	石		
C1	1000	500	250	200	50	0	635	775	0.17	2.8
C2	1000	500	250	200	50	60（端钩型）	575	775	0.17	2.8
C3	1000	500	250	200	50	70（端钩型）	545	775	0.17	2.8
C4	1000	500	250	200	50	120（端钩型）	515	775	0.17	2.8
C5	1000	500	250	200	50	60（镀铜型）	575	775	0.17	2.8
C6	1000	500	250	200	50	70（镀铜型）	545	775	0.17	2.8
C7	1000	500	250	200	50	120（镀铜型）	515	775	0.17	2.8

表 7-11 不同钢纤维种类和掺量下超高强混凝土的力学性能

编号	抗压强度（MPa）	抗折强度（MPa）	折压比	抗劈裂强度（MPa）	拉压比
C1	122.5	7.6	1/16.1	7.1	1/17.3
C2	118.5	7.8	1/15.2	7.7	1/15.4
C3	123.1	11.2	1/11.0	7.8	1/15.8
C4	132.2	13.2	1/10.0	8.6	1/15.4
C5	124.7	14.7	1/8.5	7.6	1/16.4
C6	137.0	14.7	1/9.3	7.8	1/17.6
C7	137.0	18.0	1/7.6	10.0	1/13.7

由表 7-11 可知，不同类型钢纤维的掺入均能同时提高超高强混凝土的抗压强度、抗折强度和抗劈裂强度，与此同时，折压比和拉压比也有一定程度的提升，说明钢纤维的掺入对超高强混凝土既起到增强的效果，也起到增韧的效果；对相同类型的钢纤维而言，掺量越高，对超高强混凝土的增强增韧效果越明显；对不同类型的钢纤维而言，在相同掺量下，镀铜钢纤维相比端钩纤维具有更加显著的增强增韧效果。

然而，混凝土中钢纤维的掺入往往会导致其工作性能的下降（表 7-12），因此，钢纤维的掺量应综合考虑力学性能和工作性能的因素，端钩型钢纤维和镀铜型钢纤维的最优掺量均为 70kg/m³。

表 7-12 不同钢纤维种类和掺量超高强混凝土工作性能

编号	C1	C2	C3	C4	C5	C6	C7
坍落度/扩展度（mm/mm）	270/750	270/770	270/730	260/670	270/760	270/670	255/575
倒筒时间（s）	1.7	2.0	2.3	4.8	1.8	2.7	6.1

7.4.2.2 聚丙烯纤维增韧技术

聚丙烯纤维增强混凝土韧性的作用机理与钢纤维类似。因此，超高强混凝土的增韧还可考虑使用聚丙烯纤维，而不同的聚丙烯纤维因尺寸和力学性能的不同，在超高强混凝土中也会表现出不同的增韧效果。例如，使用性能指标表 7-13 所示的两种聚丙烯纤维，按表 7-14 所示的配合比（聚丙烯纤维按等质量取代砂的方式掺入），所得超高强混凝土的力学性能见表 7-15。

表 7-13 不同聚丙烯纤维的性能指标

聚丙烯纤维品种	长度（mm）	抗拉强度（MPa）	极限拉伸率（%）	弹性模量（GPa）
L 型	17	360	26.5	3.6
S 型	7	281	15.8	3.56

表 7-14 不同聚丙烯纤维种类和掺量下超高强混凝土配合比

编号	原材料用量（kg/m³）								水胶比	减水剂（%）
	胶凝材料	水泥	微珠	矿粉	硅灰	聚丙烯纤维	砂	石		
C1	700	550	84	42	24	0	750	750	0.17	2.5
C2	700	550	84	42	24	1（L 型）	750	750	0.17	2.5
C3	700	550	84	42	24	2（L 型）	750	750	0.17	2.5
C4	700	550	84	42	24	2（S 型）	750	750	0.17	2.5

表 7-15 聚丙烯纤维超高强混凝土的抗压强度、断裂能及特征长度

编号	抗压强度（MPa）	断裂能（N/m）	特征长度（cm）
C1	125.1（100%）	215.8（100%）	23.7（100%）
C2	125.5（100%）	300.2（139%）	31.3（132%）
C3	135.4（108%）	324.5（150%）	36.6（154%）
C4	114.0（91%）	313.7（145%）	30.6（129%）

由表 7-15 可知，聚丙烯纤维对超高强混凝土抗压强度的提高效果不明显，且 S 型聚丙烯纤维对抗压强度还有不利的影响，但对断裂能和特征长度有显著的提高效果；随着纤维掺量的增加，混凝土的断裂能增大，且相同掺量时，掺不同种类聚丙烯纤维的混凝土断裂能亦有差异。脆性特征长度是表征混凝土脆性程度的物理量，特征长度越长，混凝土脆性越弱。从表 7-15 的数据看来，聚丙烯纤维的掺入能增大混凝土特征长度，也即降低脆性。从增韧效果来看，超高强混凝土中更适宜选用掺量为 2% 的 L 型聚丙烯纤维。

7.4.3 超高强混凝土的减缩途径

由于超高强混凝土中，自收缩占比最大，因此，减少收缩的途径主要从减少自收缩入手。目前，减少自收缩的途径主要包括补偿收缩技术、内养护技术、表面活性剂技术等，同时在施工上要合理养护。

7.4.3.1 补偿收缩技术

混凝土的补偿收缩，可以通过掺入膨胀剂使混凝土在凝结硬化时产生一定量的膨胀，以抵消其收缩，从而消除因混凝土收缩而引起的各种弊端。目前，混凝土膨胀剂的种类包括硫铝酸盐类、氧化钙类、氧化镁类、复合类等。

超高强混凝土通常掺有大量活性矿物掺和料，为膨胀剂的水化以及胶凝材料体系补偿收缩性能的发挥带来了更多不确定性；此外超高强混凝土早期强度发展快，膨胀与强度发展的协调性也难以控制，加之超高强混凝土结构致密，膨胀阻力大，这都给超高强混凝土的补偿收缩带来了一定的难度。

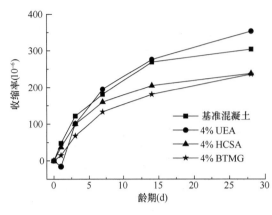

图 7-11 掺不同膨胀剂的超高强混凝土自收缩性能

在强度等级为 C130 的超高强混凝土中，不同类型的膨胀剂补偿收缩效果会有较大差异，如图 7-11 所示。其 HCSA 和 BTMG 对混凝土收缩弥补效果较明显，掺 UEA 膨胀剂的混凝土早期略有膨胀，随后收缩较大，原因是 UEA 膨胀剂主要通过水化形成 AFt 弥补收缩，AFt 生成快，膨胀量大，但发挥作用时间也最短，且水化需水量较多，超高强混凝土含水少，结构致密，外部水分难以进入，形成 AFt 所需的 $Ca(OH)_2$ 也被掺和料大量消耗，故 AFt 型膨胀剂仅能补偿混凝土早期收缩，后期补充收缩作用不明显；膨胀剂 BTMG 为煅烧氧化镁，水化慢，早期膨胀效果不甚明显，7d 后逐渐水化生成 $Mg(OH)_2$，水化需水少，产物稳定，晶体膨胀能较大，可有效弥补混凝土后期收缩；硫铝酸盐膨胀剂 HCSA 的主要组成为 CaO，$CaSO_4$ 及 C_3S，早期主要水化产物为 AFt，中期水化产物为 $Ca(OH)_2$，具有一定的持续膨胀效果。

7.4.3.2 内养护技术

传统的混凝土外部养护方法包括洒水、喷雾、覆盖以及覆膜养护等，这些措施可以保证混凝土表面具有一定的湿度，水分迁移至混凝土内部可以抵消内部一部分自干燥。但超高强混凝土由于结构致密，水分难以渗入混凝土内部补充水泥水化消耗的水分，因此对自收缩的抑制作用微小。同济大学杨全兵教授通过测定水胶比为 0.27 的超高强混凝土（28d 抗压强度在 110～140MPa）中不同层面上的相对湿度，研究在水中养护两年后的自干燥问题（图 7-12），结果表明内层混凝土的相对湿度明显低于外层混凝土，这进一步说明即使在水养护条件下，自干燥仍在内层混凝土中存在。

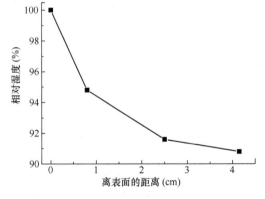

图 7-12 水中养护两年的超高强
混凝土内部湿度分布

内养护也称为自养护，指在绝热、绝湿条件下依靠预吸水材料释放水分维持混凝土内部充分湿润的养护方式。内养护被认为是一种能有效提高混凝土内部湿度从而减少自收缩的养护方式。目前，使用较多的内养护材料主要有超吸水树脂（SAP）、轻骨料、硅藻土浮石、沸石粉和稻壳灰等。

超吸水树脂是一种交联聚电解质，可与水形成氢键发生水合作用和溶胀作用，将自由水固定在聚合物网络内部，吸水量可达其自身质量的 5000 倍。在水泥水化硬化过程中，超吸水树脂中储存的水分会不断释放出来，确保水泥浆体维持在较高的相对湿度水平，从而有效地阻止混凝土自收缩。例如，有研究表明，超高强混凝土（水胶比为 0.18）的自收缩随超吸水树脂掺量的增加呈降低趋势，且当超吸水树脂掺量为 0.6％时混凝土自收缩降幅均达 40％以上。然而，超吸水树脂释水后，因自身体积的缩小导致混凝土中留有更多孔洞，从而对混凝土的力学性能造成一定程度的不利影响。

稻壳灰是具有多孔结构的火山灰质材料，微观形貌如图 7-13 所示。稻壳灰粉体颗粒呈不规则形状，超细粉团聚在大颗粒周围，内部多呈松散结构，密度较低，极易吸附水分。稻壳灰主要化学成分为 SiO_2、Al_2O_3、Fe_2O_3、CaO，且 SiO_2 含量较高（化学成分见表 7-16），具有良好的火山灰活性。

稻壳灰对超高强混凝土自收缩性能的影响如图 7-14 所示。掺稻壳灰的超高强混凝土自收缩率随稻壳灰掺量的增加而降低，当稻壳灰掺量为 8％时，混凝土自收缩较基准降低 15％。稻壳灰含有一定量的游离 CaO 和 MgO，水化时可产生体积膨胀弥补收缩。另外，稻壳灰填充效应和吸水效应可改善混凝土孔结构，减少混凝土孔隙水分，从而降低混凝土自收缩。

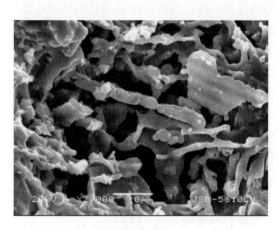

图 7-13　稻壳灰微观形貌（×2000 倍）

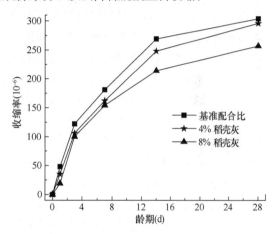

图 7-14　稻壳灰对混凝土自收缩性能的影响

表 7-16　稻壳灰的化学成分（质量分数）　　　　　　　　％

化学成分	SiO_2	Al_2O_3	Fe_2O_3	CaO	MgO	K_2O	Na_2O	SO_3	P_2O_5	Cl^-
稻壳灰	65.53	14.50	2.23	3.30	1.28	—	—	0.06	—	—

稻壳灰在降低超高强自收缩的同时，也能确保混凝土工作性能和力学性能不至于下降，见表 7-17。预吸水的稻壳灰细度小，填充效果好，对混凝土工作性能影响较小。虽然稻壳灰预吸水后提高了拌和物实际水胶比，但早期抗压强度降低较少，且后期释水有利于提高混凝土强度，整体上降低了混凝土孔隙率，提高了混凝土的密实度和抗压强度。

表 7-17　稻壳灰超高强混凝土工作性能和力学性能

掺和料	坍落度/扩展度（mm/mm）	倒筒时间（s）	R_7（MPa）	R_{28}（MPa）	R_{56}（MPa）
0	270/710	4.3	112.5	137.4	145.5
稻壳灰（4％）	270/720	3.7	103.2	135.4	143.2
稻壳灰（8％）	270/700	3.4	100.2	136.6	141.2

7.4.3.3　表面活性剂技术

毛细孔应力是造成混凝土自收缩的关键因素，降低毛细孔内溶液的表面张力，则能降低毛细孔应力，进而减少混凝土收缩。表面活性剂亦称减缩剂，是一种有机类化学外加剂，能够显著降低溶液表面张力，从而降低混凝土的自收缩。

对普通混凝土，有研究表明，掺量为 1％的减缩剂可使水胶比为 0.65 的混凝土 70d 自收缩率降低 14％，使水胶比为 0.43 的混凝土 70d 自收缩率降低 20％。对超高强混凝土，减缩剂的作用机理类似，且依然具有减小自收缩的作用。Liu 等人的研究表明，在水胶比为 0.18 的超高强混凝土中，当减缩剂掺量为 2％时，混凝土 3d 自收缩下降了 65％以上，且抗压强度仅有微弱下降，说明减缩剂可以在超高强混凝土中发挥出良好的减缩效果。

7.4.3.4 复合应用技术

上述常用超高强混凝土的减小（补偿）收缩措施都各有其使用条件和局限性，减小（补偿）收缩也各有特点。膨胀剂的膨胀水化需要大量水，但超高强混凝土中水量有限，且浆体内部溶液的离子浓度增高，使膨胀剂主要组分硫酸钙的溶解度降低，因而膨胀效用不能充分发挥。内养护材料可以延缓混凝土内部湿度的下降，在促进水泥水化的同时还能促进膨胀剂的水化，产生叠加效应。减缩剂通过降低毛细孔溶液的表面张力来降低混凝土自收缩，内养护剂释放的自由水可能有助于减缩剂减缩效果的发挥。

研究表明，双掺内养护剂以及膨胀剂相比于单掺膨胀剂的超高强混凝土，膨胀值可以增长 10％以上，2d 内收缩值可以降低 5％～10％。在超高强混凝土中，0.3％超吸水树脂与 2％减缩剂复掺时，自收缩率下降了 75％，且相比 0.3％超吸水树脂单掺和 2％减缩剂单掺时的自收缩率分别下降了 35％和 22％。双掺膨胀剂以及减缩剂相比于单掺膨胀剂的超高强混凝土，膨胀值可以增长 8％左右；根据不同的双掺比率，2d 内收缩值相比单掺 10％膨胀剂，可以降低 7％～34％。

超高强混凝土比普通混凝土自收缩值更大，对补偿收缩的要求较高，且要保证其他性能不能劣化，因此可以采用两种或者多种减小（补偿）收缩措施复合应用。

7.5 超高强混凝土耐火性能优化技术

大量的试验研究证实，无论从哪一种耐久性指标考察，包括抗渗性、抗碳化性、抗硫酸盐侵蚀性、抗冻性以及抗酸性等，含有大掺量活性矿物掺和料以及高性能减水剂且水胶比低于 0.33 的超高强混凝土都是耐久性最好的混凝土。但超高强混凝土作为一种建筑材料，且一般用于火灾发生最严重的超高层建筑中，除了力学性能和耐久性能外，不得不关注与研究其耐火性。相比普通混凝土，超高强混凝土因其水胶比低、抗压强度高且内部结构更加密实，在遭受火灾高温后会更容易发生爆裂而导致结构受损，若温升足够快，混凝土结构甚至会发生粉碎性的爆裂，对超高强混凝土结构的火灾安全性极为不利。

7.5.1 超高强混凝土高温爆裂机制

目前学术界以及工程界对高强、超高强混凝土结构的火灾问题十分重视，人们清楚地认识到应用高强、超高强混凝土的工程一旦发生火灾爆裂破坏，所造成的人员伤亡和财产损失将是巨大的。因此，深入研究和探明超高强混凝土的耐高温性能，特别是高温下超高强混凝土的爆裂机理十分迫切。目前关于高温下的爆裂原理主要有 3 种理论，分别是蒸汽压爆裂、热应力爆裂以及热开裂爆裂。

7.5.1.1 蒸汽压理论

蒸汽压理论是指混凝土内部在高温环境下引发蒸汽压力而发生爆裂。"饱和蒸汽理论"认为混凝土孔隙中的自由水和化合水在高温环境下生成水蒸气而产生压力，由于混凝土是热的不良导体，存在温度梯度，温度较高区域的蒸汽压高于较低处的蒸汽压，于是产生了压力梯度。压力梯度导致一部分水蒸气通过内部微细孔隙向外逸出，一部分向内部迁移冷却，不断降低的温度使水蒸气凝结到饱和区域。由于超高强混凝土的渗透率低，水分迁移受到阻碍，从而造成蒸汽压积聚，积聚的力量由内向外释放，破裂首先从外部薄弱处发生，最终发生爆裂，如图7-15所示。

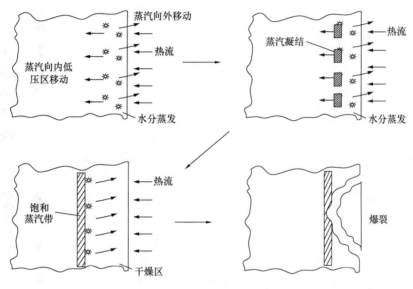

图 7-15　蒸汽压爆裂机理模型

目前关于蒸汽压的试验测量成果较少，且数值模拟及分析结果均缺乏试验验证，但公认的是：混凝土的渗透性越低，越容易产生高的蒸汽压；混凝土的强度越高，越容易产生较高的蒸汽压梯度，且蒸汽压对混凝土爆裂有明显的影响。

含湿量被认为是蒸汽压产生的主要因素，混凝土爆裂的概率随着含湿量的增高而增大。有研究表明含水率低于3％时爆裂发生概率非常小，高于3％时发生爆裂的概率与含水率基本上成正比，但如果混凝土密实度较高，极小的含水率便足以引发爆裂；当处于水饱和状态时，超高强混凝土发生爆裂的概率是100％。

除了含湿量和密实度（渗透性）外，试件尺寸、升温速率以及孔径分布也是混凝土是否容易发生爆裂的影响因素。混凝土试件尺寸越小，爆裂概率越低；升温速率大于3℃/min 时，也被认为是影响蒸汽压爆裂的主要因素。

7.5.1.2 热应力理论

热应力理论认为，由于混凝土为热的不良导体，混凝土内部热量传导不均匀，随着温度的上升，温度梯度在混凝土内部产生两向或三向应力，这些应力超过抗拉强度时便导致混凝土的爆裂，如图7-16所示。另外，当温度达到573℃时，骨料中的石英晶体会发生晶型转变，体积膨胀0.82％，石英晶型的转变也会产生内应力。

随着受火温度升高，超高强混凝土的强度及弹性模量逐渐下降，峰值应变逐渐增大，

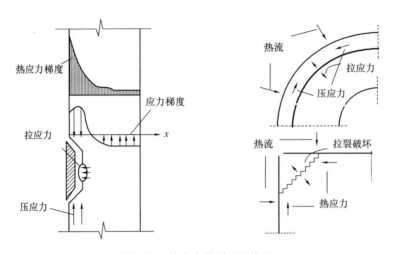

图 7-16　热应力爆裂机理模型

且在温度低于 400℃ 时变化幅度不大，当温度超高 400℃ 时各项性能迅速恶化。对火烧后的混凝土试件进行强度回弹，发现同一浇筑部位各回弹点的强度不一致，呈现空间分布，分析得知该空间分布与混凝土内部的温度场有关系。温度场由混凝土内部热应力非均匀性分布引起，是造成混凝土热应力爆裂的重要因素。温度场与升温速率、试件的形状和尺寸、受热方式以及混凝土的热工性能等有关。

7.5.1.3　热开裂理论

热开裂理论是指混凝土内部各组分之间（主要是骨料与水泥浆体之间），在周围温度不断升高时，出现热力学不匹配导致的径向、环向开裂以及骨料内部开裂，当裂纹扩展、贯通到极限后便会发生爆裂。硬化水泥浆体和骨料的热变形行为存在着明显差异，经过多次热循环后热裂纹出现在骨料与水泥浆体的过渡区，试件的抗压强度可以下降 30%。

对内部结构极为致密的超高强混凝土，发生高温爆裂的影响机理极为复杂，不能用单独的蒸汽压理论、热应力理论或热开裂理论来解释，但通常情况下，蒸汽压理论不能解释的现象可以由热应力机理来解释，如较低加热速率下混凝土试件的高温爆裂，因此可以认为超高强混凝土的高温爆裂归因于多方面的耦合作用。

7.5.2　超高强混凝土耐火性能优化的途径

根据混凝土的爆裂机理，超高强混凝土高温爆裂的预防有 4 条途径：一是延缓混凝土温度的上升，例如涂刷防火涂料；二是控制混凝土内部含水率，例如强制干燥；三是加速高温条件下混凝土内部水分的迁移，例如在混凝土中掺加纤维等可熔有机物；四是加速混凝土内部的温度传导，例如在混凝土中掺入具有高导热性能的钢纤维。

根据混凝土的爆裂机理，对应不同应用场合，可以有针对性地采取一些预防措施：（1）通过使用热稳定性好的骨料、有助于加速高温条件下混凝土内部水分迁移的可熔性纤维，提升混凝土自身的抗高温爆裂性能；（2）在混凝土结构表面涂刷防火涂料等限制混凝土温度的上升。

本节主要介绍优选骨料、各类纤维（聚丙烯纤维、钢纤维、混杂纤维、附着橡胶颗粒的环保型型钢纤维）以及防火涂料对超高强混凝土耐火性能的改善效果与作用机制。

7.5.2.1　骨料

在超高强混凝土中，如果选用的粗骨料具有较好的热稳定性，且与砂浆黏结牢固，则粗骨料可能对抑制超高强混凝土的高温爆裂起到正面的作用，反之则可能起到负面的效果。

孙蓓研究了不同种类骨料对超高强混凝土抗高温爆裂性能的影响。当所用骨料为石灰石时，其主要成分碳酸钙在 600℃ 左右开始分解为 CO_2 和氧化钙，在 750～850℃ 时 CO_2 开始大量产生，由于超高强混凝土致密的内部结构，CO_2 大多被密封在混凝土内，同水蒸气一起增高了内部的气压，促使能量急速集聚，造成更剧烈的爆炸伤害。同时由于分解产物氧化钙还会与水蒸气发生化学反应生成 $Ca(OH)_2$，在这个过程中发生的体积膨胀可能会导致更为严重的事故发生。当骨料以石英岩成分为主（如花岗岩、玄武岩以及石英砂等）时，在 570℃ 时，石英的晶型会发生转变，导致骨料发生膨胀，此温度下水泥石也会发生脱水收缩，从而在水泥石与骨料界面产生显著的内应力，加剧高温损伤。用棕刚玉砂和高铝矾土作为骨料的超高强混凝土，在高温作用下并没有出现显著膨胀、分解或晶型转化的现象，具有较好的耐高温爆裂性能。究其原因，可能是两者均在电弧炉内经高温冶炼而成，线膨胀系数较低。

7.5.2.2　有机/无机类纤维

1）钢纤维

在掺钢纤维的超高强混凝土中，钢纤维的抗高温爆裂机理：一是钢纤维能够阻止混凝土中裂纹的形成与扩展，具有良好的阻裂效果；二是钢纤维具有较高的导热系数，能够加快混凝土内部热传导，该热传导效应一方面缓解因内外温差导致的热开裂，另一方面加速混凝土内部水分的蒸发，增大混凝土在蒸汽压作用下的爆裂风险。因此，钢纤维对超高强混凝土的抗高温爆裂性能是利弊共存的，而当钢纤维具有突出的阻裂能力时，钢纤维超高强混凝土也能表现出优异的抗高温爆裂性能。例如，杨娟的研究表明，在水胶比为 0.18 且含有粗骨料的超高强混凝土掺入不同类型的钢纤维后，混凝土抗高温爆裂性能有不同程度的提升，见表 7-18。表 7-18 中，C-Plain 代表空白组，C-HF1、C-HF2、C-HF3 分别代表掺有不同品种普通钢纤维的超高强混凝土，C-RSF、UHSC-RSFR 分别代表掺有不同环保型钢纤维和附着橡胶颗粒的环保型钢纤维的超高强混凝土。

表 7-18　混凝土发生高温爆裂的试件个数及平均爆裂深度

编号	爆裂个数	爆裂深度（mm）
C-Plain	6（6）	72
C-HF1	3（6）	12
C-HF2	5（6）	82
C-HF3	5（6）	76
C-RSF	3（6）	27
UHSC-RSFR	3（6）	36

注：括号内数字为每组试件的总个数，括号外数字为每组混凝土发生爆裂的试件总个数。

2）聚丙烯纤维

对掺聚丙烯纤维的超高强混凝土，普遍的结论是，适宜掺量的聚丙烯纤维可以改善超高强混凝土的抗高温爆裂性能。由于聚丙烯纤维的熔点约为 170℃，其熔化后会在混凝土内部留下孔隙，为水蒸气提供逸出通道，降低混凝土内部的蒸汽压，从而改善混凝土的抗高温爆裂性能。例如，中国建筑第四工程局有限公司结合广州珠江新城"西塔"超高层建筑、深圳"京基120"超高层建筑的建设施工，开展了C120超高强混凝土耐火性能试验研究，发现无纤维超高强混凝土发生了显著的高温爆裂，但掺加聚丙烯纤维可抑制爆裂的发生，试验结果见表7-19，其中，C0为基准混凝土，C1为聚丙烯纤维掺量为1kg/m³的混凝土。

表7-19　不同超高强混凝土耐火性能测试结果（56d）

编号		C0	C1
R_{56}（MPa）		137.7	125.3
300℃	混凝土状态	外观完好	外观完好
	残余强度（MPa）	141.5	167.5
400℃	混凝土状态	部分爆裂	外观完好
	残余强度（MPa）	100.8	157.7
500℃	混凝土状态	炸裂	外观完好
	残余强度（MPa）	—	145.0

3）钢-聚丙烯混杂纤维

钢-聚丙烯混杂纤维可以阻止或者显著改善超高强混凝土的抗高温爆裂性能，原因是除了聚丙烯纤维的掺入可以缓解蒸汽压力以外，钢纤维的掺入还能削减混凝土因温度梯度引起的内部应力，且两者均有一定的阻裂效果，从而实现了两种纤维在抗高温爆裂性能方面的叠加效果。例如，杨娟的研究结果表明，单掺钢纤维或是聚丙烯纤维的超高强混凝土，抗高温爆裂性能可以得到改善，但不能避免，而混掺钢纤维和聚丙烯纤维则能避免部分试件发生高温爆裂，且混掺体积分数为0.5%的高强度钢纤维和体积分数为0.15%的聚丙烯纤维具有最优的改性效果。

7.5.2.3　混凝土柱表面涂抹防火材料

防火涂料是一种高分子化合物，由防火隔热材料、高分子耐高温黏结剂及复合助剂组成，分为膨胀型防火涂料和非膨胀型防火涂料。目前国内外尚无专门针对超高强混凝土使用防火材料的研究报道，但大量研究表明涂抹防火材料可以有效提高高强混凝土的耐高温性能。由于耐火材料作用机理类似，不曾参与到混凝土内部的抗爆裂机制中去，因此借鉴防火涂料对高强混凝土耐高温火灾性能研究的经验，对超高强混凝土的耐高温火灾性能的研究具有重要的参考价值。

膨胀型防火涂料厚度一般为3~7mm，也称为薄型防火涂料，在遇火后自身会发泡膨胀，形成多孔碳层，有效阻挡外部高温对混凝土的传热，从而提高混凝土的耐高温性能。研究表明，薄型防火涂料不能完全抑制混凝土的高温爆裂，但可以在一定程度上减轻爆裂。非膨胀型防火涂料厚度一般为5~50mm，因此也称为厚型防火涂料，该涂料本身耐火极限较高，且具有良好的隔热性能，能改善混凝土的耐高温性能。在混凝土表面涂抹20mm厚的防火涂料可同时起到抑制爆裂以及降低高温作用后氯离子的渗透性的双重作用，并可使混凝土柱的耐火极限提高40%以上。

7.5.3　超高强混凝土耐火性能评价

7.5.3.1　高温力学性能及微观结构变化

在某临界温度以下，超高强混凝土的抗压强度随外界环境温度的升高呈先增高后降低的趋势。这是由于高温条件下，超高强混凝土中毛细孔水和凝胶水蒸发形成的水汽促进了未水化颗粒的继续水化，致使水泥浆体强度提高。孙蓓的研究表明，超高强混凝土的临界温度在 300～400℃。在 400℃时，混凝土内硬化水泥浆出现孔结构粗化的现象，这种现象会导致超高强混凝土的抗压强度与弹性模量显著下降。朋改非等人的研究表明，在430～600℃，仅 $Ca(OH)_2$ 等组分发生脱水，且还有部分未水化的水泥颗粒继续水化，石英骨料也会出现晶型转变，因此，该阶段是混凝土抗压强度损失的关键阶段；600℃以后，作为水泥水化产物中最主要组成相的水化硅酸钙开始大量脱去凝胶水；800℃以后，超高强混凝土中的粗骨料会与水泥砂浆界面的黏结完全丧失，其骨架作用对混凝土抗压强度的提高作用减小，若无相关的优化措施，则爆裂的概率极大。

7.5.3.2 承压下耐火性能评价装置及方法

抗压强度是混凝土最基本的力学性能，火灾后混凝土的力学性能会出现一定程度的下降，但直接对火灾后建筑物的混凝土强度进行测试是不容易实现的。超高强混凝土在结构中一般应用于混凝土柱或剪力墙等持续承压部位，现有测试方法主要通过测试长期荷载下混凝土构件在高温环境下应力-应变情况或者测定混凝土试块残余抗压强度来评价其耐火性能。然而，混凝土构件耐火性能不等同于混凝土材料本身的耐火性能，而且采用构件方法测试耐火性能的过程复杂，所需设备精良，耗时长；而采用残余抗压强度虽然能反映混凝土材料本身的耐火性能，但是不能模拟混凝土实际受压环境，因而研究承压下超高强混凝土的耐火性能比单纯测试高温下混凝土残余性能更能真实地反映其耐火性能。

1. 承压下混凝土耐火性能评价装置

为了模拟混凝土在受压环境中的耐火性能，人们开发了一种评价混凝土耐火性能的装置，如图 7-17 所示。

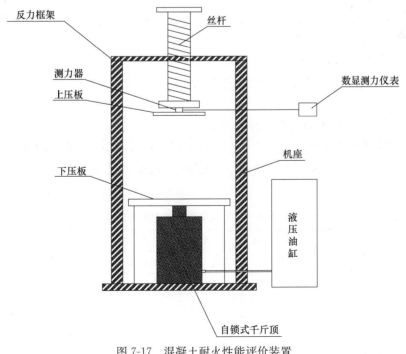

图 7-17 混凝土耐火性能评价装置

混凝土耐火性能评价装置包括主体和高温炉两部分。主体又包括基座，丝杆、测力器、上压板、下压板、自锁式千斤顶和液压油缸。高温炉包括加热炉膛、温控系统、电阻丝、热电偶、上承压板、下承压板、防溅套框。

2. 混凝土耐火性能评价装置使用方法

（1）检查线路是否连接好，通电后能否正常升温。

（2）将隔热棉放置在压力机受压板上，耐火装置下压板放在隔热棉上，将试块（尺寸为100mm×100mm×100mm）放置在下压板中心位置，套上防溅套框。

（3）将加热炉套在下压板上，上压板从加热炉上孔放入，紧贴试块上表面，略微转动位置，保证与试块贴合较好。

（4）在上压板和压力机之间放置一块隔热棉，减少热量散失。

（5）将热电偶插入加热炉侧面孔内并从防溅套框内穿过至触到试块侧面中心位置。

（6）对试块加压至指定压力。

（7）打开耐火装置电源，设定升温程序，依次进行升温、保温、加压至试块破坏。

（8）卸载压力，关闭耐火装置电源，依次取出隔热棉、上压板、加热炉、防溅套框，清理下压板上的破碎试块。

（9）组装好耐火装置，以备下次使用。

3. 承压下混凝土耐火性能评价装置使用方法

（1）测试混凝土标养至测试龄期前24h取出，放入65℃烘箱内烘干24h后取出，冷却至常温；

（2）测试标养下至测试龄期混凝土抗压强度 F_n；

（3）默认轴压比为0.4，则试验初始加载压力为 $0.4F_n$；

（4）依照ISO 834标准升温曲线进行升温（最高温度不高于800℃时，升温速率约为20℃/min），试验温度分别为300℃、400℃、500℃，加防火措施后可考虑提高测试温度至600℃，最高测试温度不超过700℃；

（5）升至最高温度后，保温70min；

（6）继续加载压力至混凝土破坏，记录最终压力值。

7.5.3.3 耐火性能评价方法

1. 零荷载下超高强混凝土耐火性能评价

采用上述混凝土耐火性能测定仪，在未加荷载下测试超高强混凝土耐火性能，并研究钢纤维和聚丙烯纤维对超高强混凝土爆裂的影响。混凝土配合比见表7-20，耐火性能测试结果见表7-21。

表7-20 不同超高强混凝土配合比

编号	胶凝材料总量（kg/m³）	水泥（%）	水胶比	砂率（%）	掺和料（%）			纤维（kg/m³）		
					微珠	矿粉	硅灰	钢	网状聚丙烯	单丝聚丙烯
A	1000	45	0.15	50	25	25	5	0	0	0
B					25	25	5	70	0	0
C					25	25	5	0	1	0
D					25	25	5	0	0	1

表 7-21 不同超高强混凝土耐火性能测试结果 (56d)

	编号	A	B	C	D
	R_{56} (MPa)	137.7	147.0	131.3	125.3
300℃	混凝土状态	外观完好	外观完好	外观完好	外观完好
	残余强度 (MPa)	141.5	158.7	156.1	167.5
400℃	混凝土状态	部分爆裂	边角爆裂	边角爆裂	外观完好
	残余强度 (MPa)	100.8	173.2	147.6	157.7
500℃	混凝土状态	炸裂	炸裂	炸裂	外观完好
	残余强度 (MPa)	—	—	—	145.0

从表 7-21 中可以得知，超高强素混凝土在 300℃下未发生爆裂行为，其残余强度较加热前初始强度有所增高；升高温度至 400℃，试件发生部分爆裂，但未发生粉碎性炸裂，残余强度仍有 100.8MPa；继续升高温度至 500℃，试件发生粉碎性炸裂。掺钢纤维混凝土在 300℃同素混凝土一样，未发现明显裂纹且残余强度有所增高；400℃时边角脱落，由于钢纤维的黏结和导热作用，混凝土整体未发生明显炸裂，残余强度提高较大；500℃时发生粉碎性炸裂，表明钢纤维不能明显提高超高强混凝土耐火性能。掺入低熔点聚丙烯纤维均能提高混凝土的耐火性能，其中网状聚丙烯纤维在高温下熔化，留下空隙形成水蒸气通道，降低空隙压力，延缓裂缝的产生和扩展，故混凝土不会发生明显爆裂，但大量空隙也导致混凝土残余强度无法得到大幅度提高；单丝聚丙烯纤维对混凝土工作性能影响较大，且分散不均匀，试验结果离散性强。

2. 承压下超高强混凝土耐火性能评价

采用上述测试方法，对承压下超高强混凝土耐火性能进行评价，并研究钢纤维和网状聚丙烯纤维对超高强混凝土耐火性能的影响。耐火性能测试结果见表 7-22。

表 7-22 承压下超高强混凝土耐火性能 (56d)

	编号	A	B	C
	R_{56} (MPa)	137.7	147.0	131.3
	初始荷载 (MPa)	55.1	57.6	52.5
300℃	最终强度 (MPa)	170.2	174.7	162.5
350℃	最终强度 (MPa)	172.3	177.5	168.7
400℃	最终强度 (MPa)	121.2	156.7	158.6
450℃	最终强度 (MPa)	—	130.2	151.2

从表 7-22 可以得知，基准组混凝土在 350℃获得最高强度，随着温度的进一步升高，混凝土强度下降，表明超高强混凝土在加热至一定温度时可提高其抗压强度，原因是超高强混凝土测试前进行了烘干处理，内部水分极少，不会出现普通混凝土测试过程中水蒸气大量逸出现象，也不会因蒸汽压导致裂缝产生；掺钢纤维混凝土也在 350℃获得最高强度，表明钢纤维不能明显改善混凝土耐火性能，单从混凝土强度提高程度来看，承压下掺钢纤维混凝土强度的提高较基准混凝土低，可能是因为钢纤维混凝土在高温荷载下出现拉伸变形，对裂缝的黏结作用降低。掺聚丙烯纤维的混凝土虽然也是在 350℃获得最高强

度，但随温度的升高，其强度损失较小，即使加热温度达到450℃，最终强度也依然高于56 d抗压强度，表明聚丙烯纤维对超高强混凝土耐火性能具有一定的改善作用。

通过高温煅烧测试超高强混凝土残余强度和在承压下测试最终强度得出大致一样的规律，但测试结果并不相同，承压下超高强混凝土最终抗压强度稍高于零荷载下混凝土残余强度，可能是因为零荷载下混凝土高温后冷却导致混凝土内部结构发生改变，脆性变强。试验结果表明实际环境下混凝土的耐火性能与测试方法有较大的关系，在承压下测试出的混凝土耐火性能，可能更能真实地反映混凝土的耐火性能。

7.6 典型案例分析

7.6.1 贵阳双子塔

7.6.1.1 工程概况

本项目由1号塔楼（东塔）、2号塔楼（西塔）、商业楼及地下室组成，总建筑面积约

为78万 m²，是一个集商业、办公、酒店、公交接驳等功能于一体的超高层大型城市综合体项目，如图7-18所示。结构设计采用的是框架＋筒体设计方案，建筑高度为406m，地上65层，地下5层。其中C60高强混凝土泵送高度为149.80m，C50高强混凝土泵送高度为200.95m，C45混凝土泵送高度为334.35m。

7.6.1.2 原材料和配合比

本项目所使用的复合掺和料由以下4种掺和料复合而成：贵州某科技有限公司生产的0～10μm超细磷渣粉、京诚嘉德（北京）商贸有限公司生产的超细粉煤灰、济南鲁新新型建材有限公司生产的S105矿渣粉、贵州浩通商贸有限公司生产的S75磷渣粉和硅粉。C100混凝土配合比见表7-23。

图7-18 贵阳双子塔

表 7-23 C100 超高强山砂混凝土配合比   kg/m³

材料名称	水泥	复合掺和料	砂	碎石	水	外加剂
类型	贵阳 海螺P·O 52.5	自产	兴达兴 水洗砂	玄武岩 10～20mm	自来水	科之杰
配合比（kg/m³）	480	170	840	840	165	7

配合比设计主要解决以下两方面的矛盾：C100混凝土高强度与当地材料材质偏低的矛盾、高强度与300m以上垂直泵送要求的矛盾。采用低水泥用量、高胶凝材料用量的设计思路，复合使用矿粉、微珠和硅粉等超细粉体，严格控制细骨料石粉含量在5%以下，

优选粒型好和母岩抗压强度高于 200MPa 的玄武岩，砂率优选在 50% 左右，单方用水量控制在 165～170kg，保证混凝土低黏度的同时提高可泵性。混凝土性能参数见表 7-24。

表 7-24　C100 超高强山砂混凝土性能参数

参数	初始	1h	2h	3h	4h
坍落度（mm）	250	250	240	230	210
扩展度（mm）	650	630	600	580	500
倒筒时间（s）	2.4	3.2	5.3	6.7	7.6
立方体抗压强度（MPa）	3d	7d	14d	28d	56d
	66.1	90.3	98.4	107.4	115.2

7.6.1.3　现场检测及实施

对超高强混凝土进行入泵前后的现场性能检测工作。工作性能和力学性能测试结果见表 7-25。现场检测情况如图 7-19、图 7-20 所示。

表 7-25　C100 超高强山砂混凝土泵送试验（$h=331m$）

编号	取样点	坍落度（mm）	扩展度（cm）	倒筒时间（s）
1	泵前	250	630	5.8
2		245	650	4.4
3		260	700	2.4
4	泵后	265	770	3.3
5		270	700	2.3
龄期	取样点	强度检测结果（MPa）		
3d	泵前	67.8		
28d		110.1		
3d	泵后	65.1		
28d		105.2		

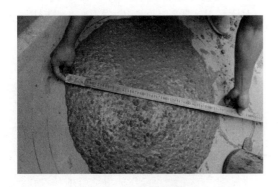

图 7-19　现场抽样检验

图 7-20　泵后出机状态

7.6.2　武汉中心

7.6.2.1　工程概况

武汉中心项目（工程）位于王家墩财富核心区，2015 年建成，总建筑面积为 35.93

万 m²，建筑高度为 438m，共 88 层，结构形式为巨型柱框架＋核心筒＋伸臂桁架。武汉中心项目由中建三局总承包公司承建，拟对其部分梁板采用超高强混凝土浇筑，施工方式为泵送施工。

7.6.2.2 原材料和配合比

针对武汉中心超高层泵送具体情况，结合 140～160MPa 超高强混凝土的试验和研究，制定的生产配合比中，胶凝材料总用量为 850kg/m³，水胶比为 0.15，砂率为 50%，外加剂掺量为 2.7%，钢纤维用量为 70kg/m³。

7.6.2.3 出厂检测结果

对超高强混凝土进行取样，测试结果见表 7-26 和表 7-27。

表 7-26 140～160MPa 混凝土工作性能测试

扩展度 (mm)	倒筒时间 (s)	入泵前含气量 (%)	4h 扩展度 (mm)	4h 倒筒时间 (s)	入泵后含气量 (%)	状态描述
670	2.0	1.2	720	1.6	2.1	黏聚性较好

表 7-27 140～160MPa 混凝土力学性能测试

抗压强度（MPa）					抗折强度（MPa）		抗劈裂强度（MPa）		弹性模量（GPa）	
3d	7d	28d	70d	360d	7d	28d	7d	28d	7d	28d
103.4	116.0	137.4	167.7	188.7	15.0	16.6	6.2	7.7	58.3	57.3

由工作性能测试结果可知，试生产混凝土流动性好，黏度低，含气量适中，黏聚性良好，4h 流动性稍扩大，泵送 227m 后不分层不离析，黏聚性较好。由力学性能测试结果可知，配制的超高强混凝土强度满足设计要求。

7.6.2.4 实施效果

超高强混凝土在使用过程中，和易性良好，无离析泌水现象，黏度低，易于泵送，泵送后混凝土性状保持良好，达到自密实性能要求，混凝土放热量低，体积稳定性好，耐久性得到明显提升，经后期检验，70d 混凝土立方体抗压强度达到 167.7MPa，成型质量也较好，表面无裂缝。

超高强混凝土出泵效果如图 7-21 所示，超高强混凝土施工过程如图 7-22 所示。

图 7-21 超高强混凝土出泵效果

图 7-22 超高强混凝土施工过程

8 轻骨料混凝土超高层泵送技术探索

轻骨料混凝土具有比强度高、耐久性与保温隔热性能好、抗震性能优异、无碱骨料反应风险等特点。研究表明，轻骨料混凝土较普通混凝土可降低建筑结构自重约 20%，将其用于超高层建筑中，可以降低结构自重，对超高层建筑而言相应结构尺寸可适当缩减，提高标准层面积使用率，同时提高建筑抗震性能与耐久性，提升建筑的保温与隔热性能。因此，轻骨料混凝土在超高层建筑中的应用是一个可行且具显著意义的重要发展方向。

8.1 超高层泵送轻骨料混凝土发展动态

8.1.1 超高层泵送中的轻骨料

所选用的粗骨料不同是导致轻骨料混凝土与普通混凝土性能产生差异的根本原因，要实现轻骨料混凝土的超高层泵送施工，质地优良的高性能轻骨料是决定性基础条件。而超高层建筑中使用混凝土材料时，主要从其力学性能、泵送性能和耐久性能 3 个方面考虑，以满足超高层混凝土的设计和施工需求，因此，需要采用性能可针对性控制的轻骨料来制备超高层泵送轻骨料混凝土。

1. 轻骨料强度

轻骨料颗粒的强度对轻骨料混凝土的强度起着控制性作用，大量研究表明，提高轻骨料的强度，可显著提高轻骨料混凝土的强度，而混凝土密度略有上升但变化较小。对超高层建筑中所使用的结构轻骨料混凝土，应当在密度允许的范围内尽量选择强度高的轻骨料。

理想模型结构的轻骨料内部孔隙密集，使颗粒密度降低，而高致密的釉质层和内部密集孔壁骨架网络提供了轻骨料的高强度。用于制备超高层泵送施工的高强混凝土所使用的轻骨料应尽量接近轻骨料理想结构模型（图 8-1）。

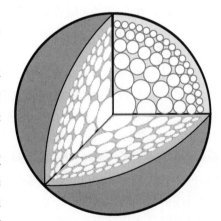

图 8-1 轻骨料理想结构模型

2. 轻骨料粒型

轻骨料的粒型对混凝土的工作性能与力学性能都有较大的影响。圆球型轻骨料［图 8-2（a）］外形圆润、近似滚珠，其颗粒间的摩擦力相比碎石型轻骨料更小，在水泥浆含量相同时，球形轻骨料更容易发生相对运动，因此利用其制备的混凝土拌和物流动性更好，但相对运动容易发生也表示拌和物容易分层、离析。与之相比，碎石型轻骨料［图 8-2（b）］制备的混凝土拌和物工作性能有所降低，但匀质性、力学性能都能得到明显改善。

(a)   (b)

图 8-2　轻骨料不同粒型
(a) 圆球型陶粒；(b) 碎石型陶粒

圆球型轻骨料和碎石型轻骨料在制备混凝土时都具有明显的优缺点，对轻骨料粒形的选择需要综合考虑在其超高层建筑中所使用的部位及相关的性能要求。

3. 轻骨料级配与粒径

轻骨料的级配与粒径都会对混凝土的性能产生较大影响。单一级配或不良级配的轻骨料，其骨架空隙率较大，为使其拌和物达到相同流动性需要的胶凝材料更多，骨架空隙率较大，则轻骨料之间存在相互挤压，硬化混凝土强度也会受到影响。

轻骨料的粒径直接影响硬化混凝土的强度。随着轻骨料粒径的增大，骨料颗粒比表面积减小，轻骨料与水泥石间界面作用降低，裂缝不向轻骨料内部扩展而沿着轻骨料与水泥石界面扩展，硬化混凝土强度下降明显。另外轻骨料粒径越大，骨料越容易上浮，越容易导致混凝土拌和物分层、离析。因此，用于超高层建筑的轻骨料混凝土应选择级配良好、粒径较小的轻骨料。

4. 轻骨料吸水特性

轻骨料表面的开口孔隙会吸收水分，这是轻骨料混凝土工作性能劣化的最主要原因，在超高层泵送施工中，轻骨料还会受到泵送压力的作用进一步吸水，使泵送管道内轻骨料混凝土流动性下降，造成泵送困难。另外轻骨料吸收拌和物中水分还会使拌和物密度增高，相当于增加了混凝土的自重，泵送难度也加大。但是在强度方面，轻骨料的吸水又是有益的。轻骨料在水化反应初期吸收水分，降低拌和物中的水胶比，提高水泥石强度；在水化反应后期，由于水泥石中水分含量降低，轻骨料中吸收的水分又会缓慢释放出来，促进水泥石继续水化，提高后期强度；其释放出的水分补充水泥石毛细孔中蒸发的水分，可以降低混凝土的干燥收缩。

对超高层建筑中所使用的轻骨料，应充分考虑其吸水特性，并对其吸水速率及吸水率加以控制，降低其在新拌混凝土中的吸水速率及吸水率，以防止其工作性能的劣化，使其在混凝土硬化过程中释放水分以提高混凝土后期强度。

8.1.2　轻骨料混凝土在超高层建筑中的应用现状

轻骨料混凝土最早在美国被应用于桥梁工程，并在 20 世纪 50 年代初期至 60 年代中期进入高速发展时期。近年来采用轻骨料混凝土建设的桥梁数量有所下降，但更多地在更大跨径、更高高度的大跨径桥梁中得到应用；在高层建筑方面，美国利用轻骨料混凝土修建了举世闻名的休斯顿贝壳广场大厦（218m）、芝加哥波音特湖塔式建筑（105m）、水塔大厦（260m）等。

近年来日本将轻骨料混凝土应用于横滨亮马大厦（296m）等高层建筑的楼板与隔墙板，目前在其国内的钢结构高层建筑中均能看到高强轻骨料混凝土的身影。日本是轻骨料混凝土在高层建筑中应用经验较为丰富的国家之一。

我国人造轻骨料的生产始于 20 世纪 50 年代，近年来随着对高性能轻骨料混凝土研究的深入，较多低密度、高强的人造轻骨料产品先后问世，我国轻骨料品种不断完善，产业格局不断优化，轻骨料行业得到了快速发展。近年来高性能轻骨料混凝土在较多高层建筑与桥梁工程中得到应用，部分工程实例见表 8-1。

表 8-1 近年来高性能轻骨料混凝土应用的部分工程实例

工程名称	完工时间	工程特点
珠海国际会议中心	1999	地上 24 层。由于设计变更，在 9 层以上的 $B_2 \sim B_6$ 轴线范围内使用了 LC35 轻骨料混凝土
天津永定河大桥引桥	2000	南北引桥上部箱梁采用 LC40 轻骨料混凝土，在预制箱梁上现浇轻骨料混凝土桥面板
南京太阳宫广场戏水大厅	2000	屋顶 4 支大跨拱梁采用强度等级为 LC50 的轻骨料混凝土，拱梁顶高 38.4m，跨度为 80m
南京国际展览中心	2000	地上 3 层的楼层板及屋面板采用轻骨料混凝土，设计强度等级为 L30、干表观密度不高于 1850kg/m³，全部采用泵送施工
上海淀浦河桥	2001	PC 悬臂梁采用 C45 高强度轻骨料混凝土制作，施工便捷，大大缩短了工期
京珠高速公路湖北段蔡甸汉江大桥桥面	2001	由于设计变更导致预应力钢筋暴露，在原桥面上加铺 LC40 轻骨料混凝土调平层，共使用 1200m³ 混凝土
云南建工医院	2004	因开发商变更及建筑涉及功能转变，1~5 层梁、板、柱均采用 LC40 泵送轻骨料混凝土，合计使用 851m³
北京新保利大厦	2004	核心筒外 2~11、13~21 层楼板和吊楼 2~7 采用 LC30 轻骨料混凝土，表观密度为 1800~1900kg/m³，采用泵送结合塔式起重机的施工方式，泵送高度为 85.1m
宜昌滨江国际大厦	2005	大厦总高 101.1m，结构主体梁、板、柱均采用 LC35~LC40 轻骨料混凝土，采用泵送施工
武汉天河机场新航站楼	2007	在 1、2 层楼板铺设总量超过 6000m³ 的超轻骨料混凝土，其干表观密度低于 1400kg/m³，抗压强度高于 20MPa，采用泵送施工
武汉世贸锦绣长江大楼	2007	应建筑单位要求，对 2 号楼顶层塔楼的局部剪力墙和楼板采用轻骨料混凝土进行浇筑，采用泵送施工，泵送高度为 181.4m
武汉民生银行大厦（原武汉市证券大厦）	2006	业主要求增加建筑层数，设计变更，从 60 层开始采用干表观密度不超过 1900kg/m³ 的 LC35 轻骨料混凝土，采用塔式起重机施工
上海世博会中国馆	2010	屋面采用密度≤1400kg/m³ 的 LC15 轻骨料混凝土，采用泵送施工，垂直泵送高度约 80m，水平泵送距离约 200m

目前我国轻骨料混凝土总体上呈现出良好的发展态势，但轻骨料混凝土的应用主要还是集中在保温墙体、砌块、结构填充料及部分桥面板，应用于高层建筑结构实体的研究与应用工作开展较少，高性能轻骨料混凝土的应用范围有待进一步拓展。

8.1.3 轻骨料混凝土超高层泵送技术瓶颈

高性能轻骨料混凝土的性能优势符合超高层建筑的发展需求，高性能轻骨料混凝土在超高层建筑中的应用，可以极大地推动超高层建筑的发展，为广大设计工作者提供更为广阔的设计想象空间。目前轻骨料混凝土应用于超高层建筑中存在以下技术瓶颈：

1. 轻骨料的品质

作为轻骨料混凝土最为关键的组成材料，我国的人造轻骨料在半个多世纪中实现了快速发展，但其主要性能与国外的优质轻骨料相比仍存在一定的差距，主要体现在吸水率偏高、强度较低。吸水率偏高的轻骨料在混凝土拌和物中会吸收大量水分，导致拌和物工作性能快速下降，将其用于超高层泵送施工时其泵送施工性能难以控制；而轻骨料混凝土的强度与轻骨料强度密切相关，强度的不足也极大地限制了轻骨料混凝土在超高层建筑中的应用。

2. 轻骨料混凝土超高层泵送施工的稳定性

轻骨料特有的多孔隙结构使其具有一定的吸水性，在吸水的同时其孔隙内的空气也会相应逃逸出来，但由于液体表面的张力作用，孔隙内仍会残留部分气体，这部分气体会造成轻骨料混凝土在超高层泵送施工过程中的稳定性不良：一方面部分残留气体在泵送压力作用下逃逸出来，造成轻骨料进一步吸水；另一方面未能逃逸的气体受到泵送压力的作用被压缩，同样使轻骨料进一步吸水，轻骨料混凝土拌和物内水分减少，流动性降低，导致泵送困难。泵送压力作用下的轻骨料混凝土施工稳定性问题是影响其超高层泵送的关键因素之一。

3. 轻骨料混凝土的匀质性

轻骨料混凝土中的轻骨料的密度与水泥砂浆密度差异较大，轻骨料容易上浮，导致拌和物分层、离析，在泵送压力与振动下这一趋势将更加明显。一旦混凝土拌和物出现离析，则极易导致堵泵，即使勉强完成泵送，所浇筑的结构部位承载能力也将受到很大影响，严重影响建筑结构的安全性。因此轻骨料混凝土拥有高匀质性是实现其超高层泵送的技术前提和质量保证。

4. 轻骨料混凝土超高层泵送性能评价体系

目前，我国针对轻骨料混凝土颁布的标准文件有《轻骨料混凝土应用技术标准》（JGJ/T 12）、《轻骨料混凝土桥梁技术规程》（CECS 202），尚未建立轻骨料混凝土的泵送施工性能系统检测与评价体系。国内外相关工程案例较少，缺少用于指导轻骨料混凝土超高层泵送施工的经验与理论指导，使其技术壁垒较高。

8.2 超高层泵送轻骨料混凝土泵送性能的评价

8.2.1 泵送性能影响因素

在大跨度、高层和超高层建筑施工中混凝土的泵送距离长、泵送高度高、泵送经时长，泵送压力也将不断提高，所以轻骨料混凝土必须具有更优越的性能，以保证在高压泵送过程中不离析、不堵管。由于泵送过程中较难控制其匀质性的变化及轻骨料的吸水特性，所以影响高强轻骨料混凝土性能的因素主要包括：

1. 轻骨料混凝土匀质性能

为保证轻骨料混凝土的泵送施工，拌和物需要保持较好的流动性能。轻骨料混凝土拌和物由轻粗骨料、砂、胶凝材料浆体、水和外加剂组成，其流动性能越好，则各组分之间的相对移动越易发生。组分间密度差异导致取向性运动趋势加剧。如在泵送中产生运动及振动过程中，轻骨料与浆体间能够保持原有的相对位置，则混凝土就处于良好的匀质性状态，泵送过程便较为顺利。如轻骨料与浆体间不能消除取向性运动，必然会造成分层和离析现象的出现，给泵送施工质量造成隐患。

2. 轻骨料混凝土可泵性能

轻骨料的多孔结构特性，使新拌轻骨料混凝土在不同湿环境及压力环境下都具有吸水、放水及体积不稳定的特点，较常态轻骨料混凝土更易吸收混凝土的拌和水及拌和物的压缩空气，造成混凝土工作性能的降低，增大拌和物的流动阻力，使骨料更易在弯管等处堆积。当泵送压力降低或消逝时，压缩空气将轻骨料中的水分挤出，有可能造成严重的堵管。并且，当轻骨料混凝土到达浇筑面时，压力消除后在短时间内会迅速地再进行较大量的"二次释水"。轻骨料周围的水膜将影响骨料与水泥石的界面，影响混凝土的性能，甚至引起混凝土的强度损失和耐久性变差等问题。

3. 轻骨料混凝土工作性能

轻骨料混凝土在配制中，轻骨料的高吸水性会造成其与浆体间产生水分传输，进而对混凝土的工作性能产生较为明显的影响。在运输及泵送过程中，轻骨料混凝土吸收新拌混凝土中的拌和水，造成混凝土工作性能的降低，降低拌和物的流动性能，使混凝土的工作性能不易保持。

8.2.2　泵送性能的评价

与普通混凝土相比，国内外尚未针对超高层垂直泵送施工的轻骨料混凝土泵送性能建立统一的测试与评价方法。轻骨料独特的孔隙结构在拌和物中可以吸收水分和部分水泥浆，且这一特性会受到压力、机械振动等因素的影响产生较大变化，因此在评价轻骨料混凝土的泵送性能时，普通混凝土的泵送性能评价方法并不完全适用。目前针对轻骨料混凝土的泵送性能测试有以下几种：

1. 轻骨料压力吸水特性检测

轻骨料的吸水特性是影响混凝土泵送性能的最关键因素，也是轻骨料混凝土与普通混凝土泵送性能差异化的根本原因，首先应对所采用的轻骨料吸水率进行测试。王发洲、王龙志分别采用含气量仪、压力泌水仪对轻骨料在压力下的吸水特性进行了测试，该检测可以对轻骨料在较低压力（4～6MPa）下的吸水特性给出参考，但超高层泵送施工的泵送压力较高，该检测不能对高压力下轻骨料的吸水特性进行评价。

杨长辉尝试对压力泌水仪进行改造，使最大检测压力达到20MPa。采用该方法对轻骨料在压力下的吸水特性检测可以为轻骨料混凝土的泵送性能调控给出参考。

2. 拌和物匀质性检测

高匀质性是实现轻骨料混凝土超高层泵送的技术前提。轻骨料混凝土的匀质性检测可以参照普通混凝土的匀质性检测来进行，目前使用较为广泛的匀质性检测方法有：

（1）目测观察法，即通过目测观察轻骨料混凝土拌和物的泵送匀质性；

（2）分层度筒法，即利用圆柱钢模，将振动后拌和物各层轻骨料分级筛出、清洗、烘干、称其质量，再根据拟订的公式计算结果来评价混凝土匀质性；

（3）界面观察法，即将成型并硬化后的试块均匀折断，用照相机采像，使用图像分析软件对断面进行分析。

3. 流变性能检测

轻骨料的流变性能检测可以参照普通混凝土的流变性能检测来进行。

基于本书中有关普通混凝土的泵送评价体系，可以从流动性指标和流变性指标的二元指标体系来衡量混凝土的超高层泵送性能。与普通混凝土相比，轻骨料混凝土的泵送施工主要差别来自于轻骨料的吸水效应和上浮趋势，同时由于轻骨料内部孔隙较多，高泵送压力作用下轻骨料混凝土内部水分会迁移，因此在评价轻骨料混凝土的泵送性能时，需要引入匀质性和骨料吸水性指标，形成"流动性-流变性-匀质性-压力吸水性"的四元评价指标体系。

8.3 超高层泵送轻骨料混凝土匀质性提升技术

8.3.1 轻骨料混凝土匀质性特征

1. 轻骨料混凝土拌和物的分层

轻骨料混凝土的拌和物是一种由轻粗骨料、砂、胶凝材料浆体、水和外加剂组成的混合物，密度差异较大的材料组成会产生不同的运动趋势：密度较低的组分有上浮的趋势，而密度较高的组分有下沉的趋势。超高层泵送顺利施工要求轻骨料混凝土拌和物具有较好的流动性，流动性越好，则拌和物内各组分间因密度差异所导致的取向性运动趋势加剧，各组分之间更容易发生相对位移。如果各组分间的相互作用不能抑制取向性运动趋势，势必造成各组成材料在拌和物内的不均匀分布，拌和物的匀质性下降。

轻骨料混凝土拌和物中，轻粗骨料和水属于密度较低的组分，砂属于密度较高的组分，在取向性运动趋势下会形成水和轻粗骨料向上部富集、胶凝材料浆体向中部富集、砂向下部富集的分层趋势（图8-3），这种分层形式叫作外分层。由图8-3中可以看出，外分层出现后，颗粒较大的轻骨料和水分富集在混凝土表层，胶凝材料浆体富集在混凝土底层，此时混凝土中上部所富集的轻骨料所处环境中的水泥石较少，由于轻骨料自身强度较低，在承受压力时特别容易遭到破坏。从轻骨料混凝土使用性能考虑，应尽可能地避免外分层现象的出现。

如图8-4所示，混凝土拌和物在产生外分层趋势的同时，还具有内分层的趋势：拌和物内部的水在上浮过程中遇到颗粒较大的粗骨料或结构内的钢筋等障碍物时，在胶凝材料浆体的表面张力作用下，部分水会吸附到这些障碍物底部不再上浮，形成局部富集，从细观角度来看，拌和物内部形成了局部的水分富集区，这一分层形式叫作内分层。内分层的出现使水分富集区局部水胶比升高,容易造成该区域的水泥石强度降低,成为混凝土的受力薄弱区域。但对轻骨料混凝土而言,轻骨料表面的多孔隙结构会吸收水分富集区的水分,降低水分富集对局部水胶比高造成的影响;在水化反应后期轻骨料吸附的水分又释放出来,使该区域水泥石继续充分水化,在一定程度上可以减小内分层所带来的影响。

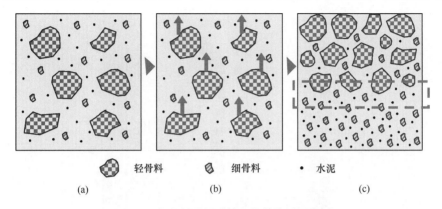

图 8-3 轻骨料混凝土拌和物外分层示意图
(a) 轻骨料混凝土拌和物;(b) 外分层形成趋势;(c) 外分层形成

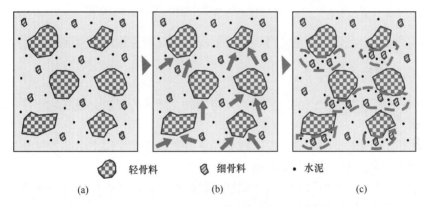

图 8-4 轻骨料混凝土拌和物内分层示意图
(a) 轻骨料混凝土拌和物;(b) 内分层形成趋势;(c) 内分层形成

2. 轻骨料混凝土拌和物分层对泵送性能的影响

在超高层泵送施工中,为了克服管道内混凝土的自重与摩擦力,往往需要采用超高压泵送,此时胶凝材料浆体内部压力也较大,高压力作用下水分向轻骨料内部迁移,拌和物内水分减少、流动性降低。如果轻骨料混凝土出现了外分层现象,拌和物上部所含胶凝材料浆体较少,由于轻骨料的高压吸水效应,骨料环境中的水分含量降低,骨料颗粒间缺少润滑组分,流动性急剧降低,在泵送管道中极易造成堵管,如图 8-5 所示。从轻骨料混凝土施工性能方面考虑也应避免外分层现象的出现。

对普通混凝土,由于其骨料密度较胶凝材料浆体密度高,在拌和物中有下沉趋势,与泵送压力方向相反;而轻骨料混凝土内骨料上浮趋势与泵送压力方向相同,在泵送压力作用下更容易出现外分层现象。

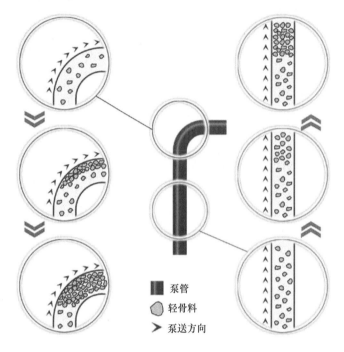

泵管
轻骨料
泵送方向

图 8-5　轻骨料混凝土拌和物外分层造成堵管示意图

因此，可以认为高匀质性是实现轻骨料混凝土超高层泵送的技术前提。

8.3.2　匀质性提升思路

目前对控制轻骨料混凝土的匀质性，国内外尚无统一的方法。提高匀质性一般采用的方法有：

（1）采用高密度等级的轻骨料配制轻骨料混凝土，降低混凝土内部各组分材料之间的密度差，以降低各组分材料之间相互运动趋势；

（2）选用颗粒粒径较小的轻骨料配制轻骨料混凝土，以增大轻骨料的比表面积，从而增大表面的摩擦力，降低轻骨料的上浮概率；

（3）采用超细粉体等胶凝材料，以提高浆体的黏聚性，降低拌和物内各组分材料之间的相对运动速度，从而减少轻骨料的上浮；

（4）增加特殊的外加剂组分，如稳定剂、引气剂、黏度改性剂等，以调节轻骨料混凝土拌和物的匀质性。

上述方法存在一定的不足：采用高密度等级的轻骨料会造成混凝土密度增高甚至超标的问题；减小轻骨料粒径会带来轻骨料的开口孔隙增多、骨料内表面积增大，使轻骨料的饱和吸水率增大，利用其制备的轻骨料混凝土泵送时离析泌水的风险增大；提高浆体的黏度会使拌和物流动性降低，泵送阻力增大，泵送难度增大；外加剂组分的适用范围往往都具有一定的局限性，且部分外加剂掺量过高时会给拌和物带来新的问题，对匀质性的改善有限。因此，在设计和制备适用于超高层泵送的轻骨料混凝土时需要综合上述方法及权衡利弊。

轻骨料混凝土的匀质性问题实际上就是高流动度下密度不等的轻骨料颗粒与水泥浆体

之间的相对运动。以轻骨料颗粒为对象，其在水泥浆体中运动时同时受到重力、浮力及流体黏滞阻力的作用，其运动方程可以写为式（8-1）所示的形式。

$$m \frac{\mathrm{d}v}{\mathrm{d}t} = mg - \rho_\mathrm{c} gV - f_\eta \qquad (8\text{-}1)$$

式中　m——轻骨料颗粒的质量（kg）；

　　　v——轻骨料颗粒相对水泥浆体的运动速度（m/s）；

　　　t——时间（s）；

　　　V——轻骨料颗粒的体积（m³）；

　　　g——重力加速度（m/s²）；

　　　f_η——胶凝材料浆体对轻骨料颗粒的黏滞阻力（N）；

　　　ρ_c——胶凝材料浆体的密度（kg/m³）。

在计算上式中的质量和浮力时，为了便于计算，可以将轻骨料颗粒简化为球形颗粒，则轻骨料颗粒的体积可以按照等体积相当径的球形体积公式进行计算。但在计算胶凝材料浆体对轻骨料颗粒的黏滞阻力时，采用等体积球形模型又不适用，主要体现在等体积球形颗粒的表面积与实际颗粒的表面积之间存在一定的差异，而黏滞阻力在计算时需要考虑颗粒的形状，在计算黏滞阻力时引入形状校正系数 φ_A，即颗粒的等体积相当径与颗粒等表面积相当径的比值，φ_A 的取值范围为 0～1，其值越大，则颗粒形状越接近于球形，反之则形状越不规则。

式（8-1）中参数的计算公式如式（8-2）～式（8-5）所示。

$$\varphi_\mathrm{A} = \frac{r_0}{r_\mathrm{A}} \qquad (8\text{-}2)$$

$$V = \frac{4}{3}\pi r_0^3 \qquad (8\text{-}3)$$

$$m = \rho_\mathrm{l} \frac{4}{3}\pi r_0^3 \qquad (8\text{-}4)$$

$$f_\eta = 6\pi\eta r_\mathrm{A} v \qquad (8\text{-}5)$$

式中　φ_A——颗粒的形状校正系数，无量纲；

　　　r_0——轻骨料颗粒的等体积相当径（m）；

　　　r_A——轻骨料颗粒的等表面积相当径（m）；

　　　ρ_l——轻骨料颗粒的密度（kg/m³）；

　　　η——胶凝材料浆体黏滞性系数。

整理式（8-1）～式（8-5）得到式（8-6）：

$$\frac{\mathrm{d}v}{\mathrm{d}t} + \frac{9\eta}{2\rho_\mathrm{l} r_0^2 \varphi_\mathrm{A}} v = g\left(1 - \frac{\rho_\mathrm{c}}{\rho_\mathrm{l}}\right) \qquad (8\text{-}6)$$

对式（8-6）积分，并代入初始条件 $t=0$、$v=0$，得到式（8-7）：

$$v = \frac{2r_0^2 g(\rho_\mathrm{l} - \rho_\mathrm{c})\varphi_\mathrm{A}}{9\eta}\left(1 - \mathrm{e}^{-\frac{9\eta\varphi_\mathrm{A}}{2\rho_\mathrm{c} r_0^2} t}\right) \qquad (8\text{-}7)$$

假设轻骨料颗粒在胶凝材料浆体中的运动达到稳定状态，计算轻骨料的最终运动速度 v，计算结果如式（8-8）所示。

$$v = \frac{2r_0^2 g(\rho_1 - \rho_c)\varphi_A}{9\eta} \tag{8-8}$$

对轻骨料而言，其密度一般较胶凝材料浆体的密度低，即 $\rho_1 < \rho_c$，所以轻骨料的速度计算结果为负值，表明轻骨料的运动方向与重力方向相反，轻骨料向上浮动。计算得到的轻骨料运动速度越大，则其与胶凝材料浆体产生分层的风险越大，因此降低轻骨料在水泥浆中的最大速度 v 是提高轻骨料混凝土匀质性的根本途径。

8.3.3 匀质性提升方法

根据式（8-8），轻骨料颗粒在水泥浆中的最大运动速度 v 同颗粒等体积相当径 r_0 的平方成正比，同轻骨料和水泥浆的密度差（$\rho_1 - \rho_c$）成正比，同水泥浆体的黏滞系数 η 成反比，同轻骨料颗粒的形状校正系数 φ_A 成正比。结合上述各数值的实际变化范围，影响轻骨料颗粒最大运动速度的关键因素按照影响大小依次为骨料颗粒的等体积相当径 r_0、水泥浆的黏滞系数 η、骨料颗粒的形状校正系数 φ_A、轻骨料和水泥浆的密度差（$\rho_1 - \rho_c$）。

因此，可以从以下几个方面来提高轻骨料混凝土的匀质性：

（1）选用颗粒粒径较小的轻骨料制备轻骨料混凝土。按照式（8-8）中的数学模型，当轻骨料最大公称粒径由 16mm 增大至 31.5mm 时，轻骨料的最大运动速度 v 将增大 4 倍，因此降低轻骨料颗粒粒径可以显著地改善轻骨料混凝土匀质性。但轻骨料颗粒粒径减小时，轻骨料的生产成本大量增加，且小粒径的骨料级配合理性变差，容易导致轻骨料混凝土密度增高。

（2）通过添加增稠剂或黏度改性外加剂组分来调节水泥浆体黏滞系数 η。随着浆体黏滞系数的增大，浆体变得更黏稠，拌和物匀质性提高，但此时浆体流动性变差，拌和物的流动度随之降低。

（3）采用碎石型轻骨料替代球形轻骨料制备轻骨料混凝土，可以增大轻骨料颗粒的形状校正系数 φ_A，但碎石型轻骨料表面孔隙增多，吸水率增大，同样也会造成拌和物流动度降低。

（4）选用高密度等级的轻骨料制备轻骨料混凝土，可以降低轻骨料和水泥浆的密度差（$\rho_1 - \rho_c$），从而提高拌和物的匀质性，也可提高轻骨料混凝土的强度。但是随着轻骨料密度等级的提高，其制备的轻骨料混凝土密度也会增高。

在采用上述方法来改善轻骨料混凝土的匀质性时，需要综合考虑流动性、密度与经济性。

8.4 超高层泵送轻骨料混凝土泵送性能提升技术

对普通混凝土而言，良好的工作性能是超高层泵送性能良好的前提，但轻骨料混凝土的超高层泵送受到轻骨料自身特性、拌和物匀质性、高压泵送等多种复杂因素影响，因此对轻骨料超高层泵送而言，就不能仅仅像普通混凝土泵送重点在工作性能方面进行提升。

8.4.1 工作性能提升技术

1. 胶凝材料组分设计与优化

采用粉煤灰、矿渣和硅灰等掺和料替代部分水泥，可以降低水泥石的密度，进而减小水泥石与骨料的密度差，提高拌和物的匀质性，同时还可提高浆体的流动性，改善混凝土黏度。同时水泥浆体本身具有很好的保水性能，在泵压作用下，浆体中的水分不易分离出来，从而能够很好地控制混凝土的工作性能损失。

2. 骨料颗粒级配选择与调控

良好的颗粒级配可以降低轻骨料颗粒间的空隙率，减少胶凝材料用量，改善混凝土的各项性能。虽然当前我国有关轻骨料的标准规范对轻骨料的级配提出了明确规定，但实际上较少有轻骨料厂家对生产出的轻骨料级配进行针对性控制，市面上大多数轻骨料产品粒径较为单一、级配不连续。应尽可能地选择级配连续的轻骨料制备超高层泵送轻骨料混凝土。若可选择的轻骨料级配难以满足超高层泵送施工工作性能要求，可选择性能相近的轻骨料按骨料粒径经筛分后分仓堆放，在生产拌和物时再按照级配曲线调整各仓轻骨料用量，以保证所使用的轻骨料拥有良好的颗粒级配。

3. 水胶比设计

由于轻骨料吸水速率对轻骨料混凝土的泵送性能影响较大，需要采用预湿处理方式对轻骨料进行处理，使轻骨料提前吸收一定的水分。可以将轻骨料混凝土生产过程中的用水量分为净用水量和总用水量。净用水量指的是扣除轻骨料所吸收水量后拌和物的用水量，即轻骨料混凝土拌和物中胶凝材料浆体中所含水量；总用水量则是净用水量与轻骨料吸收水量之和。由于轻骨料的吸水效应，总用水量对轻骨料混凝土拌和物的工作性能影响较小，而净用水量对其工作性能影响较大。因此，在设计轻骨料混凝土的配合比时应充分考虑骨料的吸水效应，对净用水量进行设计。

4. 外加剂选择

采用高效的聚羧酸减水剂可有效地提升轻骨料混凝土拌和物的工作性能。轻骨料混凝土配制过程中所使用的外加剂已由单一减水功能转变为高减水、引气、增稠、保坍等多功能的集成。同时还可以在轻骨料混凝土中引入增黏剂，以明显提高浆体黏度，减少轻骨料上浮，改善轻骨料混凝土的匀质性。

8.4.2 泵送稳定性提升技术

结合前述研究，轻骨料混凝土超高层泵送稳定性提升可以从以下几个方面来进行：

1. 基于控制吸水特性的轻骨料优选

在密度、强度及前述的泵送性能允许的情况下，优先选择高密度等级、大颗粒粒径的轻骨料。高密度等级的轻骨料往往带来混凝土密度的增高，而大颗粒粒径的轻骨料制备的混凝土拌和物匀质性也会有所降低，因此从这一途径入手提升其超高层泵送稳定性的效果较为有限。

2. 拌和前的轻骨料预湿处理

采取一定的技术手段，对轻骨料进行充分预湿，减小其在压力作用下的吸水效应影响，这是提升轻骨料混凝土超高层泵送稳定性的根本途径。

对于制备超高层泵送轻骨料混凝土的轻骨料，应当针对其吸水率的不同采用不同的预湿处理方法。目前轻骨料预湿处理方法主要有热差预湿法、浸泡法、连续喷淋法、真空饱水法。

对吸水率较小的轻骨料，可采用浸泡法或连续喷淋法预湿处理。浸泡法是通过在骨料仓内喷水预湿，多余的水分由筛网排出，沥干1h后方可进行生产；喷淋法是通过在硬化地面的喷淋，使轻骨料达到饱和吸水状态，轻骨料堆砌高度不超过1m，沥干1h后方可进行生产。对吸水率较大的轻骨料，若经过配合比验证试验其流动性损失较大，则必须采用真空饱水法进行预湿处理。

不管是选用吸水率较低的轻骨料，还是采用更为合理的预湿处理方式，都是为了减小轻骨料在拌和物中的吸水速率，降低轻骨料吸水对拌和物工作性能的影响。

8.5 典型案例分析

8.5.1 武汉世贸锦绣长江项目

8.5.1.1 工程概况

武汉世茂锦绣长江项目（图8-6）坐落于长江之畔鹦鹉洲，片区占地858余亩（1亩＝666.67m²），总投资近100亿元，一期项目已于2007年年底完工，建筑面积约17万m²，是一个集五星级会所、高层与超高层住宅于一体的高尚社区。

图8-6 武汉世贸锦绣长江项目

为了满足保温隔热的需求，楼顶采用轻骨料混凝土，按照建筑单体的施工要求，配制的轻骨料混凝土强度必须满足LC30要求，密度满足1900kg/m³级别要求。具体浇筑情况如下：

供应日期：2007年5月。

强度等级：LC30。

泵送高度：181.4m。

浇筑部位：楼顶板。

8.5.1.2　混凝土的配制与施工

在设计本工程的超高层泵送轻骨料混凝土时，将粗骨料的粒径控制在 5～16mm，同时在保证混凝土坍落度的前提下，提高混凝土的黏聚性，控制混凝土的坍落度以确保混凝土的匀质性。参照《轻骨料混凝土技术规程》（JGJ 51—2002）［现行为《轻骨料混凝土应用技术标准》（JGJ/T 12—2019）］，按照绝对体积法进行配合比设计，混凝土设计密度为 1900kg/m³。具体配合比及轻骨料混凝土性能见表 8-2、表 8-3。

表 8-2　轻骨料混凝土试验配合比　　　　　　　　　　　　　　　　　　　kg/m³

编号	水泥	粉煤灰	陶粒	河砂	水	减水剂
1	300	225	585	608	200	6.3

表 8-3　配合比试验结果

| 编号 | 湿密度（kg/m³） | 坍落度（mm） | 扩展度（mm） | 扩展度经时损失（mm） | | 28d 强度（MPa） | 倒筒时间（s） |
				1h	2h		
1	1910	265	700	700	700	52.8	8

8.5.1.3　泵送施工过程

1. 预湿处理

将页岩陶粒用水喷淋预湿 12h（图 8-7），使陶粒吸水饱和，清理出一个专用料仓，堆入经预湿吸水饱和的页岩陶粒。

图 8-7　轻骨料的预湿

2. 泵送过程

现场的垂直泵送管路布置示意图如图 8-8 所示，使用三一重工的 HBT80 型地泵，采用 30％排量泵送施工，泵送过程中泵送压力平稳，基本稳定在 14～15MPa。

8.5.1.4　应用效果

经检测，施工混凝土具有良好的工作性能，匀质性、黏聚性均能有效满足轻骨料混凝土的施工要求（图 8-9）。每车混凝土从开始生产到现场泵送施工完毕大约历时 1.5h，现场坍落度和生产出机时相比几乎无塌损（图 8-10）；入泵的混凝土黏聚性良好（图 8-11），混凝土在 14～15MPa 的泵送压力下被泵送到

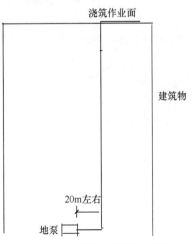

图 8-8　垂直泵送泵管路布置图

181.4m 的操作面，此时混凝土的流动性能、均匀性能依然良好（图 8-12），说明在高泵压的作用下，该混凝土的工作性能保持良好；同时，混凝土还保持了良好的匀质性和黏聚性。

图 8-9　出站坍落度/扩展度检测

图 8-10　现场坍落度/扩展度检测

图 8-11　混凝土入泵状态　　　　　　　　图 8-12　混凝土出泵状态

8.5.2　武汉中心

8.5.2.1　工程概况

武汉中心工程位于武汉市王家墩财富核心区，总建筑面积为 35.93 万 m²，地下 4 层

（局部 5 层），地上 88 层，塔楼建筑高度为 438m，建筑层数为 88 层，是集智能办公区、全球会议中心、VIP 酒店式公寓、五星级酒店、360°高空观景台、高端国际商业购物区等多功能为一体的地标性国际 5A 级商务综合体。

由于本项目在设计中并没有涉及轻骨料混凝土，因此在不影响结构安全性的情况下，选取的是非承重结构部位，同时提高轻骨料混凝土的强度等级（楼板设计强度等级为 C35，轻骨料混凝土强度等级为 C40），采用小立方量进行试验性的超高层泵送。具体试验泵送情况如下：

供应日期：2015 年 11 月。

施工性质：试验性泵送。

泵送高度：402.15m。

浇筑部位：楼板。

8.5.2.2 轻骨料混凝土生产过程

当天共生产轻骨料混凝土 46m³，强度等级为 LC40，使用部位为 65 层（402.15m）4 号楼板，按照实际施工顺序先进行普通混凝土的正常泵送施工，再采用一次连续泵送的方式完成轻骨料混凝土的泵送施工。

根据武汉中心结构特点及超高层泵送施工要求，对轻骨料混凝土性能指标进行了针对性设计。具体设计要求见表 8-4。

表 8-4 泵送轻骨料混凝土设计要求

强度设计要求	工作性能要求	其他设计要求
28d 强度等级达到 LC40 以上	入泵前扩展度≥600mm，出泵后扩展度≥500mm；3h 工作性能无损失	设计密度较 C40 混凝土低 20%（1900kg/m³）；与普通 C35 混凝土混合泵送相容性强；混合区内的混凝土不离析，全程顺利泵送，无堵管爆管事故

生产所用的轻骨料混凝土配合比见表 8-5。

表 8-5 武汉中心轻骨料混凝土生产配合比 kg/m³

水泥	粉煤灰	硅灰	砂	轻骨料	水	PC
380	120	40	580	590	161	16.8

注：PC 即 Precast conrete，混凝土预制件。

生产前轻骨料所采用的预湿处理工艺：将轻骨料拆袋后用铲车收入材料卡车内，利用卡车货架的封闭结构进行轻骨料的预湿，预湿过程中由人工对材料卡车内的轻骨料进行适当搅拌。预湿在正式生产前 3h 进行，浸水预湿 2h，正式生产前 1h 将轻骨料卸下沥水，并由铲车对轻骨料进行翻拌，使其沥水充分。

生产前测定砂含水率，并在配合比中按比率予以扣除，输入生产配合比进行轻骨料混凝土的生产拌和。轻骨料混凝土运输车到达现场后测试其入泵前工作状态，测试结果见表 8-6。图 8-13 为技术人员在监控轻骨料混凝土拌和物入泵状态。

表 8-6 武汉中心轻骨料混凝土入泵前性能

扩展度（mm）	坍落度（mm）	倒筒时间（s）	密度（kg/m³）
705	260	5s	1892

图 8-13 技术人员在监控轻骨料混凝土拌和物入泵状态

8.5.2.3 应用效果

武汉中心轻骨料混凝土工程应用效果如图 8-14 所示。

图 8-14 武汉中心轻骨料混凝土工程应用效果

参考文献

[1] 张希黔，王伯成．超高层建筑及其现代施工技术的应用[J]．施工技术，2007，36(3)：5-11．

[2] 汪恒．超高层建筑发展趋势研究初探[D]．北京：中国建筑设计研究院，2017．

[3] 张琨．千米级摩天大楼结构施工关键技术研究[M]．北京：中国建筑工业出版社，2017．

[4] 毛志兵．高层与超高层建筑技术发展与研究[J]．施工技术，2012，41(378)：4-10．

[5] 丁洁民，吴宏磊，赵昕．我国高度250m以上超高层建筑结构现状与分析进展[J]．建筑结构学报，35(3)：1-7．

[6] 吕西林，程明．超高层建筑结构体系的新发展[J]．结构工程师，2008，24(2)：99-106．

[7] 张琨．超高层建筑施工技术发展与展望[J]．施工技术，2018，47(6)：13-18．

[8] 蔺喜强，霍亮，张涛，等．超高层建筑中高性能结构材料的应用进展[J]．建筑科学，2015，31(7)：103-108．

[9] 黄宗襄，陈仲．超高层建筑设计与施工新进展[M]．南京：同济大学出版社，2014．

[10] 叶列平，赵作周．混凝土结构[M]．北京：清华大学出版社，2006．

[11] 吕宏基．大体积混凝土[M]．北京：中国水利电力出版社，1990．

[12] 向国剑．大体积混凝土原材料选择及其配合比设计原则[J]．四川水力发电，2010，29(6)：64-65，97．

[13] 王强，阎培渝，周予启，等．超高层建筑大体积混凝土设计与施工关键技术[M]．北京：中国电力出版社，2016．

[14] 谢永超．超高层建筑复杂形状的大体积混凝土底板温度应力分析[D]．广州：华南理工大学，2010．

[15] 朱伯芳．大体积混凝土温度应力与温度控制[M]．北京：中国电力出版社，1999．

[16] 张晓飞．大体积混凝土结构温度场和应力场仿真计算研究[D]．西安：西安理工大学，2009．

[17] 许文忠．大体积混凝土基础温度裂缝控制施工技术研究[D]．上海：同济大学，2007．

[18] 杨旭．超厚底板大体积混凝土溜槽式浇筑施工技术[J]．建筑施工，2017，36(4)：469-471．

[19] 马保国．新型泵送混凝土技术及施工[M]．北京：化学工业出版社，2006．

[20] 赵筠．混凝土泵送性能的影响因素与试验评价方法[J]．江西建材，2014(12)：6-32．

[21] KAPLAN D. Pumping of concretes[D]. French：LCPC，2001．

[22] BROWNE，R D，BAMFORTH，P B. Tests to establish concrete pumpability[J]. ACI Journal，May 1977：193-203．

[23] 张晏清，黄士元．混凝土可泵性分析与评价指标[J]．工业建筑，1990(2)：4-8．

[24] KAPLAN D，LARRARD F D，SEDRAN T. Design of concrete pumping circuit[J]. ACI J，2005，102(2)：110-107．

[25] FERRARIS C F，L E BROWER. Comparison of concrete rheometers[J]. International test at MB (Cleveland OH，USA) in May 2003，NISTIR 7154．

[26] MECHTCHERINE V，NERELLA V N，KASTEN K. Testing pumpability of concrete using Sliding Pipe Rheometer[J]. Constr Build Mater，2014，53：312-323．

[27] 阎培渝，黎梦圆，韩建国，等．新拌混凝土可泵性的研究进展[J]．硅酸盐学报，2018，46(02)：

239-246.

[28] 赵筠. 泵送混凝土易泵性试验评价方法的研究进展[J]. 混凝土世界，2014(4)：44-53.

[29] 余成行，刘敬宇，王磊. C60超高层泵送混凝土的配制与施工[J]. 混凝土，2008(06)：71-76.

[30] 邱盛，卢佳林，于志强，等. 南宁华润中心东写字楼(403m)混凝土超高层泵送关键技术研究[J]. 商品混凝土，2020(04)：41-44.

[31] 钟善桐. 钢管混凝土结构[M]. 北京：清华大学出版社，2003.

[32] 刘军，张志强. 钢管混凝土结构体系在超高层建筑中的应用研究与综述[J]. 江苏建筑，2015(04)：22-26.

[33] 韩林海. 钢管混凝土结构理论与实践[M]. 北京：科学出版社，2007.

[34] 徐亚丰，孙艳丽，白首晏，等. 异形截面钢管混凝土柱结构技术[M]. 北京：中国建筑工业出版社，2019.

[35] 查晓雄，钟善桐，徐国林. 空心钢管混凝土结构技术规程理解与应用[M]. 北京：中国建筑工业出版社，2010.

[36] LI G, ZHAO X, CHEN L. Improve the strength of concrete-filled steel tubular columns by the use of fly ash[J]. Cement & Concrete Research, 2003, 33(5)：733-739.

[37] 胡曙光，丁庆军. 钢管混凝土[M]. 北京：人民交通出版社，2006.

[38] FURLONG, R W. Strength of steel-encased concrete beam-colums[J]. Journal of Structure Division, ASCE, 1967, 109(10)：113-124.

[39] CHIRIATTI, LÉON, MERCADO-MENDOZA H, et al. A study of bond between steel rebar and concrete under a friction-based approach[J]. Cement & Concrete Research, 2019, 120：132-141.

[40] 丁睿，刘浩吾，侯静，等. 拱桥钢管混凝土无损检测技术研究[J]. 压电与声光，2004, 026(006)：447-450.

[41] 国家建筑工程质量监督检验中心. 混凝土无损检测技术[M]. 北京：中国建材工业出版社，1996.

[42] 马怀忠，王天贤. 钢-混凝土组合结构[M]. 北京：中国建材工业出版社，2006.

[43] 郭兰慧，马欣伯. 钢板-混凝土组合剪力墙[M]. 北京：科学出版社，2013.

[44] 朱爱萍. 内置钢板-C80混凝土组合剪力墙抗震性能研究[D]. 北京：中国建筑科学研究院，2015.

[45] 吴丽丽. 单面钢板-混凝土组合板受力性能研究[M]. 北京：中国建筑工业出版社，2018.

[46] 王铁梦. 工程结构裂缝控制[M]. 北京：中国建筑工业出版社，1997.

[47] 邓仁云. 钢板混凝土组合剪力墙施工早期的温度裂缝控制研究[D]. 重庆：重庆大学，2014.

[48] HITAKA T, MATSUI C. Strength and behavior of steel-concrete composite bearing wall[J]. Proceding of 6th ASCCS Conference, 2000.

[49] 陈国栋. 钢板剪力墙结构性能研究[D]. 北京：清华大学，2002.

[50] HOSSAIN K M A, WRIGHT H D. Experimental and theoretical behaviour of composite walling under in-plate shear [J]. Journal of Constructional Steel Research, 2004, 60：59-83.

[51] HOSSAIN K M A, WRIGHT H D. Behaviour of composite walls under monotonic and cyclic shear loading[J]. Structural Engineering & Mechanics, 2004, 17(1)：69-85.

[52] 姚燕. 高性能混凝土的体积变形及裂缝控制[M]. 北京：中国建筑工出版社，2011.

[53] 曾亮. 钢板混凝土组合剪力墙早期裂缝控制研究[D]. 重庆：重庆大学，2013.

[54] 蒋正武，梅世龙. 机制砂高性能混凝土[M]. 北京：化学工业出版社，2015.

[55] V L BONAVETTI, E F lRASSAR. The effect of stone dust content in sand[J]. Cement and Concrete Research, 1994, 24(3)：580-590.

[56] 唐凯靖，刘来宝，周应. 岩性对机制砂特性及其混凝土性能的影响[J]. 混凝土，2011(12)：62-63.

[57] V L BONABETTI，V F RAHHAL，E F IRASSAR. Studies on the carboaluminate formation in limestone filler-blended cements [J]. Cement and Concrete Research，2001，31：853-859.

[58] AHN N. An experimental study on the guidelines for using higher contents of aggregate microfines in Portland cement conerete[D]. Austin，University of Texas，2000.

[59] 周良元. 料源岩性对人工砂石料的影响[J]. 东北水利水电，2010，28(1)：2-13.

[60] 谭崎松. 机制砂在混凝土工程中的研究与应用[J]. 江西建材，2012(5)：14-15.

[61] 杨永民，李嘉琳，尹新龙. 不同岩性的石粉作掺和料对混凝土性能的影响[J]. 广东水利水电，2013(12)：47-53.

[62] 王稷良. 机制砂特性对混凝土性能的影响及机理研究[D]. 武汉：武汉理工大学，2008.

[63] ZHOU MINGKAI，PENG SHAOMING，XU JIAN，et al. Effect of Stone Powder on Stone Chippings Concrete [J]. Journal of Wahan University of Techndogy(Malerials Sciences Edition)，1996. 11(4)：29～34.

[64] 李兴贵. 高石粉含量人工砂在混凝土中的应用研究[J]. 建筑材料学报，2004，7(1)：66～71.

[65] 艾长发，彭浩，胡超，等. 机制砂级配对混凝土性能的影响规律与作用效应[J]. 混凝土，2013(1)：73-76.

[66] 王方刚. 低粘超高强(C100)混凝土制备及其性能研究[D]. 武汉：武汉理工大学，2014.

[67] 王勇威. 超高强高性能混凝土的组成、结构及其收缩与补偿的研究[D]. 重庆：重庆大学，2001.

[68] E G NAWY，P E C ENG. Fundamentals of high strength high performance concrete (second edition)[M]. Longman Group Limited，2001.

[69] ACI 363. 2R. Guide to quality control and testing of high-strength concrete[C]. ACI committee 363，Technical Committee Document，Detroit，MI，1778.

[70] 蒲心诚. 超高强高性能混凝土[M]. 重庆：重庆大学出版社，2004.

[71] Z BARTOSZ S. MACIEJ，O. PAWEL. Ultra-high strength concrete made with recycled aggregate from sanitary ceramic wastes—The method of production and the interfacial transition zone[J]. Construction & Building Materials，2016，122：736-742.

[72] A. TAFRAOUI，G ESCADEILLAS，S LEBAILI，et al. Metakaolin in the formulation of UHPC [J]. Construction and Building Materials，2007，23(2)：667-674.

[73] 王德辉. 超高强混凝土的硬化过程[D]. 长沙：湖南大学，2015.

[74] P K MEHTA，P-CC AIïTCIN. Principles underlying production of high-performance concrete[J]. Cement Concrete and Aggregates，1770，12(2)：70-78.

[75] P L J DOMONE，N SOUTSOSM. An approach to the proportioning of high strength concrete mixes [J]. Concrete International，1774，16(10)：26-31.

[76] B T CARBONARI. A synthetic approach for the experimental optimization of high strength concrete [C]. The 4th International Symposium on Utilization of HSC/HPC，Paris，1776：161-167.

[77] ACI 211. 4R. Guide for selecting proportions for high-strength concrete using Portland cement and other cementitious materials[C]. ACI committee 363，Technical Committee Document，Detroit，MI，2008.

[78] 陈建奎，王栋民. 高性能混凝土(HPC)配合比设计新法——全计算法[J]. 硅酸盐学报，2000，28(2)：174-178.

[79] 韩建国，阎培渝. 系统化的高性能混凝土配合比设计方法[J]. 硅酸盐学报，2006，34(8)：1026-1030.

[80] 覃善总，冯东亮，辛福光. 多功能 C120 超高性能混凝土在广州东塔项目中超高层泵送 510 米的研发与应用[J]. 混凝土，2017，352(02)：103-107.

［81］ 王冲. 特超强高性能混凝土的制备及其结构与性能研究［D］. 重庆：重庆大学，2005.

［82］ CONSOLAZIO G R，MCVAY M C，III J W R. Measurement and prediction of pore pressures in saturated cement mortar subjected to radiant heating［J］. ACI Materials Journal，1778，75（5）：525-536.

［83］ 杨娟. 含粗骨料超高性能混凝土的高温力学性能、爆裂及其改善措施试验研究［D］. 北京：北京交通大学，2017.

［84］ JENSEN O M, HANSEN P F. Water-entrained cement-based materials：I. Principles and theoretical background［J］. Cement & Concrete Research，2001，31（4）：647-654.

［85］ LIU J H, FARZADNIA N, ShI C J, et al. Shrinkage and strength development of UHSC incorporating a hybrid system of SAP and SRA［J］. Cement & Concrete Composites，2017，77：175-187.

［86］ SALIBA J，E ROZIERE, GRONDIN F，et al. Influence of shrinkage-reducing admixtures on plastic and long-term shrinkage［J］. Cement and Concrete Composites，2011，33（2）：207-217.

［87］ 李飞，詹炳根. 内养护剂、膨胀剂、减缩剂对高强混凝土早期收缩的影响［J］. 合肥工业大学学报（自然科学版），2016，37（7）.

［88］ 傅宇方，黄玉龙，潘智生，等. 高温条件下混凝土爆裂机理研究进展［J］. 建筑材料学报，2006（03）：73-77.

［89］ HAN C G，HAN M C，HEO Y S. Improvement of residual compressive strength and spalling resistance of high-strength RC columns subjected to fire［J］. Construction and Building Materials，2007，23（1）：107-116.

［90］ PENG G F, HUANG Z S. Change in microstructure of hardened cement paste subjected to elevated temperatures［J］. Construction & Building Materials，2008，22（4）：573-577.

［91］ ZHANG M H，GJØRV O E. Microstructure of the interfacial zone between lightweight aggregate and cement paste［J］. Cement & Concrete Research，1990，20（4）：610-618.

［92］ NILSEN A U, MONTEIRO P J M，GJØRV O E. Estimation of the elastic moduli of lightweight aggregate［J］. Cement & Concrete Research，1995，25（2）：276-280.

［93］ 郭玉顺，丁建彤，木村薰，等. 高性能轻骨料与普通轻骨料的性能比较［J］. 混凝土，2000（06）：22-26.

［94］ 丁庆军. 高强次轻混凝土的研究与应用［D］. 武汉：武汉理工大学，2006.

［95］ ZHANG GAOZHAN, ZHANG XIAOJIA, DING QINGJUN, et al. Microstructural evolution mechanism of C-(A)-S-H gel in Portland cement pastes affected by sulfate ions［J］. Journal of Wuhan University of Technology（Materials Science），2018，33（03）：639-647.

［96］ 王发洲. 高性能轻骨料混凝土研究与应用［D］. 武汉：武汉理工大学，2003.

［97］ FEYS D，WALLEVIK J E，YAHIA A，et al. Extension of the Reiner-Riwlin equation to determine modified Bingham parameters measured in coaxial cylinders rheometers［J］. Materials & Structures，2013，46（1/2）：289-311.

［98］ 王萧萧. 矿物掺量对轻骨料混凝土物理性能的影响研究［M］. 北京：中国水利水电出版社，2015，56-57.